“十二五”普通高等教育本科国家级规划教材

韩万江 姜立新 等编著

软件工程案例教程

软件项目开发实践

第2版

本教程以案例的形式讲述了软件工程中软件项目开发的实践过程，全面涵盖软件项目开发中需求分析、概要设计、详细设计、编码、测试、提交以及运行维护等过程中涉及的理论、方法、技术、提交的产品和文档等。本书注重实效，系统、全面，通过贯穿始终的案例的讲述，让学习者在短时间内掌握软件项目开发的基本知识、基本过程，并有效提高实践能力。

本书共分九章，第1～2章介绍软件工程的基本概念以及软件工程的主要技术，第3～9章系统地讲述软件项目开发的各个过程。本书注重理论与实际的结合，引导学生通过软件开发理论和案例的学习，深刻理解软件工程的实质，为以后的软件工程实践打下基础。

本书既适合作为高等院校计算机及相关专业软件工程、软件测试课程的教材，也适合作为广大软件技术人员的培训教程，同时可以作为软件开发人员在工作及学习中的技术参考书。

图书在版编目（CIP）数据

软件工程案例教程：软件项目开发实践 / 韩万江等编著. —2 版. —北京：机械工业出版社，2011.7（2016.6 重印）
（“十二五”普通高等教育本科国家级规划教材）

ISBN 978-7-111-35318-8

Ⅰ. 软…　Ⅱ. 韩…　Ⅲ. 软件工程－案例－高等学校－教材　Ⅳ. TP311.5

中国版本图书馆 CIP 数据核字（2011）第 138411 号

机械工业出版社（北京市西城区百万庄大街 22 号　邮政编码　100037）
责任编辑：刘立卿
北京市荣盛彩色印刷有限公司印刷
2016 年 6 月第 2 版第 6 次印刷
185mm×260mm・17.75 印张
标准书号：ISBN 978-7-111-35318-8
定价：35.00 元

凡购本书，如有缺页、倒页、脱页，由本社发行部调换
客服热线：（010）88378991；88361066
购书热线：（010）68326294；88379649；68995259
投稿热线：（010）88379604
读者信箱：hzjsj@hzbook.com

前 言

本书第 1 版出版后深受广大读者的好评，同时也收到了很多读者建议，再加上本人多年教学和项目实践的新经验，感到有必要对第 1 版教程进行升级改进。本书在第 1 版的基础上，根据软件工程新技术的发展，总结了软件开发实践过程和教学过程的经验教训，经过 2 年的酝酿和更新，最后完成了第 2 版的修订。

本书第 2 版不仅进一步完善了很多软件开发技术和技巧，而且更换了第 1 版的所有案例说明，是一本系统的、有针对性的、实效性强的教材，对于从事软件项目开发以及希望学习软件开发的人员都会起到非常好的借鉴作用。

参与本书编写的有韩万江、姜立新、郑伟、陈力、王晓琼、杨元民、岳鹏、郭士容、岳好等，在此表示感谢！

由于作者水平有限，书中难免有疏漏之处，诚请各位读者批评指正，并希望将你们在实际工作中如何运用本书的体会告诉我，以便我在以后的版本修订中进一步完善。我的 Email 是：casey_han@263.net。

韩万江

2011.1 于北京

目录

第 1 章

■ 软件工程概述

软件（software）是计算机系统中与硬件（hardware）相互依存的另一部分，它包括程序（program）、相关数据（data）及其说明文档（document）。其中程序是按照事先设计的功能和性能要求执行的指令序列；数据是程序能正常操纵信息的数据结构；文档是与程序开发维护和使用有关的各种图文资料。

软件工程（Software Engineering，SE）是针对软件这一具有特殊性质的产品的工程化方法，它涵盖了软件生存周期的所有阶段，并提供了一整套工程化的方法来指导软件人员的工作。

1.1 软件工程的背景

近年来，计算机软件已经成为现代科学研究和解决工程问题的基础，是管理部门、生产部门、服务行业中的关键因素，它已渗透到了各个领域，成为当今世界不可缺少的一部分。展望将来，软件仍将是驱动事情取得新进展的动力。学习研究工程化的软件开发方法，使开发过程更加规范，变得越来越重要。

20 世纪中期软件产业从零开始起步，并迅速发展成为推动人类社会发展的龙头产业。随着信息产业的发展，软件对人类社会越来越重要，人们对软件的认识也经历了一个由浅到深的过程。

第一个写软件的人是 Ada（Augusta Ada Lovelace），在 19 世纪 60 年代她尝试为 Babbage（Charles Babbage）的机械式计算机写软件，尽管失败了，但她永远载入了计算机发展的史册。20 世纪 50 年代，软件伴随着第一台电子计算机的问世诞生了，以写软件为职业的人也开始出现，他们多是经过训练的数学家和电子工程师。20 世纪 60 年代美国大学里开始出现计算机专业，教人们写软件。

软件发展的历史大致可以分为如下的三个阶段：

第一个阶段是 20 世纪 50 ~ 60 年代，即程序设计阶段，基本采用个体手工劳动的生产方式。这个时期的程序是为特定目的而编制的，软件的通用性很有限，往往带有强烈的个人色彩。早期的软件开发也没有什么系统的方法可以遵循，软件设计是在某个人的头脑中完成的一个隐藏的过程，而且，除了源代码往往没有软件说明书等文档。因此这个时期尚无软件的概念，基本上只有程序、程序设计概念；不重视程序设计方法；而且设计的程序主要是用于科学计算，规模很小，采用简单的工具，基本上采用低级语言；硬件的存储容量小，运行可靠性差。

第二阶段是20世纪60～70年代，即软件设计阶段，采用小组合作生产方式。这个时期软件开始作为一种产品被广泛使用，出现了“软件作坊”专职应别人的要求写软件。这个阶段的程序设计基本采用高级语言开发工具，人们开始提出结构化方法；硬件的速度、容量、工作可靠性有明显提高，而且硬件的价格降低；人们开始使用产品软件（可购买），从而建立了软件的概念。但是开发技术没有新的突破，软件开发的方法基本上仍然沿用早期的个体化软件开发方式。随着软件数量的急剧膨胀，软件需求日趋复杂，维护的难度越来越大，开发成本日益高涨，此时的开发技术已不适应规模大、结构复杂的软件开发，失败的项目越来越多。

第三个阶段从20世纪70年代开始，即软件工程时代，采用工程化的生产方式。这个阶段的硬件向超高速、大容量、微型化以及网络化方向发展；第三、四代语言出现；数据库、开发工具、开发环境、网络 、分布式、面向对象技术等工具方法都得到应用；软件开发技术有很大进步，但未能获得突破性进展，软件开发技术的进步一直未能满足发展的要求。这个时期很多的软件项目开发时间大大超出了规划的时间表，一些项目导致了财产的流失，甚至导致了人员伤亡。同时，一些复杂的、大型的软件开发项目提出来了，软件开发的难度越来越大，在软件开发中遇到的问题找不到解决的办法，使问题积累起来，形成了尖锐的矛盾，失败的软件开发项目屡见不鲜，因而导致了软件危机。

软件危机指的是计算机软件开发和维护过程中所遇到的一系列严重问题。概括来说，软件危机包含两方面的问题：一是如何开发软件，以满足不断增长、日趋复杂的需求；二是如何维护数量不断膨胀的软件产品。落后的软件生产方式无法满足迅速增长的计算机软件需求，从而导致软件开发与维护过程中出现一系列严重问题。

最为突出的例子是美国IBM公司于1963～1966年开发的IBM360系列机的操作系统。该项目的负责人Fred Brooks在总结该项目时无比沉痛地说：“……正像一只逃亡的野兽落到泥潭中做垂死挣扎，越是挣扎，陷得越深，最后无法逃脱灭顶的灾难……程序设计工作正像这样一个泥潭……一批批程序员被迫在泥潭中拼命挣扎……谁也没有料到问题竟会陷入这样的困境……”IBM360操作系统的历史教训已成为软件开发项目中的典型事例被记入史册。

具体地说，软件危机主要有以下表现：

1）对软件开发成本和进度的估计常常不准确，开发成本超出预算，项目经常延期，无法按时完成任务。

2）开发的软件不能满足用户要求。

3）软件产品的质量低。

4）开发的软件可维护性差。

5）软件通常没有适当的文档资料。

6）软件的成本不断提高。

7）软件开发生产率的提高赶不上硬件的发展和人们需求的增长。

软件危机的原因，一方面与软件本身的特点有关；另一方面与软件开发和维护的方法不正确有关。软件危机的产生，迫使人们不得不研究、改变软件开发的技术手段和管理方法。从此软件生产进入软件工程时代。

1968年北大西洋公约组织的计算机科学家在联邦德国召开的国际学术会议上第一次提出了“软件危机”这个名词，同时讨论和制定了摆脱“软件危机”的对策。在那次会议上第一次提出了软件工程（Software Engineering）这个概念，从此一门新兴的工程学科——软件工程学——应运而生。

“软件工程”的概念是为了有效地控制软件危机的发生而提出来的，它的中心目标就是把软件作为一种物理的工业产品来开发，要求“采用工程化的原理与方法对软件进行计划、开发和维护”。软件工程是一门旨在开发满足用户需求、及时交付、不超过预算和无故障的软件的学科，它的主要对象是大型软件，最终目的是摆脱手工生产软件的状况，逐步实现软件开发和维护的自动化。

从微观上看，软件危机的特征表现在完工日期一再拖后、经费一再超支，甚至工程最终宣告失败等方面；而从宏观上看，软件危机的实质是软件产品的供应赶不上需求的增长。

虽然“软件危机”还没得到彻底解决，但自从软件工程概念提出以来，经过几十年的研究与实践，在软件开发方法和技术方面已经有了很大的进步。尤其应该指出的是，人们逐渐认识到，在软件开发中最关键的问题是软件开发组织不能很好地定义和管理其软件过程，从而使一些好的开发方法和技术都起不到应有的作用。也就是说，在没有很好定义和管理软件过程的软件开发中，开发组织不可能在好的软件方法和工具中获益。

1.2 软件工程知识体系

“工程”是科学和数学的某种应用，通过这一应用，使自然界的物质和能源的特性能够通过各种结构、机器、产品、系统和过程，成为对人类有用的东西。因而，“软件工程”就是科学和数学的某种应用，通过这一应用，使计算机设备的能力借助于计算机程序、过程和有关文档成为对人类有用的东西。软件工程是运用现代科学技术知识来设计并构造计算机程序及开发、运行和维护这些程序所必需的相关文件资料。

软件工程的成果是为软件设计和开发人员提供思想方法和工具，而软件开发是一项需要良好组织、严密管理且各方面人员配合协作的复杂工作。软件工程正是指导这项工作的一门科学。软件工程在过去一段时间内已经取得了长足的进展，在软件的开发和应用中起到了积极的作用。随着软件开发的深入以及各种技术的不断创新和软件产业的形成，人们越来越意识到软件过程管理的重要性，并且传统的软件工程理论也随着人们的开发实践不断完善发展。

高质量的软件工程可以保证生产出高质量的、用户满意的软件产品。但是，对软件工程的界定，总是存在一定的差异。软件工程应该包括哪些知识？这里我们引用 IEEE 在软件工程知识体系指南（Guide to the Software Engineering Body of Knowledge，SWEBOK）中对软件工程的定义：1）软件开发、实施、维护的系统化、规范化、质量化方法的应用，也就是软件的应用工程；2）对上述方法的研究。

1998 年，美国联邦航空管理局在启动一个旨在提高技术和管理人员的软件工程能力的项目时发现，他们找不到软件工程师应该具备的公认的知识结构，于是他们向美国联邦政府提出了关于开发“软件工程知识体系指南”的项目建议。美国 Embry-Riddle 航空大学计算与数学系的 Thomas B. Hilburn 教授接手了该研究项目，并于 1999 年 4 月完成了《软件工程知识本体结构》的报告。该报告发布后迅速引起软件工程界、教育界和一些政府对建立软件工程本体知识结构的兴趣。很快人们普遍接受了这样的认识：建立软件工程知识体系的结构是确立软件工程专业至关重要的一步，如果没有一个得到共识的软件工程知识结构，将无法验证软件工程师的资格，无法设置相应的课程，或者无法建立对相应课程进行认可的判断准则。

对建立权威的软件工程知识结构的需求迅速在世界各地反映出来。1999 年 5 月，ISO 和 IEC 的第一联合技术委员会（ISO/IEC JTC1）为顺应这种需求，立即启动了标准化项目——“软件工程知识体系指南”（http : // www. swebok. org/）。美国电子电气工程师学会与美国计算机联合会联合建立的软件工程协调委员会（SECC）、加拿大魁北克大学以及美国 MITRE 公司（与美国 SEI 共同开发 SW-CMM 的软件工程咨询公司）等共同承担了 ISO/IEC JTC1 “SWEBOK 指南”项目任务。

IEEE 的 SWEBOK 中界定了软件工程的 10 个知识领域（Knowledge Area，KS）：软件需求（software requirements）、软件设计（software design）、软件构建（software construction）、软件测试（software testing）、软件维护（software maintenance）、软件配置管理（software configuration management）、软件工程管理（software engineering management）、软件工程过程（software engineering process）、软件工程工具和方法（software engineering tools and methods）、软件质量（software quality）。这 10 个知识领域的每个知识领域还包括很多子领域。

1.3　软件工程的三段论

在不断探索软件工程的原理、技术和方法的过程中，人们研究和借鉴了工程学的某些原理和方法，并形成了软件工程学。软件工程的目标是提高软件的质量与生产率，最终实现软件的工业化生产。既然软件工程是“工程”，那么我们从工程的角度看一下软件项目的实施过程，如图 1-1 所示。

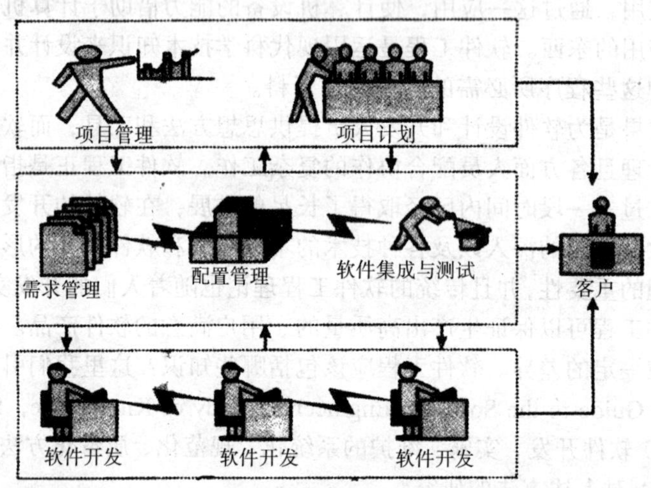

图 1-1　工程化软件开发

客户的需求启动了一个软件项目，为此我们需要先规划这个项目，即完成项目计划，然后根据这个项目计划实施项目。项目实施的依据是需求，这个需求类似工程项目的图纸，开发人员按照这个图纸生产软件，即设计、编码。在开发生产线上，将开发过程的半成品通过配置管理来存储和管理，然后进行必要的集成和测试，直到最后提交给客户。在整个开发过程中需要进行项目跟踪管理。软件工程活动是“生产一个最终满足需求且达到工程目标的软件产品所需要的步骤”。这些活动主要包括开发类活动、管理类活动和过程改进类活动，这里将它定义为“软件工程的三段论”，或者“软件工程的三线索”。一段论是“软件项目管理”，二段论是“软件项目开发”，三段论是“软件过程改进”。这个三段论可以用一个三角形表示，如图 1-2 所示，它们类似于相互支撑的三角形的三条边。我们知道三角形是最稳定的，要保证三角形的稳定性，三角形的三条边必不可少，而且要保持一定的相互关系。

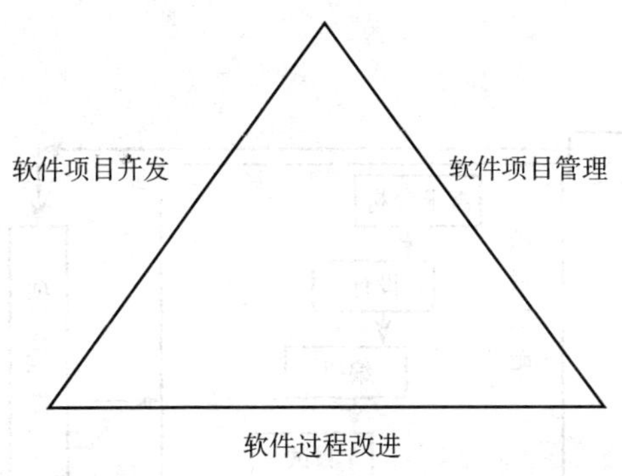

其中：

“软件项目开发”是软件人员生产软件的过程，例如需求分析、设计、编码、测试等，相当于生产线上的生产过程。

“软件项目管理”是项目管理者规划软件开发、控制软件开发的过程，相当于生产线上的管理过程，管理过程是伴随开发过程进行的过程。

“软件过程改进”相当于对软件开发过程和软件管理过程的“工艺流程”进行管理和改进，如果没有好的工艺则生产不出好的产品，它包括对开发过程和管理过程的定义和改进。

图 1-2　软件工程的三个线索

为了保证软件管理、软件开发过程的有效性，应该保证上述过程的高质量和过程的持续改进。

让软件工程成为真正的工程，就需要软件项目的开发、管理、过程改进等方面规范化、工程化、工艺化、机械化。

软件开发过程中脑力活动的“不可见性”大大增加了过程管理的困难。因此软件工程管理中的一项指导思想就是千方百计地使这些过程变为“可见的”、事后可查的记录。只有从一开始就在开发过程中严格贯彻质量管理，软件产品的质量才会有保证。否则，开发工作一旦进行到后期，无论怎样测试和补漏洞，都无济于事。

1.4　软件工程模型

一个软件项目的基本流程和关联关系如图 1-3 所示。

按照项目的初始、计划、执行、控制、结束五个阶段，可以总结出软件工程的相关过程如下：

1）初始阶段的过程。包括：立项，供应商选择，合同签署。

2）计划阶段的过程。包括：范围计划，时间计划，成本计划，质量计划，风险计划，沟通计划，人力资源计划，合同计划，配置管理计划。

3）执行阶段的过程。包括：需求分析，概要设计，详细设计，编码，单元测试，集成测试，系统测试，项目验收，项目维护。

4）控制阶段的过程。包括：范围计划控制，时间计划控制，成本计划控制，质量计划控制，风险计划控制，沟通计划控制，人力资源计划控制，合同计划控制，配置管理计划控制。

5）结束阶段的过程。包括：合同结束，项目总结。

这些过程活动分布在软件工程的软件项目管理、软件项目开发、软件过程改进三条线索中。

“软件工程”与其他行业的工程有所区别，其模式或者标准很难统一为一个模型，所以，软件工程的模型是弹性的，标准是一个相对的标准。按照软件项目的初始、计划，执行、控制、结束五个阶段，我们建立一个基于过程元素的软件工程模型，如图 1-4 所示。模型用虚线分割成两部分，第一部分是过程构建和过程改进，其中的过程库是软件项目的标准过程积累；第二部分为基于过程的软件项目实施过程。

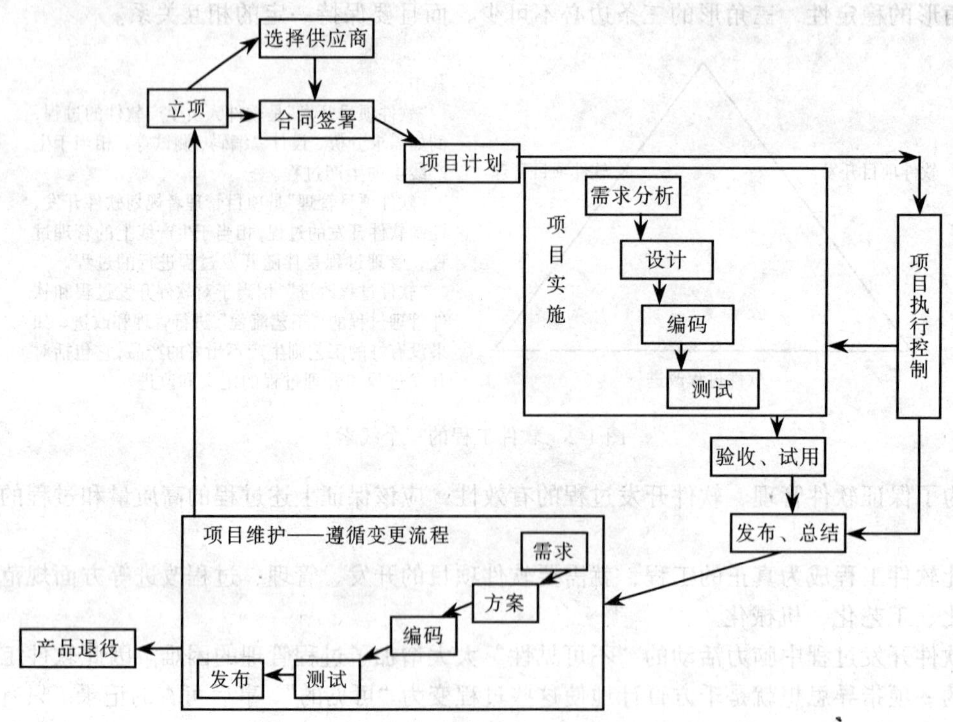

图 1-3 软件工程各个阶段过程之间的关系

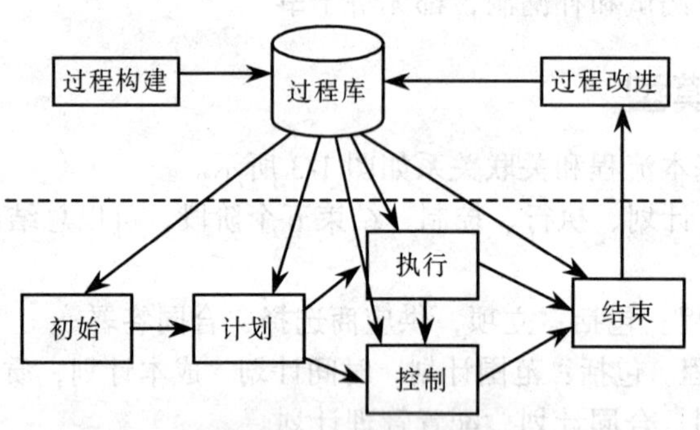

图 1-4 软件工程模型

我们将图 1-4 中的第二部分展开为含有过程的流程模式，其中，五个阶段中的每个过程用“⬭”表示，类似于 J2EE 中的 Java Bean。这些过程元素存储在过程库中，这样就形成了一个基于过程的弹性软件工程模型，如图 1-5 所示。

这个弹性软件工程模型包含了软件工程的开发、管理、过程改进三个方面，对于一个具体的项目，可以选择软件项目开发过程组和软件项目管理过程组中的过程进行组合来完成项目。这里的“弹性”是指可以根据项目的需要选择过程，而软件过程又可以根据需要进行组合。也就是说一个项目可以根据具体情况进行排列和取舍，形成特定项目的模型。

本书的重点在软件开发环节，该环节中的活动也是参与软件项目的软件人员的主要活动，即主要讲述执行阶段的过程。

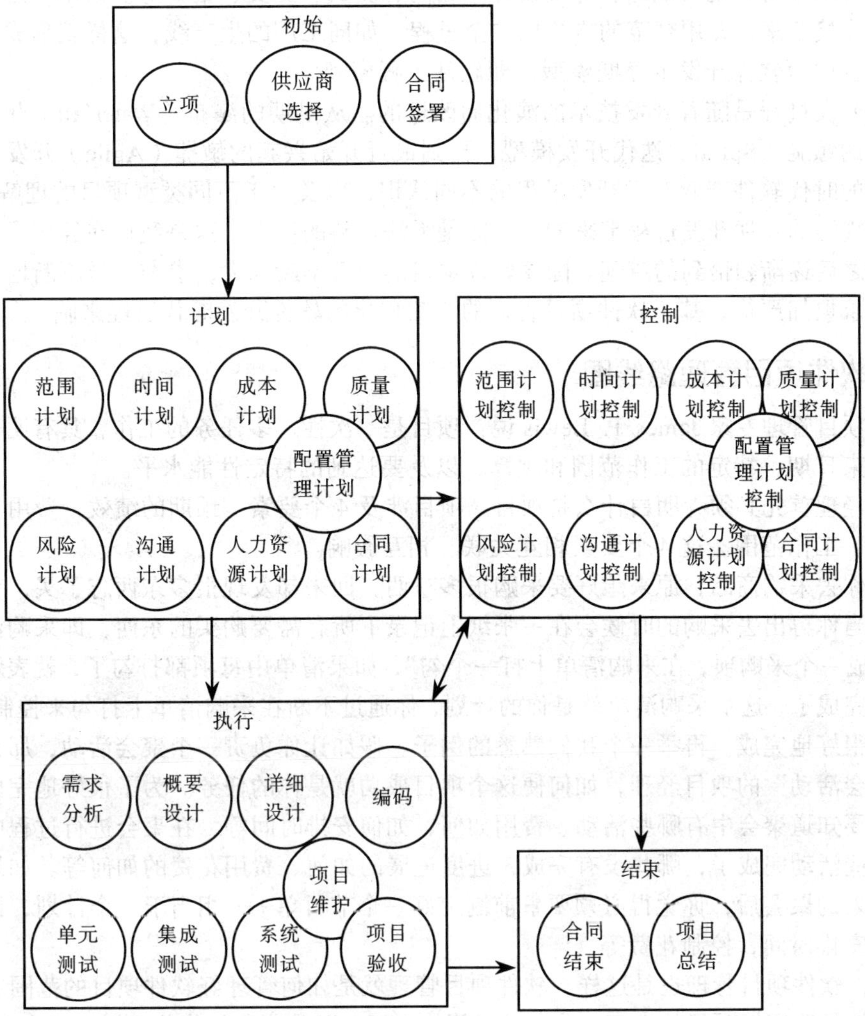
初始
立项
供应商选择
合同签署
计划
范围计划
时间计划
成本计划
质量计划
配置管理计划
风险计划
沟通计划
人力资源计划
合同计划
控制
范围计划控制
时间计划控制
成本计划控制
质量计划控制
配置管理计划控制
风险计划控制
沟通计划控制
人力资源计划控制
合同计划控制
执行
需求分析
概要设计
详细设计
编码
项目维护
单元测试
集成测试
系统测试
项目验收
结束
合同结束
项目总结

图 1-5 基于过程元素的弹性软件工程模型

1.4.1 软件项目开发路线图

软件项目开发过程是软件工程的核心过程，通过这个生产线可以生产出用户满意的产品。软件工程提供了一整套工程化的方法来指导软件人员的工作。

图 1-6 是软件项目开发的路线图，这个路线图展示了从需求开始的软件开发的基本工艺流程。需求分析是项目开发的基础；概要设计为软件需求提供实施方案；详细设计是对概要设计的细化，它为编码提供依据；编码是软件的具体实现；测试是验证这个软件的正确性；提交（发布）是将软件提交给使用者；维护指软件在使用过程中需要维护。

需求分析
概要设计
详细设计
编码
测试
提交
维护

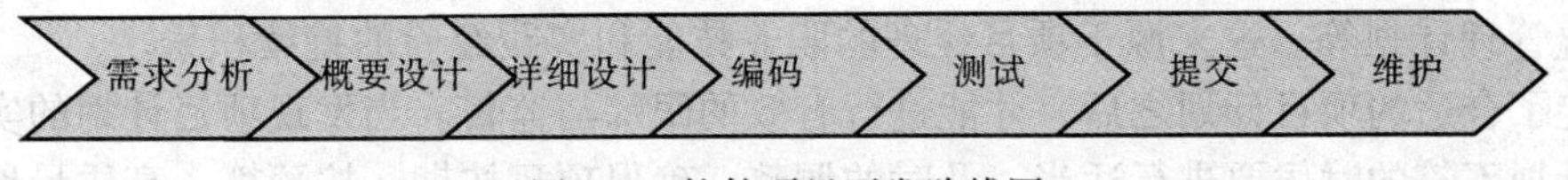

图 1-6 软件项目开发路线图

如同传统工程的生产线上有很多工序（每道工序都有明确的规程），软件生产线上的工序主要包括需求分析、概要设计、详细设计、编码、测试、提交、维护等。采用一定的流程将各个环节连接起来，并用规范的方式操作全过程，如同工厂的生产线，这样就形成了软件工程模型，也称为软件开发生存期模型，即软件工程模型。

软件开发过程是随着开发技术的演化而改进的。从早期的瀑布（Waterfall）开发模型到后来出现的螺旋（Spiral）迭代开发模型，再到最近开始兴起的敏捷（Agile）开发方法，展示了不同的时代软件产业对于开发过程的不同认识，以及对于不同类型项目的理解方法。

没有规则的软件开发过程带来的只可能是无法预料的结果，这是我们在经历了一次次的项目失败之后逐渐领悟到的道理。随着软件项目的规模不断加大，参与人员不断增多，对规范性的要求愈加严格，基于软件项目管理的、工程化的软件开发时代已经来临。

1.4.2 软件项目管理路线图

美国项目管理专家 James P. Lewis 说：项目是一次性、多任务的工作，具有明确规定的开始和结束日期，特定的工作范围和预算，以及要达到的特定性能水平。

项目经理首先必须弄明白什么是项目。项目涉及 4 个要素：预期的绩效，费用（成本），时间进度，工作范围。这 4 个要素相互关联、相互影响。

例如你去采购商品，原来想好要采购很多东西，回来却发现很多东西忘了买，为避免这种问题，当你再出去采购的时候会在一张纸上记录下所有需要购买的东西，即采购清单，你可以“完成一个采购项，在采购清单上打一个勾”，如果清单中每项都打勾了，就表示所有的采购任务完成了，这个采购清单就是你的计划，你通过不断在采购清单上打勾来控制“采购”这个项目很好地完成。再举一个我们熟悉的例子，假如让你负责一个聚会活动，那么你就是这个“聚会活动”的项目经理，如何使这个项目成功就是你的任务。为了很好地完成这个任务，你需要知道聚会中有哪些活动、费用如何、如何安排时间等，在聚会进行过程中，你需要控制哪些活动完成了，哪些没有完成，进度进展的如何、费用花费的如何等。如果经历几次没有计划的聚会后，你觉得必须要事前制定好一个节目单——相当于一个计划，记录有哪些活动，安排时间，控制花费等。

同理，软件项目管理也是这样，软件项目管理就是如何管理好软件项目的范围、时间、成本，也就是管理好项目的内容、花费的时间（进度）以及花费的代价（规模成本），其他相关的事情都是围绕这三件事情进行的。为此需要制定一个好的项目计划，然后控制好这个计划，即软件项目管理的实质是软件项目计划的编制和项目计划的跟踪控制，如图 1-7 所示。计划与跟踪控制是相辅相成的关系：计划是项目成功实施的指南和跟踪控制的依据；而跟踪控制又用来保证项目计划的成功执行。

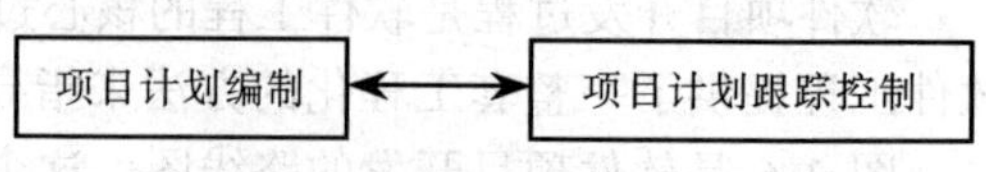

图 1-7 软件项目管理的实质

实际上，要做到项目计划切合实际是一个非常高的要求，需要对项目的需求进行详细分析，根据项目的实际规模制订合理的计划。计划的内容包括进度安排、资源调配、经费使用等，为了降低风险，还要进行必要的风险分析与制定风险管理计划，同时要对自己的开发能力有非常准确的了解，制定切实可行的质量计划和配置管理计划等。这来源于项目经理的职业技能和实践经验的持续积累。

制定了合适的项目计划之后，才能进行有效的跟踪与监督。当发现项目计划的实际执行情况与计划不符的时候要进行适当、及时的调整，确保项目按期、按预算、高质量地完成。

项目成功与否的关键是能不能成功地实施项目管理㊀。图 1-8 便是软件项目管理的路线图。

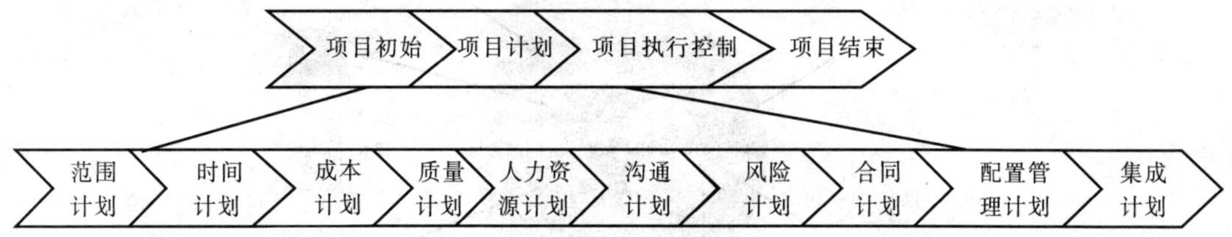

图 1-8 软件项目管理路线图

1.4.3 软件过程改进路线图

自 20 世纪 70 年代软件危机以来，人们不断地展开新方法和新技术的研究与应用，但未取得突破性的进展。直到 20 世纪 80 年代末，人们得出这样一个结论：一个软件组织的软件能力取决于该组织的过程能力。一个软件组织的过程能力越成熟，该组织的软件生产能力就越有保证。

所谓过程，简单来说就是我们做事情的一种固有的方式，我们做任何事情都有过程存在，小到日常生活中的琐事，大到工程项目。对于做一件事，有过经验的人对完成这件事的过程会很了解，他会知道完成这件事需要经历几个步骤，每个步骤都完成什么事，需要什么样的资源、什么样的技术等，因而可以顺利地完成工作；没有经验的人对过程不了解，就会有无从下手的感觉。图 1-9 和图 1-10 可以形象地说明过程在软件开发中的地位。如果项目人员将关注点只放在最终的产品上，如图 1-9 所示，不关注期间的开发过程，那么不同的开发队伍或者个人可能就会采用不同的开发过程，结果导致开发的产品有的质量高，有的质量差，完全依赖个人的素质和能力。

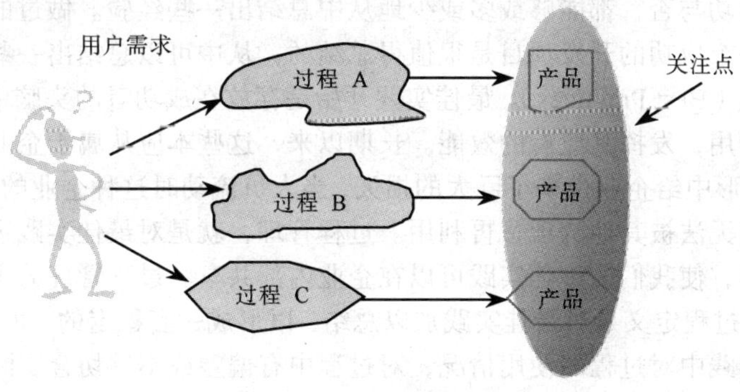

图 1-9 关注开发的结果

反之，如果将项目的关注点放在项目的开发过程，如图 1-10 所示，则不管谁来做，都采用统一的开发过程，也就是说，企业的关注点在过程。经过统一开发过程开发的软件，产品的质量是一样的。可以通过不断提高过程的质量来提高产品的质量，这个过程是公司能力的体现，而不是依赖于个人的。也就是说，产品的质量依赖于企业的过程能力，不依赖于个人能力。

㊀ 有关软件项目管理的详细内容可参考本人所写的《软件项目管理案例教程》（机械工业出版社出版，书号 ISBN978-7-111-26753-9）。

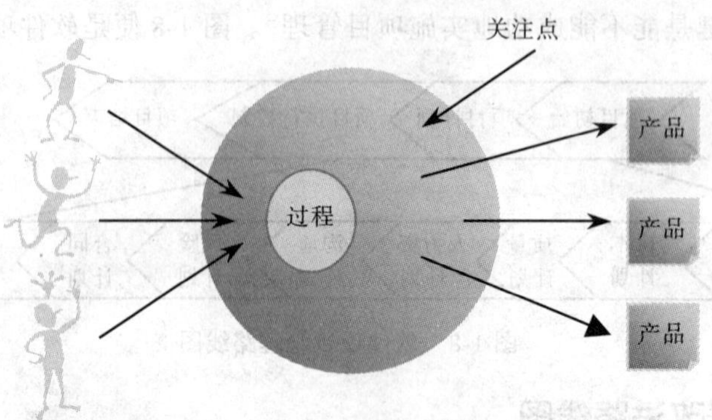

图 1-10 关注开发的过程

对于软件过程的理解，绝对不能简单地理解为软件产品的开发流程，因为我们要管理的并不只是软件产品开发的活动序列，而是软件开发的最佳实践，它包括流程、技术、产品、活动间关系、角色、工具等，是软件开发过程中的各个方面因素的有机结合。因此，在软件过程管理中，首先要进行过程定义，将过程以一种合理的方式描述出来，并建立起企业内部的过程库，使过程成为企业内部可以重用（也称复用）的共享资源。对于过程，要不断地进行改进，以不断地改善和规范过程，帮助提高企业的生产力。

软件过程是极其复杂的过程。软件是由需求驱动的，有了用户的实际需求才会引发一个软件产品的开发。软件产品从需求的出现到最终的产品出现要经历一个复杂的开发过程，软件产品在使用时要根据需求的变更进行不断的修改（这称为软件维护），我们把用于从事软件开发及维护的全部技术、方法、活动、工具以及它们之间的相互变换统称为软件过程。由此可见，软件过程的外延非常大，包含的内容非常多。对于一个软件开发机构来说，做过一个软件项目，无论成功与否，都能够或多或少地从中总结出一些经验。做过的项目越多，经验越丰富，特别是一个成功的开发项目是很值得总结的，从中可以总结出一些完善的过程，我们称之为最佳实践（Best Practices）。最佳实践开始是存放在成功者的头脑中的，很难在企业内部共享和重复利用，发挥其应有的效能。长期以来，这些本应从属于企业的巨大的财富被人们所忽视，这无形中给企业带来了巨大的损失，当人员流动时这种企业的财富也随之流失，并且也使这种财富无法被其他的项目再利用。过程管理，就是对最佳实践进行有效的积累，形成可重复的过程，使我们的最佳实践可以在企业内部共享。过程管理的主要内容包括过程定义与过程改进。过程定义是对最佳实践加以总结，以形成一套稳定的、可重复的软件过程。过程改进是根据实践中对过程的使用情况，对过程中有偏差或不够切合实际的地方进行优化的活动。通过实施过程管理，软件开发机构可以逐步提高其软件过程能力，从根本上提高软件生产能力。

美国卡内基-梅隆大学软件工程研究所（CMU/SEI）主持研究与开发的 CMM/PSP/TSP 技术，为软件工程管理开辟了一条新的途径。PSP（个人软件过程）、TSP（团队软件过程）和 CMM（能力成熟度模型）为软件产业提供了一个集成化的、三维的软件过程改进框架，它们提供了一系列的标准和策略来指导软件组织如何提升软件开发过程的质量和软件组织的能力，而不是给出具体的开发过程的定义，如图 1-11 所示。PSP 注重个人的技能，能够指导软件工程师保证自己的工作质量；TSP 注重团队的高效工作和产品交付能力；CMM 注重组织能力和高质量的产品，它提供了评价组织的能力、识别优先需求改进和追踪改进进展的管理方式。

除了这个众所周知的 CMM/PSP/TSP 过程体系，目前“敏捷开发”（agile development）和“极限编程”（eXtreme Programming，XP）等被认为是软件工程的一个重要的发展，它强调软件开发应当能够对未来可能出现的变化和不确定性做出全面反应。

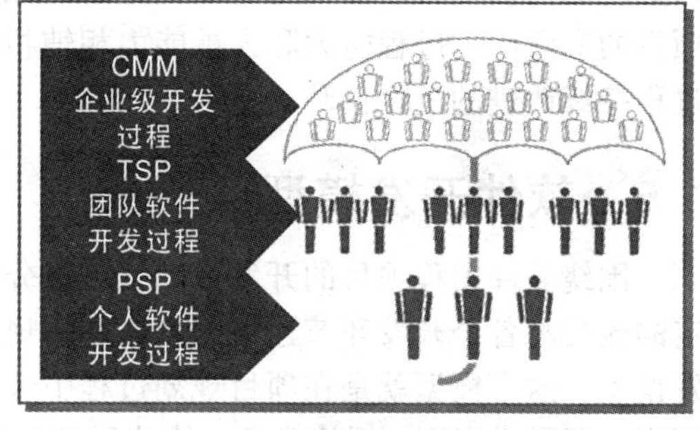

图 1-11　PSP/TSP/CMM 的关系

事实上，只要软件企业在开发产品，它就一定有一个软件过程，不管这个过程是否被写出来。如果这个过程不能很好地适应开发工作的要求，就需要进行软件过程改进。软件过程只有不断地改善，才能增加项目成功的机会。

Watts S. Humphrey 服兵役的时候，训练用猎枪打泥鸽子，开始时 Watts 的成绩非常差，并且努力训练还是没有提高。教官对 Watts 观察了一段时间后，建议他用左手射击。作为一个习惯右手的人，开始 Watts 很不习惯，但练了几次后，Watts 的成绩几乎总是接近优秀。

这个事例说明了几个问题。首先，要通过测量来诊断一个问题，通过了解 Watts 击中了几只鸽子和脱靶的情况，很容易看出必须对 Watts 的射击过程做些调整。然后，必须客观地分析测量的数据，通过观察 Watts 的射击，教官就可以分析 Watts 射击的过程——上膛、就位、跟踪目标、瞄准，最后射击。教官的目的就是发现 Watts 哪些步骤存在问题，找到问题所在。

如果 Watts 不改进他的射击过程，他的成绩几年后都不会有什么变化，也不会成为一个优秀的枪手。仅仅进行测量并不会有什么提高，仅仅靠努力也不会有什么提高，在很大程度上是工作方式决定了所得到的结果。如果还是按照老办法工作，得到的结果还会是老样子。

同样，不管是个体的过程、团队的过程还是企业的过程，都需要进行软件过程改进。软件过程改进的路线图如图 1-12 所示。

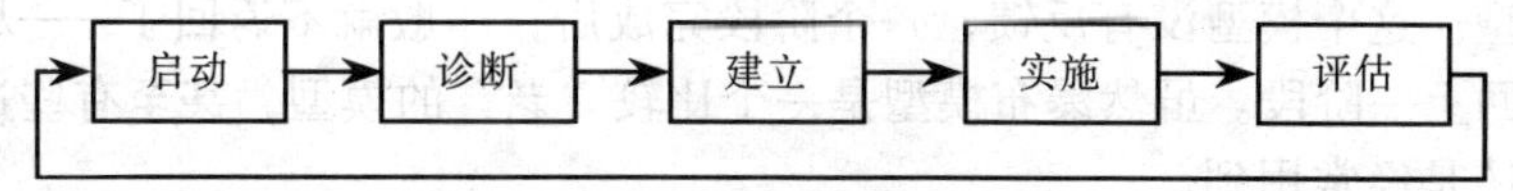

图 1-12　软件过程改进路线图

从图 1-12 中可以得知软件过程改进有五个步骤：

1）把目标状态与目前状态做比较，找出差距；

2）制定改进差距的分阶段计划；

3）制定具体的行动计划；

4）执行计划，同时在执行过程中对行动计划按情况进行调整；

5）总结本轮改进经验，开始下一轮改进。

现在人们越来越认识到软件过程在软件开发中的重要作用。目前国内还没有对软件开发的过程进行明确规定，文档不完整，也不规范，软件项目的成功往往归功于软件开发组的一些杰出个人或小组的努力。这种依赖于个别人员的成功并不能为全组织的软件生产率和质量的提高奠定有效的基础，只有通过建立全过程的改善，采用严格的软件工程方法和管理，并且坚持不懈地付诸实践，才能取得全组织的软件过程能力的不断提高，使软件开发更规范、更合理。

应当在企业范围内培育和建立起过程持续改进的文化氛围，运用过程体系的改进来不断积累关于过程的经验。同时，注意将组织的知识固化于过程之中。过程的丰富和积累有赖于人员的能力和经验，应当完善培训体系，充分保证项目组成员获得工作所需的必要技能。在项目的实践中，过程能力和人员能力相辅相成地发挥作用，才能形成提高、固化、再提高的过程持续改进的良性循环。

1.5 软件开发模型

围绕软件工程项目的开发活动，可以分化出很多软件开发模型。软件工程模型建议用一定的流程将各个开发环节连接起来，并用规范的方式操作全过程，就可以形成不同的软件开发模型，这个模型就是在项目规划过程中选择的策略。常见的软件开发模型有瀑布模型、V模型、渐增式模型、螺旋模型、快速原型模型等。瀑布模型也称为线性模型，"瀑布模型"的出现就是将其他行业中进行工程项目的做法搬到软件行业中来，它要求项目目标固定不变、前一阶段的工作没有彻底做好之前决不进行下一阶段的工作。然而对于软件来说，项目目标固定不变很不现实。为了解决这一问题，在瀑布模型中添加了种种反馈。虽然线性模型太理想化，太单纯，已不再适合现代的软件开发模式，但我们应该认识到，线性是人们最容易掌握并能熟练应用的思想方法。当人们碰到一个复杂的非线性问题时，总是千方百计地将其分解或转化为一系列简单的线性问题，然后逐个解决。我们应该灵活应用线性的方式，例如增量式模型就是一种分段的线性模型，螺旋模型则是接连的弯曲了的线性模型。在其他模型中也都能够找到线性模型的影子。

1.5.1 瀑布模型

瀑布模型（Waterfall model）是一个经典的模型，也称为传统模型（conventional model），是一个理想化的软件开发模型，如图1-13所示。它要求项目所有的活动都严格按照顺序执行，一个阶段的输出是下一阶段的输入。在很多标准中都明确定义了瀑布模型，这是软件工程中经常涉及的模型。这个模型没有反馈，一个阶段完成后，一般就不返回了——尽管实际的项目中要经常返回上一阶段。虽然瀑布模型是一个比较"老"的模型，甚至有些过时，但在一些小的项目中还是经常用到。

1.5.2 V模型

V模型是瀑布模型的一种变种，如图1-14所示，它同样需要一步一步地进行，即前一阶段的任务完成之后才可以进行下一阶段的任务。这个模型强调测试的重要性，它将开发活动与测试活动紧密地联系在一起，每一步都将比前一阶段进行更加完善的测试。

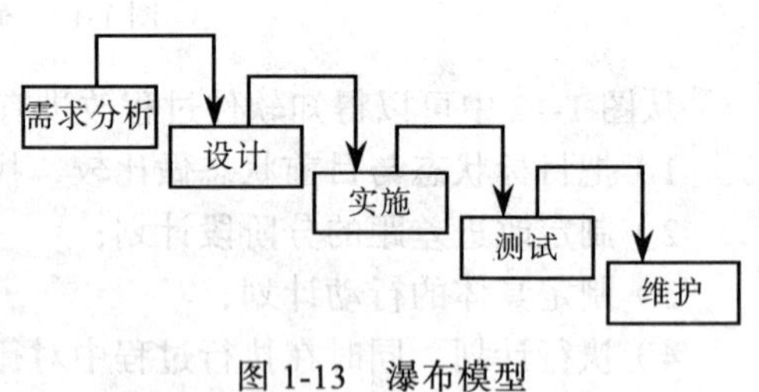

图1-13 瀑布模型

实验证明，一个项目50%以上的时间花在测试上。一般大家对测试存在一种误解，认为测试是开发周期的最后一个阶段。其实，早期的测试对提高产品的质量、缩短开发周期起着重要作用。V模型正好说明了测试的重要性，这个模型中测试与开发是并行的，体现了全过程的质量意识。

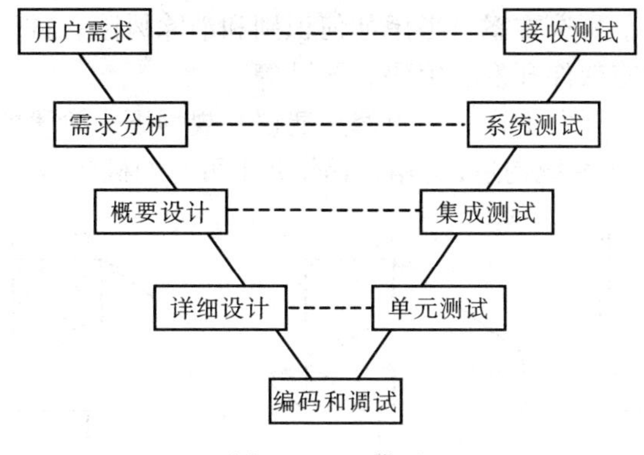

图 1-14 V 模型

1.5.3 原型模型

原型模型是在需求阶段快速构建一部分系统的软件开发模型，如图 1-15 所示。用户可以通过试用原型提出原型的优缺点，这些反馈意见可以作为进一步修改系统的依据。开发人员对开发的产品的看法有时与客户不一致，因为开发人员更关注设计和编码实施，而客户更关注于需求。因此，如果开发人员快速构造一个原型将会很快与客户就需求达成一致。

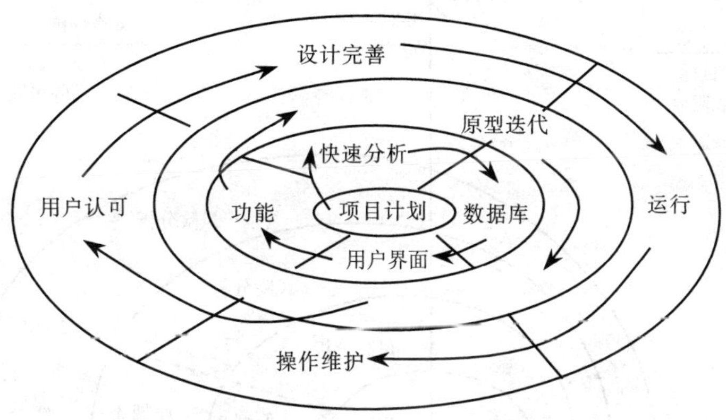

图 1-15 原型模型

1.5.4 增量式模型

增量式模型（Incremental model）由瀑布模型演变而来，它假设需求可以分段，成为一系列增量产品，每一增量可以分别开发。首先构造系统的核心功能，然后逐步增加功能和完善性能的方法就是增量式模型。增量式开发模型如图 1-16 所示。

1.5.5 螺旋式模型

螺旋式模型（Spiral model）是针对风险比较大的项目而设计的一种模型。设计这个模型的目的主要是克服瀑布模型的缺点，它在应对变化的灵活性上很有优势，并通过一系列瀑布模型的不断循环来逐步规避风险。螺旋式模型如图 1-17 所示，每个循环步骤包括如下四个阶段：

1）制定计划——确定软件目标、需求和选定实施方案，弄清项目开发的限制条件，确定下步可选的方案。

2）风险分析——评估所选方案，考虑如何识别和消除风险，进行原型开发。

3）实施工程——实施软件开发、编码、测试等。

4）客户评估——评价开发工作，提出修正建议，规划下一阶段的任务。

螺旋式模型提供了多个系统构造，为用户提供几个可选的机会，这个模型需要精心的策划。

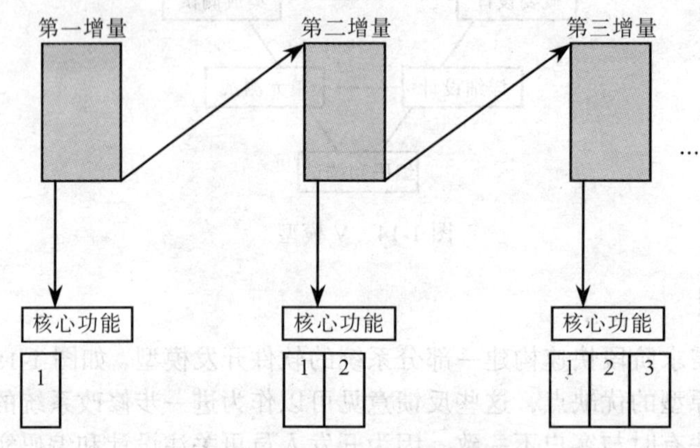

图 1-16 增量式模型

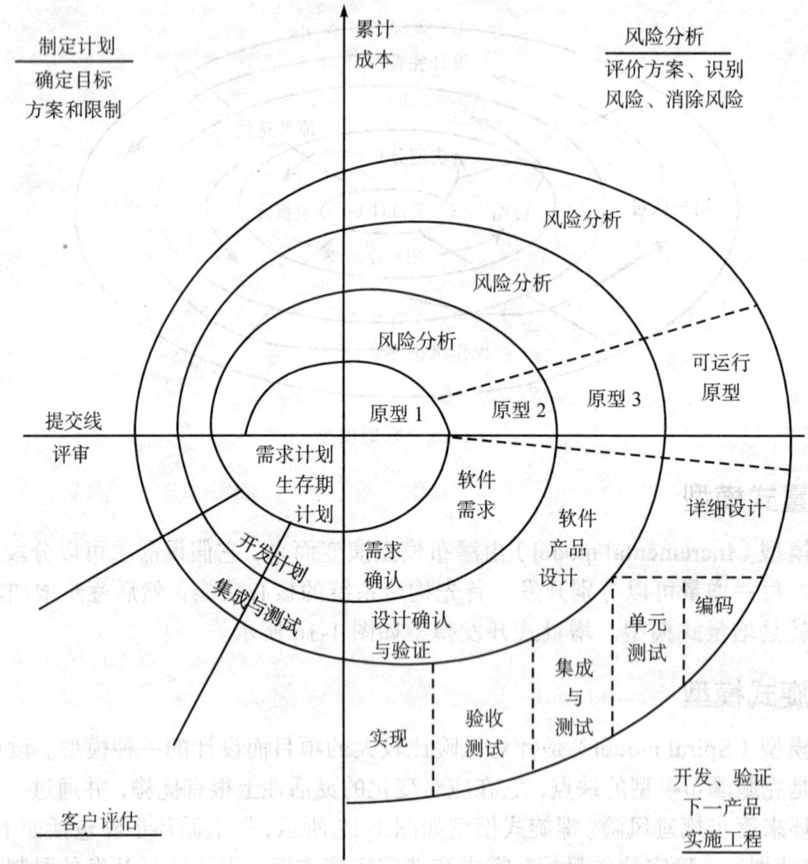

图 1-17 螺旋式开发模型

1.5.6 喷泉模型

喷泉模型如图 1-18 所示，该模型认为软件开发过程自下而上周期的各阶段是相互重叠和多次反复的，就像水喷上去、落下来，类似一个喷泉。该模型主要用于面向对象软件开发项目，其特点是各项活动之间没有明显的界限。而面向对象方法学在概念和表示方法上的一致性，保证了各个开发活动之间的无缝过渡。由于面向对象技术的优点，该模型的软件开发过程与开发者对问题认识和理解的深化过程同步。该模型重视软件研发工作的重复与渐进，通过相关对象的反复迭代并在迭代中充实扩展，实现了开发工作的迭代和无间隙。喷泉模型分为分析、设计、实现、确认、维护和演化，是一种以用户需求为动力、以对象作为驱动的模型，它克服了瀑布模型不支持软件重用和多项开发活动集成的局限性。

1.5.7 智能模型

智能模型也称为面向知识的模型，是基于知识的软件开发模型，它综合了若干模型，并把专家系统结合在一起。该模型应用基于规则的系统，采用归纳和推理机制，每一个开发阶段需要用相关的智能软件专家系统等进行分析，它所要解决的问题是特定领域的复杂问题，涉及大量的专业知识，如图 1-19 所示。智能模型可以帮助软件人员完成开发工作，并使维护在系统规格说明一级进行，是今后软件工程的发展方向。

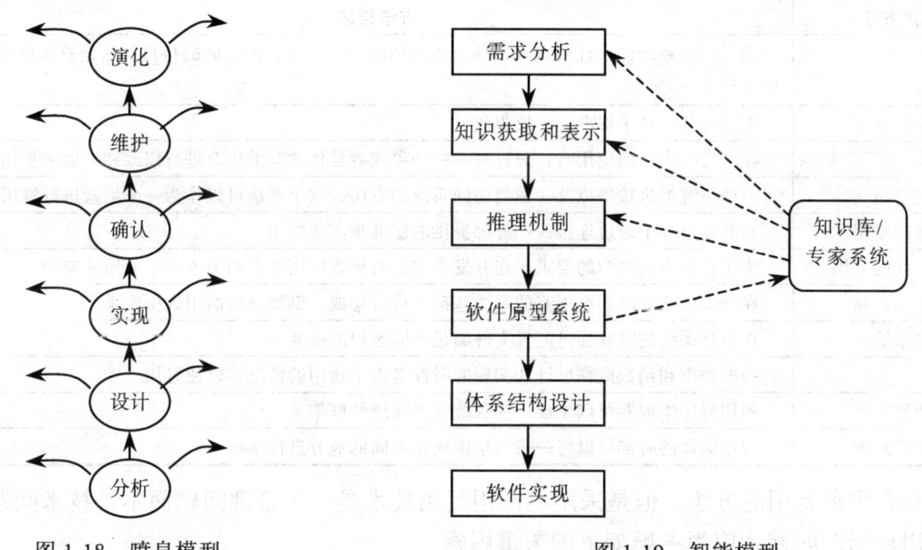

图 1-18 喷泉模型　　图 1-19 智能模型

尽管有多种不同的模型，但是很多模型都有瀑布模型的影子，或者说它们是瀑布模型的组合，或者是对瀑布模型的改进，也就是说软件开发过程的模型是需求、设计（包括总体设计、详细设计）、编码、测试、提交、维护等过程活动的组合和安排。以后章节将分别讲述软件开发过程中需要的过程：需求、总体设计、详细设计、编码、测试、提交、维护等。

1.6 软件工程中的复用原则

如今，汽车企业不再自己制造轮胎，而是向擅长制造轮胎的企业购买轮胎；国际飞机制造公司可以没有下属的飞机制造厂；建筑设计院无须组建自己的建筑公司。软件开发的道理也一样：借助于唾手可得的组件，小型团队也可以开发出优秀的软件。所以，应该提倡软件工程的复用性。

基于复用（重用）的软件工程是比较理想的软件工程策略，在开发过程中可以最大化重用已经存在的软件。尽管复用的效益已经被认可很多年，但是，只是近几年才渐渐将传统的开发过程转向复用的开发过程。

复用可以提高质量和效率，可以真正实现软件的工程化，使软件开发人员把更多的时间用于规划。需要什么功能的软件，可以到软件超市购买，就如同可以按照需要的标准购买需要的元器件一样。

复用可以让我们不必从头做起，不会重走弯路，可以“踩着别人的肩膀往上走”。复用不仅可以降低开发成本，减少重新规划、设计、编程和测试新功能的工作量，而且还有很多其他的优势，如增加软件的可靠性、降低风险、增加专家的利用率、增强标准化的兼容性、加速开发时间等。

可以复用的软件单元有很多种，例如应用系统的复用、模块的复用、对象类和函数的复用等。经过20年的发展，复用技术也得到很大的发展，复用可以是任何级别上的复用，包括从简单的函数到复杂的应用，表1-1展示了一些复用技术的主要方法。

表1-1 主要的复用方法

复用方法	方法描述
设计模式	通过应用系统的设计模式表达抽象或具体的对象以及它们之间的接口，这是总体概要性的复用
基于模块的开发	系统的开发基于标准的模块集成
应用框架	在开发一个新的应用时，通过对一些抽象或者具体的类的集合进行修改和扩展来复用
系统级的复用	一些系统提供接口以及一系列访问系统的方法，这个系统可以作为一个黑盒进行复用
面向服务的复用	在开发过程中通过连接一些外部提供的服务来实现复用
应用产品线的复用	为了适用不同客户的要求，在开发系统的时候将应用类型归纳为一个通用的架构
集成商用的产品	在开发系统的时候在现有的系统基础上进行集成，例如集成商用数据库系统
可配置的系统	在设计系统的时候通过配置文件满足不同客户的需要
程序库	一些类库和函数库在设计和实现的时候考虑了通用的情况，以便复用
程序生成器	利用程序生成器可以生成一些系统或者系统的框架
面向问题的开发	程序编译的时候可以将一些共享模块在不同的地方进行集成

尽管有多种复用的方法，但是采用不采用复用技术是一个管理问题而不是技术问题。在进行复用规划的时候，应当考虑如下的关键因素：

1）软件的开发进度要求。如果软件开发进度要求比较紧，应当采用成熟的、商品化的系统，而不是一个个独立的模块。

2）软件生存期的考虑。如果开发的软件要求很长的使用期限，这时应当主要考虑系统的可维护性，不是考虑如何快速复用，而是考虑如何长期使用，因此应当对模块做一些变更处理，明白其中是如何使用的。

3）考虑开发团队的背景、技能和经验。所有的复用技术都是相当复杂而且需要花时间了解和掌握的，所以，如果团队在某些领域有很高的技能，可以考虑这方面的复用。

4）考虑软件的风险和非功能的需求等，要验证复用软件的可靠性，同时要考虑系统的性能。如果软件系统有很高的性能要求，最好不要使用通过代码生成器生成的代码，因为通过代码生成器产生的代码有很多无效代码。

5）考虑应用领域。在一些应用领域，例如生产和机械领域，有通用的产品可以复用，通过配置就可以复用。

6）考虑系统运行的平台。一些复用模块的模式，例如 COM/ActiveX 是特定于微软平台的，所以如果你的系统是设计在这样的平台上，可以考虑基于特定平台下的复用可能。

软件人员一定要建立复用的概念，只有做到复用才可以大幅度降低项目的实施成本。复用可以分为 3 个层次：最低层次是人员的复用，中级是文档管理流程的复用，高级是系统完全复用。在项目立项初期，需要参考公司以前的资源，比如做过的项目、产品以及这些部分的文档和人员列表，并根据现有的合同定义的框架找到最接近的可以使用的部分，这些就是项目的基础。通常反对一切从零开始的创新，任何技术人员都应充分利用已有的资源。

1.7 小结

本章讲述了软件工程的起源、重要性和三个重要线索，软件工程的三个线索包括软件开发过程、软件管理过程、软件过程改进这三个线索。要想实现软件工业的产业化，软件工程必须是真正意义上的工程化。软件工程的模式或者标准很难统一为一个模型，所以，软件工程的模型应该是弹性的。本章给出了软件开发过程的路线图，要求软件开发的过程要规范化。从软件管理过程的路线图可以看到软件项目管理的核心是项目规划和项目跟踪控制，做好这些才能保证软件开发的成功完成。本章还给出了软件过程改进的路线图，它在软件项目中有着重要的作用，通过不断地优化和规范过程，可以帮助企业提高软件生产能力。

1.8 练习题

一、选择题

1．下列所述不是软件特点的是（　　）。

A．软件是有形的　　B．软件不存在磨损和消耗问题

C．软件开发成本高　　D．软件没有明显的制作过程

2．软件工程的出现主要是由于（　　）。

A．程序设计方法学的影响　　B．其他工程科学的影响

C．软件危机的出现　　D．计算机的发展

3．以下（　　）不是软件危机的表现形式。

A．开发的软件不满足用户的需要　　B．开发的软件可维护性差

C．开发的软件价格便宜　　D．开发的软件可靠性差

4．软件工程的目的是（　　）。

A．建造大型的软件系统　　B．软件开发的理论研究

C．软件质量的保证　　D．研究软件开发的原理

5．下列所述不是软件组成的是（　　）。

A．程序　　B．数据　　C．界面　　D．文档

6．下列对“计算机软件”描述正确的是（　　）。

A．是计算机系统的组成部分

B．不能作为商品参与交易

C．是在计算机硬件设备生产过程中生产出来的

D．只存在于计算机系统工作时

7．软件工程方法的产生源于软件危机，下列（　　）是产生软件危机的内在原因。

A．软件的复杂性　　B．软件维护困难

C．软件成本太高　　D．软件质量难保证

8．软件工程方法的提出起源于软件危机，其目的应该是最终解决软件的（　　）问题。

A．软件危机　B．质量保证　C．开发效率　D．生产工程化

9．软件工程学中除重视软件开发的研究外，另一重要组成内容是软件的（　）和过程改进。

A．项目管理　B．成本核算　C．人员培训　D．工具开发

10．软件工程学涉及软件开发技术和项目管理等方面的内容，下述内容中（　　）不属于开发技术的范畴。

A．软件开发方法　　B．软件开发工具

C．软件工程环境　　D．软件工程经济

二、填空题

1．软件工程的目的是成功地建造大型的软件系统，主要内容是软件开发技术、软件项目管理和（　）。

2．螺旋式开发模型主要是针对（　　）的项目而设计的。

3．由于软件生产的复杂性和高成本，使大型软件生产出现了很多问题，即出现（　　），软件工程正是为了克服它而提出的一种概念及相关方法和技术。

4．（　　）模型假设需求可以分段，成为一系列增量产品，每一增量可以分别开发。

5．（　　）模型比较适用于面向对象的开发方法。

三、判断题

1．软件开发方法的主要目的是克服软件手工生产带来的问题，使软件开发能进入工程化和规范化的环境。（　　）

2．软件工程的提出起源于软件危机，其目的是最终解决软件的生产工程化。（　　）

3．软件过程改进也是软件工程的范畴。（　　）

第 2 章

■ 结构化方法和面向对象方法

软件工程是计算机学科中一个年轻并且充满活力的研究领域。20 世纪 60 年代末期以来，人们为克服软件危机在这一领域做了大量工作，逐渐形成了系统的软件开发理论、技术和方法，它们在软件开发实践中发挥了重要作用。今天，现代科学技术将人类带入了信息社会，计算机软件扮演着十分重要的角色，软件工程已成为信息社会高技术竞争的关键领域之一。软件工程方法为建造软件提供了技术上的解决方法，覆盖了软件需求建模、设计建模、编码、测试、维护等方面。从方法学上说，软件工程方法主要包括结构化方法和面向对象方法。

2.1 软件工程方法比较

随着信息技术的发展，计算机的应用日益广泛，由计算机代替人完成的工作逐步增多，软件系统的应用越来越广泛。软件开发的任务是构造软件系统，并将它们部署到现实世界中，通过软件系统与周围环境的交互，解决人们在现实世界中遇到的问题。软件系统和现实世界的关系如图 2-1 所示。在实际应用中，软件系统的作用范围有限，只能与现实世界中的某一小部分进行交互，这部分是人们希望软件系统能够影响的部分，也是人们产生问题的部分。要解决问题，就需要改变实现中的某些实体的状态，或者改变实体状态变化的演进顺序，使其达到期望的状态和理想的演进顺序。这些实体和状态构成了问题解决的基本范围，称为问题域。当软件系统被用来解决某些问题时，这些问题的问题域集合就是该软件系统的问题域。软件系统通过影响问题域，能够帮助人们解决问题，称为解系统。解系统是问题的解决手段，它不是问题域的组成部分。问题域与解系统之间存在可以互相影响的接口，用以实现交互活动，它们之间的关系如图 2-2 所示。

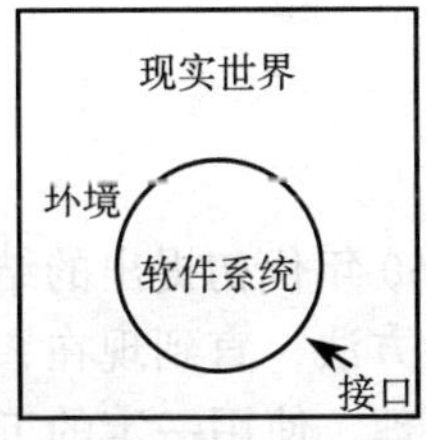

图 2-1 软件系统与外部世界的交互

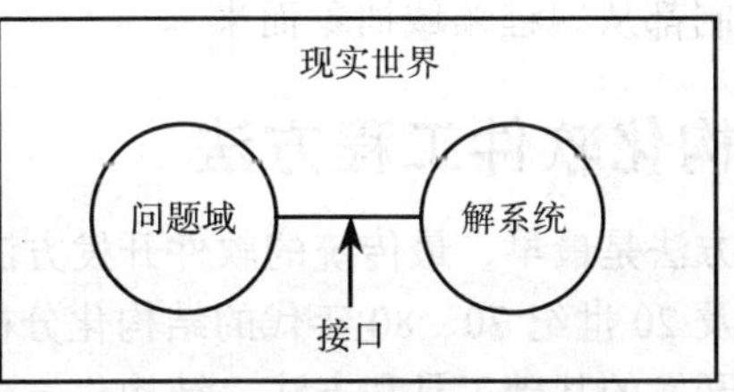

图 2-2 问题域与解系统的关系

软件开发就是对问题域的认识和描述，软件开发人员从对问题域产生正确的认识到用一种编程语言将这些认识描述出来，提供软件产品。

开发人员借助自然语言对问题域进行正确认识，然后通过编程语言正确地表达出来。这两种语言之间存在一定的差距，即存在鸿沟，为此，开发人员需要做大量的工作，以缩短这个鸿沟。在软件开发过程中，对问题域的理解要求比日常生活中对它的理解更深刻、更准确，这需要一些专业的方法，这些正是软件工程学需要解决的问题。

软件工程方法为构造软件提供技术上的解决方法，这些方法依赖于一组基本原则，这些原则涵盖了软件工程的所有技术领域，目前使用最广泛的方法是结构化方法和面向对象方法。从认识事物方面看，这些方法在分析阶段提供了一些对问题域进行分析、认识的途径；从描述事物方面看，它们在分析和设计阶段提供了一些从问题域逐步过渡到编程语言的描述手段，也就是为上面所说的语言鸿沟铺设了一些平坦的路段。

传统的结构化软件工程方法并没有完全填平语言之间的鸿沟，如图 2-3 所示。在面向对象的软件工程方法中，从面向对象分析到面向对象设计，再到面向对象的编程、面向对象测试都是紧密衔接的，它们填平了语言之间的鸿沟，如图 2-4 所示。

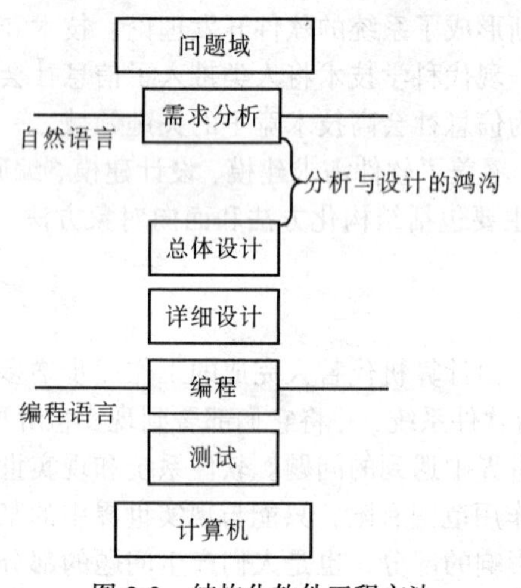

图 2-3　结构化软件工程方法

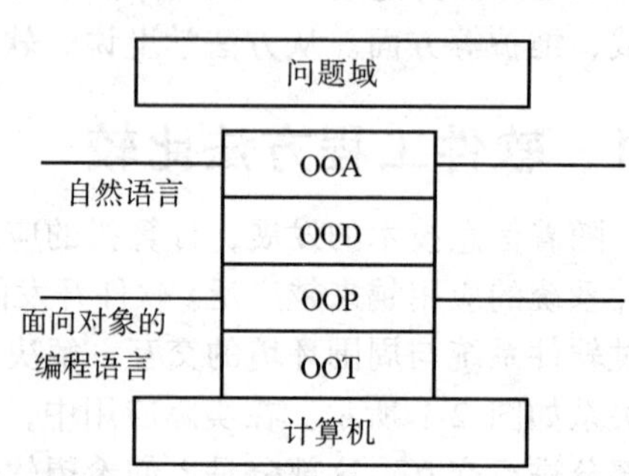

图 2-4　面向对象软件工程方法

在编程领域中，面向对象方法中基本的抽象物不是功能，而是一些真正存在的实体，通过设计一些对象完成工程；而结构化方法通过设计一些函数完成功能。对象通过信息传播进行沟通，一个对象可以通过询问得到另一个对象的信息；而结构化方法是通过全局数据、函数调用等方式传递的。

结构化方法和面向对象方法都首先在编程领域取得了成功，故其软件工程方法所用的概念和组织机制都从编程领域抽象而来。

2.2　结构化软件工程方法

结构化方法是最早、最传统的软件开发方法，从 20 世纪 60 年代初提出的结构化程序设计方法，以及 20 世纪 70、80 年代的结构化分析和结构化设计方法，直到现在，结构化方法仍然是软件开发的基础工具和方法。结构化方法是根据某种原理，使用一定的工具，按照特定步骤进行工作的一种软件开发方法，结构分析方法是强调开发方法的结构合理性以及所开发软件的结构合理性的软件开发方法。结构是指系统内各个组成要素之间的相互联系、相互作用的框架。结构化开发方法提出了一组提高软件结构合理性的准则，如分解与抽象、模块独立性、信息隐蔽等。针对软件生存周期各个不同的阶段，它有结构化分析（SA）、结构化设计（SD）和结构化编程（SP）等方法，而它们采用的方法是不一致的。

2.2.1 结构化需求分析

结构化分析方法是一种发展成熟、简单实用、使用广泛的方法，是 20 世纪 70 年代中期由 E. Yourdon、Tom Demarco 等人提出的一种面向数据流的分析方法，也称为 E. Yourdon Tom Demarco 方法。在结构化需求分析中主要解决的是“需要系统做什么”的问题。常用的描述软件功能需求的工具是数据流图、数据字典。需求规格说明将功能分解为很多子功能，然后用诸如数据流的方法分析这些子功能，并采用诸如数据流图等形式表示出来。采用结构化分析方法，开发人员定义系统需要做什么，系统需要存储和使用哪些数据，需要什么样的输入和输出，以及如何将这些功能结合起来完成任务。

这种分析方法对问题的描述不是以问题域中固有的事物作为基本单位，并保持它们的原貌，而是打破了各项事物之间的界限，在全局范围内以功能、数据或者数据流为中心来进行分析，所以这些方法的分析结果不能直接映射问题域，而是经过了不同程度的映射和重新组合。因此，传统的结构化分析方法容易隐蔽一些对问题域的理解偏差，给后续开发阶段的衔接带来困难。

2.2.2 结构化概要设计与详细设计

一个问题域经过结构化分析之后，可以进行结构化设计，即概要设计（总体设计）和详细设计。概要设计主要是将系统分解为模块，并表示模块之间的接口和调用关系。详细设计是进一步描述模块内部，例如数据结构或者算法。

结构化的概要设计是以模块化技术为基础的软件设计方法，以需求分析的结果作为出发点构造一个具体的软件产品。其主要任务是在结构化需求分析的基础上建立软件的总体结构，设计具体的数据结构，决定系统的模块结构，包括模块的划分、模块间的数据传送以及调用关系。在进行结构化软件设计时应该遵循的最主要的原理是模块独立。构成系统逻辑模型的是数据流图和数据字典。数据流图描述数据在软件中流动和被处理的过程，是软件模型的一种图示，它一般包括 4 种图形符号：变换/加工、外部实体、数据流向和数据存储。

结构化设计的基本方法是从数据流图出发推导出软件的模块结构图，从数据字典推导出模块基本要求、数据存储要求、数据结构以及数据文件等。这种结构化的设计方法和结构化的需求分析方法是不同的表示体系，因此，两者产生的结果很难对应。结构化需求分析的结果主要是数据流图（Data Flow Diagram，DFD）。结构化设计的主要方法是模块划分，其结果主要是模块结构图（Module Structure Diagram，MSD）。

结构化详细设计是对概要设计进行进一步的细化，在概要设计基础上描述每个模块的内部结构及其算法，最终将产生每个模块的程序流程图。其目标是为软件结构图中每个模块提供程序员编程实现的具体算法。DFD 中的一个数据流不能对应 MSD 中模块的数据，也不能对应模块之间的调用关系。DFD 中的加工也不一定对应 MSD 中的一个模块，这种需求分析和设计之间表示体系的不一致是需求分析与设计之间的鸿沟。

2.2.3 结构化编码

经过概要设计和详细设计，开发人员对问题域的认识和描述越来越接近于系统的具体实现，即编码。编码阶段是利用一种编程语言产生一个能够被机器理解和执行的系统，是将软件设计的结果翻译成用某种程序设计语言书写的程序。作为软件工程的一个阶段，编码是软件设计的自然结果，这方面的技术相对成熟。

2.2.4 结构化测试

测试过程的目的在于识别存在于软件产品中的缺陷，然而，一般情况下，执行完测试之后也不能确保系统中没有任何缺陷了，因此，应该说测试提供了一种可以操作的方法来减少一个系统中的缺陷，并增加用户对一个已开发系统的信心。测试一个程序包含了该程序根据一组测试输入运行，然后看看程序是否按照预期结果运行。如果程序没有按照预期运行，需要记录缺陷结果，然后修复，重新测试。

2.2.5 结构化维护

软件产品被开发出来并交付用户使用后，就进入软件的运行维护阶段，这个阶段是软件生命周期的最后一个阶段。

软件维护的最大难点是人们对软件的理解过程中所遇到的障碍。维护人员往往不是当初的开发人员，读懂并正确理解其他人开发的软件不是容易的事情。结构化软件工程方法中，各个阶段的文档表示不一致，程序不能很好地映射问题域，从而使维护工作比较困难。

2.3 面向对象软件工程方法

Jacobson 于 1994 年提出了面向对象软件工程（OOSE）方法，这种开发方法是以 20 世纪 60 年代末的 SIMULA 语言的诞生为标志的，它已经深入到软件领域的很多分支，包括面向对象的分析、面向对象的设计、面向对象的实现等。其最大特点是面向对象用例（usecase），并在用例的描述中引入了外部角色的概念。用例概念是精确描述需求的重要武器，它贯穿于整个开发过程，包括对系统的测试和验证。

面向对象分析（OOA）、面向对象设计（OOD）、面向对象编程（OOP）、面向对象测试（OOT）是构造面向对象系统的活动，它们也构成了面向对象软件工程的主要活动。

目前，在整个软件开发过程中面向对象方法是很常用的，采用面向对象方法时，在需求分析阶段建立对象模型，在设计阶段使用这个对象模型，在编码阶段使用面向对象的编程语言开发这个系统。

Coad 和 Yourdon 给出的面向对象定义为：对象+类+继承+通信。如果一个软件系统采用这四个概念设计和实现，就可以认为这个软件系统是面向对象的。面向对象有如下特点：

- 从问题域中客观存在的事物出发来构造软件系统，用对象作为这些事物的抽象表示，并以此作为系统的基本构成单位。
- 事物的静态特征用对象的属性表示，事物的动态特征用对象的服务表示。
- 对象的属性和服务结合为一个独立的实体，对外屏蔽其内部细节，称为封装。
- 将具有相同属性和相同服务的对象归为一类，类是对这些对象的抽象描述，每个对象是其类的一个实例。

- 通过在不同程度上运用抽象的原则，可以得到较一般的类和较特殊的类。特殊类继承一般类的属性与服务，面向对象软件工程方法支持对这种继承关系的描述和实现，从而简化系统的构造过程及其文档。
- 复杂的对象可以用简单的对象作为其构成部分，称为聚合。
- 对象之间通过消息进行通信，以实现对象之间的动态联系。
- 通过关联表达对象之间的静态关系。

为方便理解面向对象软件工程方法的特点，下面先简单介绍一下面向对象的基本概念：

- 对象。对象是系统中用来描述客观事物的一个实体，它是构成系统的基本单位，一个对象由一组属性和对这组属性进行操作的一组服务构成。属性和服务是构成对象的两个主要因素。属性是描述对象静态特征的一个数据项，服务是用来描述对象动态特征的一个操作序列。
- 类。类代表的是一种抽象，它代表对象的本质的、可观察的行为。类给出了属于该类全部对象的抽象定义，而对象则是符合这种定义的一个实体。对象既具有共同性，也具有特殊性。
- 继承。一个类可以定义为另外一个更一般的类的特殊情况，称一般类为特殊类的父类或者超类，特殊类是一般类的子类。
- 封装。封装是面向对象方法的一个重要原则，主要包括两层意思：一是指将对象的全部属性和全部操作结合在一起，形成一个不可分割的整体；二是指对象只保留有限的对外接口使之与外界发生联系，外界不直接访问和存取对象的属性，只能通过允许的接口操作，这样就隐蔽了对象的内部细节。
- 消息。消息传递是对象之间的通信手段，一个对象通过向另外一个对象发消息来请求其服务，一个消息通常包括接收对象名、调用的操作名和适当的参数。消息只告诉接收对象需要完成什么操作，并不指示接收者如何完成操作。
- 结构。在任何一个复杂的问题域，对象之间都不是相互独立的，而是相互关联的，因此构成一个有机的整体。
- 多态性。对象的多态性是指在一般类中定义的属性或者服务被特殊类继承之后，可以具有不同的数据类型或者表现出不同的行为，这使得同一个属性或者服务名在一般类及其各个特殊类中可以具有不同的语义。

面向对象方法将数据和行为看成同等重要，是将数据和对数据的操作紧密地结合起来的方法，这是与传统结构化方法的主要区别。面向对象方法的出发点和基本原则是尽量模拟人类的习惯和思维方式，描述问题的问题空间与其解空间在结构上尽可能一致。面向对象方法的开发过程是多次重复和迭代的演化过程，在概念和表示方法上的一致性，保证了各项开发活动之间的平滑过渡。喷泉模型就是有代表性的面向对象模型。

2.3.1 面向对象需求分析

面向对象分析（OOA）强调直接针对问题域中客观存在的各种事物建立 OOA 模型中的对象。用对象的属性和服务分别描述事物的静态特征和行为。问题域有哪些值得考虑的事物，OOA 模型中就有哪些对象。而且对象及其服务的命名都强调与客观事物一致。另外，OOA 模型也保留了问题域中事物之间的关系，将具有相同属性和相同服务的对象归为一类，用继承关系描述一般类与特殊类之间的关系。OOA 针对问题域运用 OO 方法，建立一个反映问题域的 OOA 模型，不考虑与系统实现有关的问题。分析的过程是提取系统需求的过程，主要包括理解、表达和验证。

面向对象分析的关键是识别出问题域内的对象，并分析它们相互之间的关系，最终建立问题域的简洁、精确、可以理解的正确模型。在用面向对象观点建立起来的模型中，对象模型是最基本、最重要、最核心的模型。

2.3.2 面向对象设计

面向对象设计（OOD）是将面向对象分析所创建的分析模型转换为设计模型，是针对系统的一个具体实现运用 OO 方法进行设计的过程。OOD 包括两个方面的工作：一方面是将 OOA 模型直接搬到 OOD，即不经过转换，仅做某些必要的修改和调整；另一方面是针对具体实现中的人机界面、数据存储、任务管理等因素补充一些与实现有关的部分。

OOA 与 OOD 采用一致的表示法是面向对象分析与设计优于传统结构化方法的重要因素之一。OOA 与 OOD 不存在转换的问题，只有局部的修改或者调整，并增加几个与实现有关的独立部分，因此 OOA 与 OOD 之间不存在鸿沟，二者能够紧密衔接，降低了从 OOA 到 OOD 的难度和工作量。

面向对象设计和面向对象分析采用相同的符号表示，两者没有明显的分界线，它们往往反复迭代进行。在面向对象分析中，主要考虑系统做什么，而面向对象设计主要解决系统如何做的问题。面向对象分析到面向对象设计，是同一种表示方法在不同范围的运用，面向对象设计的问题域部分是从面向对象分析模型直接拿来的，仅针对实现的要求进行必要的增补和调整。

2.3.3 面向对象编程

认识问题域与设计系统的工作已经在 OOA 和 OOD 阶段完成，面向对象编程（OOP）的工作就是用一种面向对象的编程语言针对 OOD 模型中的每个部分编写出代码。理论上来说，在 OOA 和 OOD 阶段对于系统需要设立的每个对象类及其内部构成（属性和服务）与外部关系（结构和静态、动态联系）都应有透彻的认识和清晰准确的描述。面向对象编程主要是编程人员采用具体的数据结构来定义对象的属性，用具体的语句来实现服务流程图所表示的算法。

2.3.4 面向对象测试

面向对象测试（OOT）是指对于用 OO 技术开发的软件，在测试过程中继续运用 OO 技术进行以对象概念为中心的软件测试。OOT 以对象的类作为基本测试单位，查错范围主要是类定义之内的属性和服务，以及有限的对外接口（消息）所涉及的部分。由于对象的继承性，在对父类测试完成之后，子类的测试重点只是那些新定义的属性和服务。

2.3.5 面向对象维护

面向对象软件工程方法改进了传统的结构化软件工程维护过程，程序与问题域一致，各个阶段的表示一致，从而大大降低了理解的难度。无论是从程序中发现了错误而反向追溯到问题域，还是从问题域追踪到程序，都是比较顺畅的。另外，对象的封装性使一个对象的修改对其他对象影响小，从而避免了波动效应。所以，面向对象的维护过程比结构化方法的维护过程要简单些。

2.4 软件逆向工程

软件逆向工程是根据对软件代码的分析恢复其设计和需求的过程。逆向工程的目的是通过改进一个系统的可理解度来推进测试或者维护工作，并产生一个非主流系统所需的文档。逆向工程的第一个阶段通常是对代码进行修饰性改动，改进其可读性、结构和可理解性，执行这些修饰性改动的过程如图 2-5 所示。通过改动，对程序重新定义格式，所有的变量、数据结构和函数被分配了有意义的名字，使得原来的程序成为规范化的程序。然后可以开始提取代码、设计和需求，有些工具可以根据代码生成数据流和控制流图，结构图也可以提取。对全部代码有了透彻了解后，就可以提取设计和编写需求规格说明了。

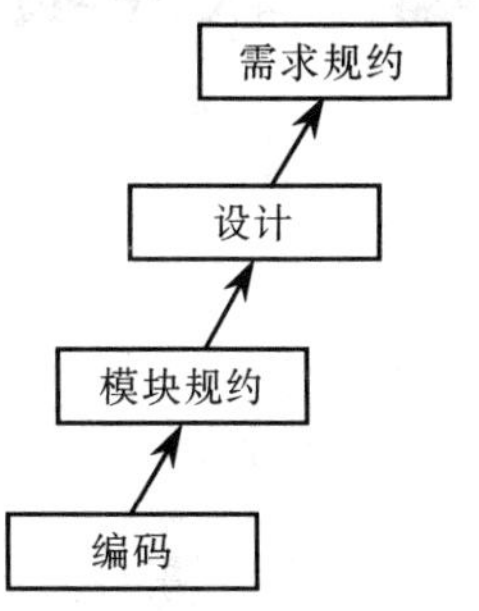

图 2-5 逆向软件工程的过程模型

2.5 小结

本章从方法学上讲述了软件工程的两大技术方法：结构化软件工程方法和面向对象软件工程方法。这些方法覆盖了软件需求建模、设计建模、编码、测试、维护等方面，它们的目的都是帮助人们解决问题，称为解系统。结构化方法主要包括结构化分析、结构化设计、结构化编程，它们采用的方法是不一致的。面向对象方法的需求、设计、编码等开发过程是多次重复和迭代的演化过程，在概念和表示方法上的一致性保证了各项开发活动之间的平滑过渡。

2.6 练习题

一、选择题

1．结构化分析方法是面向（　　）的自顶向下逐步求精的分析方法。

A．目标　　B．数据流　　C．功能　　D．对象

2．在进行软件设计时应该遵循的最主要的原理是（　　）。

A．抽象　　B．模块化　　C．模块独立　　D．信息隐蔽

3．在结构化分析方法中，常用的描述软件功能需求的工具是（　　）。

A．业务流程图、处理说明　　B．软件流程图、模块说明

C．数据流程图、数据字典　　D．系统流程图、程序编码

二、填空题

1．结构化分析方法是（　　）进行分析的方法。

2．在软件开发的结构化方法中，构成系统逻辑模型的是（　　）和（　　）。

3．数据流图是描述数据在软件中流动和被处理的过程，是软件模型的一种图示，它一般包括 4 种图形符号：变换/加工、外部实体、数据流向和（　　）。

4．（　　）是将数据和对数据的操作紧密地结合起来的方法，这是与传统结构化方法的主要区别。

三、判断题

1．面向对象开发过程是多次重复和迭代的演化过程，在概念和表示方法上的一致性保证了各项开发活动之间的平滑过渡。（　　）

2．软件逆向工程是根据对软件需求的分析恢复其设计和软件代码的过程。（　　）

第3章

软件项目的需求分析

当现实世界发生问题时，用户会希望通过在问题域中引入一个解系统来解决问题，需求就是用户期望解系统能够在问题域中产生的理想效果。从本章开始，我们就按照软件开发过程路线图分阶段讲解。本章开始路线图的第一站——需求分析，如图 3-1 所示。

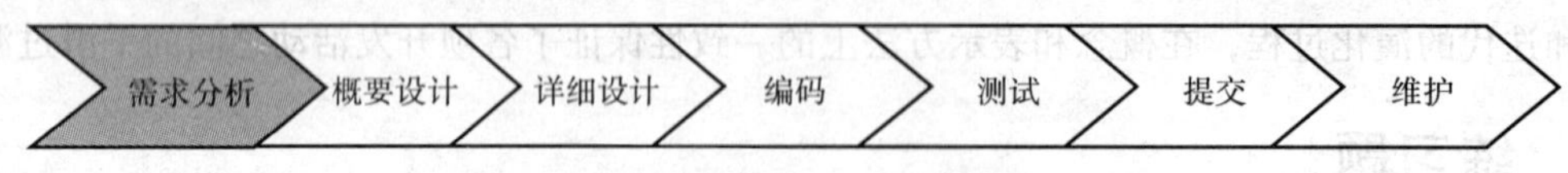

图 3-1　路线图——需求分析

3.1　软件项目需求概述

需求是用户对问题域中的实体状态或者事件的期望描述，如图 3-2 所示。软件需求是软件项目关键的一个输入，与传统的生产企业相比较，软件需求具有模糊性、不确定性、变化性和主观性的特点，它不像硬件需求，是有形的、客观的、可描述的、可检测的。软件需求是软件项目最难把握的，同时又是关系到项目成败的关键因素，因此对于需求分析和需求变更的处理十分重要。

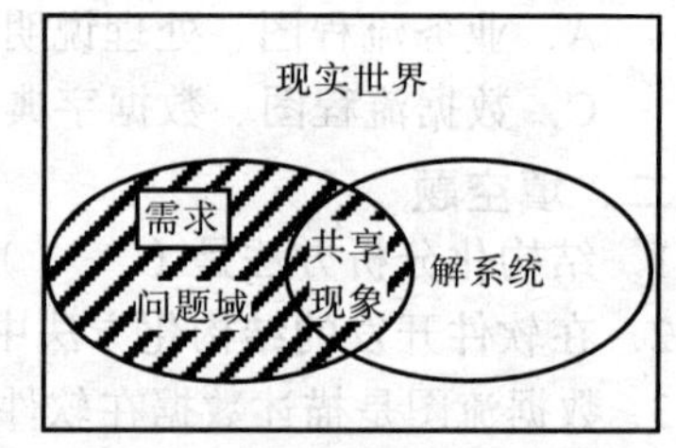

图 3-2　需求与问题域的关系

软件需求的重要性是不言而喻的，如何获取真实需求以及如何保证需求的相对稳定是每个项目组都必须面临的问题。

尽管项目开发中的问题不一定都是由于需求问题导致的，但是需求通常是最主要、最普遍的问题源。软件需求是用户对目标软件系统在功能、行为、性能、设计约束等方面的期望。通过对问题及其环境的理解与分析，为问题涉及的信息、功能及系统行为建立模型，将用户需求精确化、完全化，最终形成需求规格说明，这一系列的活动即构成需求分析阶段的任务。

3.1.1　需求定义

软件需求是指用户对软件的功能和性能的要求，就是用户希望软件能做什么事情，完成什么样的功能，达到什么样的性能。软件人员要准确理解用户的要求，进行细致的调查分析，将用户非形式化的需求陈述转化为完整的需求定义，再由需求定义转化到相应形式的需求规格说明。

有时也可以将软件需求按照层次来说明，包括业务需求（business requirement）、用户需求（user requirement）、功能需求（functional requirement）、软件需求规格说明（Software Requirement Specification，SRS）等层次。

业务需求反映了组织机构或客户对系统、产品高层次的目标要求，由管理人员或市场分析人员确定。

用户需求描述了用户通过使用该软件产品必须要完成的任务，一般是用户协助提供。

功能需求定义了开发人员必须实现的软件功能，使得用户通过使用此软件能完成他们的任务，从而满足业务需求。对一个复杂产品来说，功能需求也许只是系统需求的一个子集。

软件需求规格说明充分描述了软件系统应具有的外部行为，描述了系统展现给用户的行为和执行的操作等。它包括产品必须遵从的标准、规范和合约，外部界面的具体细节，非功能性需求（例如性能要求等），设计或实现的约束条件及质量属性。所谓约束条件是指对开发人员在软件产品设计和构造上的限制。质量属性是通过多种角度对产品的特点进行描述，从而反映产品功能。多角度描述产品对用户和开发人员都极为重要。需求规格说明是解系统为满足用户需求而提供的解决方案，规定了解系统的行为特征。

在需求分析过程中，我们使用最多的文档就是软件需求规格说明，该文档中所说明的功能需求充分描述了软件系统所应具有的外部行为。软件需求规格说明在开发、测试、质量保证、项目管理以及相关项目功能中都起了重要的作用。

用户需求必须与业务需求一致。用户需求使需求分析者能从中总结出功能需求，以满足用户对产品的期望，从而完成其任务；而开发人员则根据软件需求规格说明设计软件以实现必要的功能。

3.1.2 需求类型

需求有几个类别，不同的类别有不同的特性和不同的处理要求。根据不同的分类标准，可以将需求分成不同的种类，最常见的是 IEEE1998 的分类，它将需求分为 5 类：

1）功能需求（functional requirement）：用户希望系统所能够执行的活动，这些活动可以帮助用户完成任务，它是与系统主要工作相关的需求。

2）性能需求（performance requirement）：系统整体或者系统组成部分应该拥有的性能特征，例如内存使用率等。

3）质量属性（quality attribute）：系统完成工作的质量，即系统需要在一个“好的程度”上实现功能需求，例如可靠性程度、可维护性程度。

4）对外接口（external interface）：系统和环境中其他系统之间需要建立的接口，包括硬件接口、软件接口、数据库接口等。

5）约束（constraint）：进行系统构造时需要遵守的约束，例如编程语言、硬件设施等。

从项目开发的角度看，软件需求中功能需求是最主要的需求，它规定了系统必须执行的功能。需要计算机系统解决的问题就是对数据处理的要求。其他需求为非功能需求，是一些限制性要求，是对实际使用环境所做的要求，例如性能要求、可靠性要求、安全性要求等。非功能需求比功能需求要求更严格，更不易满足，因为如果非功能需求不能满足的话，系统将无法运行。

3.1.3 需求的重要性

需求实践面临很多问题，例如，需求有隐含的错误，需求不明确或者含糊，用户不断增加、变更需求，用户不配合需求调研，等等。所以，需求管理很重要，其重要性可以通过图 3-3 来说明。

图 3-3 说明开发软件项目就像和用户一起从河的两边开始修建桥梁，如果没有很好地理解和管理用户的需求，开发出来的软件不是用户希望的，那么这个桥永远不可能相接。没有合理的需求管理，很难达到用户的真正要求。即使设计和实现得再正确可靠，也不是用户真正想要的东西。

图 3-3 需求在项目中的重要性

软件需求研究的对象是软件项目的用户要求。需要注意的是必须全面理解用户的各项要求，但又不能全盘接受用户所有的要求，因为并非用户提出的所有要求都是合理的。对其中模糊的要求，需要向用户澄清，然后才能决定是否可以采纳；对于那些无法实现的要求，应向用户做充分的解释，以求得用户的谅解。

3.2 需求工程

20 世纪 80 年代中期，形成了软件工程的子领域——需求工程（RE）。需求工程是指应用已证实有效的技术、方法进行需求分析，确定客户需求，帮助分析人员理解问题并定义目标系统的所有外部特征的一门学科。它通过合适的工具和记号系统地描述待开发系统及其行为特征和相关约束，形成需求文档，并对用户不断变化的需求演进给予支持。需求工程可分为系统需求工程（针对由软硬件共同组成的整个系统）和软件需求工程（专门针对纯软件部分）。软件需求工程是一门分析并记录软件需求的学科，它把系统需求分解成一些主要的子系统和任务，把这些子系统或任务分配给软件，并通过一系列重复的分析、设计、比较研究、原型开发过程，把这些系统需求转换成软件的需求描述和一些性能参数。

需求工程是一个不断反复的需求定义、文档记录、需求演进的过程，并最终在验证的基础上冻结需求。20 世纪 80 年代，Herb Krasner 定义了需求工程的五阶段生命周期：需求定义和分析、需求决策、形成需求规格说明、需求实现与验证、需求演进管理。近来，Matthias Jarke 和 Klaus Pohl 提出了三阶段周期的说法：获取、表示和验证。综合了几种观点，我们把软件需求工程的管理划分为以下 5 个独立的过程：需求获取，需求分析，需求规格说明，需求验证，需求变更。

3.2.1 需求获取

需求获取就是进行需求收集的活动，从人员、资料和环境中得到系统开发所需要的相关信息。在以往的软件开发过程中，需求获取常常被忽视，而且随着软件系统规模和应用领域的不断扩大，人们在需求获取中面临的问题越来越多，由于需求获取不充分导致项目失败的现象越来越突出。为此，需要研究需求获取的方法和技术。

开发软件系统最为困难的部分，就是准确说明开发什么。这就需要在开发的过程中不断地与用户进行交流与探讨，使系统更加详尽，准确到位。需求获取是通过与用户的交流、对现有系统的观察及对任务进行分析，从而开发、捕获和修订用户的需求。俗话说，良好的开端是成功的一半。需求获取作为项目伊始的活动是非常重要的，如图 3-4 所示。

从图 3-4 可以看出，需求获取的过程就是将用户的要求变为项目需求的初始步骤，是在问题及其最终解决方案之间架设桥梁的第一步，是软件需求过程的主体。一个项目的目的就是致力于开发正确的系统，要做到这一点就要足够详细地描述需求，也就是系统必须达到的条件或能力，使用户和开发人员在系统应该做什么、不应该做什么方面达成共识。

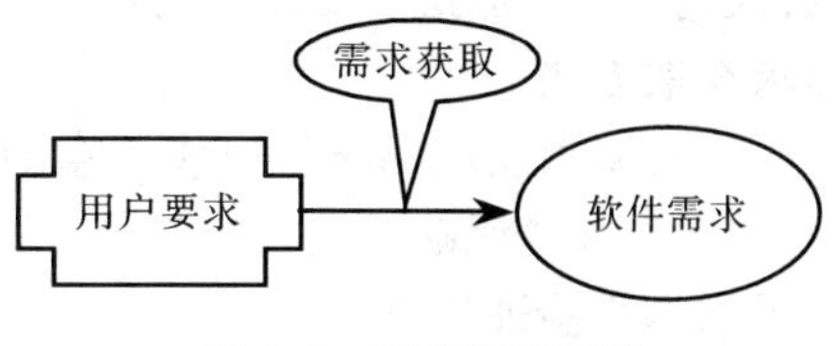

图 3-4　需求获取过程

获取需求就是为了解决这些问题，它必不可少的成果就是对项目中描述的用户需求的普遍理解，一旦理解了需求，分析者、开发者和用户就能探索出描述这些需求的多种解决方案。这一阶段的工作一旦做错，将会给系统带来极大损害，由于需求获取失误造成的对需求定义的任何改动，都将导致设计、实现和测试的大量返工，而这时花费的资源和时间将大大超过仔细精确获取需求的时间和资源。

需求获取的主要任务是和用户方的领导层、业务层人员做访谈式沟通，目的是把握用户的具体需求方向和趋势，了解现有的组织架构、业务流程、硬件环境、软件环境、现有的运行系统等具体情况和客观的信息。

需求获取需要执行的活动如下：

1）需求获取阶段一般需要建立需求分析小组，与用户进行充分交流，同时要实地考察、访谈，收集相关资料，必要时可以采用图形、表格等工具。

2）了解客户方的所有用户类型以及潜在的类型，然后根据他们的要求来确定系统的整体目标和系统的工作范围。

3）对用户进行访谈和调研。交流的方式可以是会议、电话、电子邮件、小组讨论、模拟演示等不同形式。需要注意的是，每一次交流一定要有记录，对于交流的结果还可以进行分类，便于后续的分析活动。例如，可以将需求细分为功能需求、非功能需求（如响应时间、平均无故障工作时间、自动恢复时间等）、环境限制、设计约束等类型。

4）需求分析人员对收集到的用户需求做进一步的分析和整理：

- 对于用户提出的每个需求都要知道“为什么”，并判断用户提出的需求是否有充足的理由；
- 将“如何实现”的表述方式转换为“实现什么”的表述方式，因为需求分析阶段关注的目标是“做什么”，而不是“怎么做”；
- 分析由用户需求衍生出的隐含需求，并识别用户没有明确提出来的隐含需求（有可能是实现用户需求的前提条件），这一点往往容易忽略掉，经常因为对隐含需求考虑得不够充分而引起需求变更。

5）需求分析人员将调研的用户需求以适当的方式呈交给用户方和开发方的相关人员，大家共同确认需求分析人员所提交的结果是否真实地反映了用户的意图。需求分析人员在这个任务中需要执行下述活动：

- 明确标识出那些未确定的需求项（在需求分析初期往往有很多这样的待定项）；
- 使需求符合系统的整体目标；
- 保证需求项之间的一致性，解决需求项之间可能存在的冲突。

输出成果包括调查报告、业务流程报告等。可以采用问卷调查法、会议讨论法等方式得到上述成果，“问卷调查法”是指开发方就用户需求中的一些个性化的、需要进一步明确的需求（或问题），通过向用户发问卷调查表的方式，达到彻底弄清项目需求的一种需求获取方法。“会议讨论法”是指开发方和用户方召开若干次需求讨论会议，达到彻底弄清项目需求的一种需求获取方法。

进行需求获取的时候应该注意如下问题：

1）需求过程缺乏用户的参与，软件人员往往受技术驱动，习惯性地跳到模块的划分，导致需求本身验证困难。

2）沟通失真也是主要问题，要通过即时的验证来减少沟通失真。

3）识别真正的客户。识别真正的客户不是一件容易的事情，项目总要面对多方客户，不同类型客户的素质、背景和要求都不一样，有的时候没有共同的利益，例如，销售人员希望使用方便，会计人员最关心的是销售的数据如何统计，人力资源关心的是如何管理和培训员工等等。有时他们的利益甚至有冲突，所以必须认识到客户并非平等的，有些人比其他人对项目的成功更为重要，要清楚地识别出那些影响项目的人，对多方客户的需求进行排序。

4）正确理解客户的需求。客户有时并不十分明白自己的需要，可能提供一些混乱的信息，而且有时会夸大或者弱化真正的需求，所以需要我们既要懂一些心理知识，也要懂一些其他行业的知识，了解客户的业务和社会背景，有选择地过滤需求，理解和完善需求，确认客户真正需要的东西。

5）变更频繁。为了响应变化，通过对变更分类来识别哪些变更可以通过复用和可配置解决。

6）具备较强的忍耐力和清晰的思维。进行需求获取的时候，应该能够从客户凌乱的建议和观点整理出真正的需求，不能对客户需求的不确定性和过分要求失去耐心，甚至造成不愉快，要具备好的协调能力。

7）使用符合客户语言习惯的表达。与客户沟通最好的方式就是采用客户熟悉的术语进行交流，这样可以快速了解客户的需求，同时也可以在谈论的过程中为客户提供一些建议和有针对性的问题。可适当请客户提供一些需求模型（例如表格、流程图、旧系统说明书等），这样能够更加方便双方的交流，也便于我们提出建设性的意见和避免需求存在隐患。对于客户的需求要做到频繁沟通，不怕麻烦，只有经过多次交流才能更好地了解客户的目的。

8）提供需求开发评估报告。无论需求开发的可行性是否存在，都需要给客户一套比较完整的需求开发评估报告。通过这种直观的表现，让客户了解到需求执行下去所需要花费的成本和代价，这样也帮助客户对需求进行重新评估。

9）尊重开发人员和客户的意见，妥善解决矛盾。如果用户与开发人员之间不能相互理解，那关于需求的讨论将会有障碍。参与需求开发过程的客户和开发人员要相互尊重，就项目成功达成共识，否则会导致需求延缓或搁浅，如果没有有效的解决方案，会使得矛盾升级，最后导致双方都不满意。

10）划分需求的优先级。绝大多数项目没有足够的时间或资源实现功能性的每个细节，决定哪些特性是必要的，哪些是重要的，是需求开发的主要部分，这只能由客户负责设定需求优先级。在必要的时候懂得取舍是很重要的，尽管没有人愿意看到自己所希望的需求在项目中未被实现，但毕竟要面对现实，业务决策有时不得不依据优先级来缩小项目范围，或延长工期，或增加资源，或在质量上寻找折中。

11）说服和教育客户。需求分析人员可以同客户密切合作，帮助他们找出真正的需求，这可通过说服、引导或培训等手段来实现。同时要告诉客户需求可能会不可避免地发生变更，这些变更会给持续的项目正常化增加很大的负担，使客户能够认真对待。

3.2.2 需求分析

所谓“需求分析”，是指对要解决的问题进行详细的分析，弄清楚问题的要求，包括需要输入什么数据，要得到什么结果，最后应输出什么。需求分析的过程也是需求建模的过程，即为最终用户所看到的系统建立一个概念模型，是对需求的抽象描述，并尽可能多地捕获现实世界的语义。根据需求获取中得到的需求文档，分析系统实现方案。需求分析的任务就是借助于当前系统的逻辑模型导出目标系统的逻辑模型，解决目标系统“做什么”的问题，如图 3-5 所示。

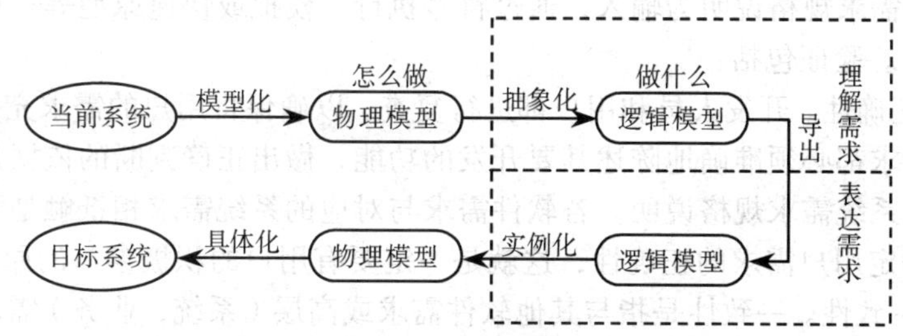

图 3-5 需求分析模型

需求是技术无关的，在需求阶段讨论技术没有任何意义，那只会让你的注意力分散。技术的实现细节是后面设计阶段才需要考虑的事情。在很多情形下，分析用户需求是与获取用户需求并行的，主要通过建立模型的方式来描述用户的需求，为客户、用户、开发方等不同参与方提供一个交流的渠道。这些模型是对需求的抽象，以可视化的方式提供一个易于沟通的桥梁。需求分析与需求获取有着相似的步骤，区别在于需求分析过程使用模型来描述用户需求，以获取用户更明确的需求。

需求分析的基本策略是采用脑力风暴、专家评审、焦点会议组等方式进行具体的流程细化以及数据项的确认，必要时可以提供原型系统和明确的业务流程报告、数据项表，并能清晰地向用户描述系统的业务流设计目标。用户方可以通过审查业务流程报告、数据项表以及操作开发方提供的原型系统来提出反馈意见，并对可接受的报告、文档签字确认。

需求分析技术主要包括结构化方法和面向对象方法，具体在 3.4 节进行详细的阐述。

3.2.3 需求规格说明

需求分析结果是产生软件操作特征的规格说明，指明软件和其他系统元素的接口，建立软件必须满足的约束。需求分析的最终结果是客户和开发小组对将要开发的产品达成一致协议，这一协议是通过文档化的需求规格说明来体现的。

进行需求分析的时候，需求分析人员首先获取用户的真正要求，即使是双方画的简单的流程草案也很重要，然后根据获取的真正需求，采取适当的方法编写需求规格说明。

软件需求规格说明的编制是为了使用户和软件开发者双方对该软件的初始规定有一个共同的理解，使之成为整个开发工作的基础。需求分析完成的标志是提交一份完整的软件需求规格说明（Software Requirement Specification，SRS）。建立了需求规格说明文档，才能描述要开发的产品，并将它作为项目演化的指导。需求规格说明以一种开发人员可用的技术形式陈述了一个软件产品所具有的基本特征和性质以及期望和选择的特征和性质。SRS 为客户和开发者之间建立一个约定，准确地陈述了要交付给客户什么。

3.2.4 需求验证

在构造设计开始之前验证需求的正确性及其质量，就能大大减少项目后期的返工现象。需求验证是为了确保需求说明准确、完整，表达必要的质量特点，需求将作为系统设计和最终验证的依据，因此一定要保证它的正确性。需求验证务必确保符合完整性、正确性、灵活性、必要性、无二义性、一致性、可跟踪性及可验证性这些良好特征。

需求验证是一种质量活动，需求规格说明提交后，开发人员需要与客户对需求分析的结果进行验证，以需求规格说明为输入，通过符号执行、模拟或快速原型等途径，分析需求的正确性和可行性。验证包括：

1）需求的正确性。开发人员和用户都进行复查，以确保将用户的需求充分、正确地表达出来。每一项需求都必须准确地陈述其要开发的功能，做出正确判断的依据是需求的来源，如用户或高层的系统需求规格说明。若软件需求与对应的系统需求相抵触是不正确的。只有用户代表才能确定用户需求的正确性，这就是一定要有用户的积极参与的原因。

2）需求的一致性。一致性是指与其他软件需求或高层（系统，业务）需求不矛盾。在开发前必须解决所有需求间的不一致，验证需求没有任何的冲突和含糊，没有二义性。

3）需求的完整性。验证是否所有可能的状态、状态变化、转入、产品和约束都在需求中描述，不能遗漏任何必要的需求信息，遗漏需求将很难查出。注重用户的任务而不是系统的功能将有助于避免不完整性。如果知道缺少某项信息，用 TBD（“待确定”）作为标准标识来标明这项缺漏，在开始开发之前，必须解决需求中所有的 TBD 项。

4）需求的可行性。验证需求是否实际可行，每一项需求都必须在已知系统和环境的权能和限制范围内可以实施。为避免不可行的需求，最好在需求获取 （收集需求）过程中始终有一位软件工程小组的组员与需求分析人员或考虑市场的人员在一起工作，由他负责检查技术可行性。

5）需求的必要性。验证需求是客户需要的，每一项需求都应把客户真正所需要的和最终系统所需遵从的标准记录下来。“必要性”也可以理解为每项需求都是用来授权你编写文档的“根源”，要使每项需求都能回溯至某项客户的输入。

6）需求的可检验性。验证是否能写出测试用例来满足需求，检查每项需求是否能通过设计测试用例或其他的方法来验证，如用演示、检测等来确定产品是否确实按需求实现了。如果需求不可验证，则确定其实施是否正确就成为主观臆断，而非客观分析了。一份前后矛盾、不可行或有二义性的需求也是不可验证的。

7）需求的可跟踪性。验证需求是否是可跟踪的，应能在每项软件需求与它的“根源”和设计元素、源代码、测试用例之间建立起链接，这种可跟踪性要求每项需求以一种结构化的、粒度好（fine-grained）的方式编写并单独标明，而不是大段大段的叙述。

8）验证最后是否经过了签字确认。

3.2.5 需求变更

根据以往的历史经验，随着客户方对信息化建设的认识和自己业务水平的提高，他们会在不同的阶段和时期对项目的需求提出新的要求和需求变更。需求的变更可以发生在任何阶段，即使到项目后期也会存在，后期的变更会对项目产生很负面的影响。

所以必须接受“需求会变动”这个事实，在进行需求分析时要懂得防患于未然，尽可能地分析清楚哪些是稳定的需求，哪些是易变的需求，以便在进行系统设计时，将软件的核心建筑在稳定的需求上，同时留出变更空间。其实，需求变更也是软件开发过程中开发人员和管理者们最为头疼的一件事情，而且有的项目由于需求的频繁变更，又没有很好的变更管理，最后导致项目失败。

需求变更管理是组织、控制和文档化需求的系统方法。需求开发的结果经验证批准就定义了开发工作的需求基线，这个基线在客户和开发人员之间构筑了一个需求约定。需求变更管理包括在项目进展过程中维持需求约定一致性和精确性的活动，现在很多商业化的需求管理工具都能很好地支持需求变更管理活动。需求变更管理活动需要完成下面几个任务：

1）确定变更控制过程，即确定一个选择、分析和决策需求变更的过程，所有的需求变更都需遵循此流程。

2）建立一个由项目风险承担者组成的软件变更控制委员会（Software Change Control Board，SCCB），由他们来评估和确定需求变更。

3）进行变更影响分析，评估需求变更对项目进度、资源、工作量和项目范围以及其他需求的影响。

4）跟踪变更影响的产品。当进行某项需求变更时，根据需求跟踪矩阵找到相关的其他需求、设计文档、源代码和测试用例，这些相关部分可能也需要修改。

5）建立基准和控制版本。需求文档确定一个基线，这是一致性需求在特定时刻的快照，之后的需求变更就遵循变更控制过程即可。

6）维护变更的历史记录。记录变更需求文档版本的日期以及所做的变更、原因，还包括由谁负责更新和更新的新版本号等情况。

7）跟踪每项需求的状态，其中状态包括“确定”、“已实现”、“暂缓”、“新增”、“变更”等。建立一个数据库，其中每一条记录记录一项需求。

8）衡量需求稳定性。记录基线需求的数量和每周或每月的变更（添加、修改、删除）数量。

3.3 需求分析模型

为了更好地理解复杂事物，人们常常借助于模型。所谓模型是为了理解事物而对事物做出的一种抽象，通常模型由一组图形符号和组织这些符号的规则组成。

软件工程始于一系列的建模工作，需求分析建模是逐层深入解决问题的办法，需求分析模型是系统的第一个技术表示。分析模型必须实现三个主要目标：

1）描述客户需要什么。

2）为软件设计奠定基础。

3）定义在软件完成后可以被确认的一组需求。

分析模型在系统级描述和软件设计之间建立了桥梁，它们的关系如图 3-6 所示。分析模型的所有元素可以直接跟踪到设计模型。分析模型通常在特定业务领域内分析。

需求分析的模型主要有关联模型、行为模型、数据模型、原型模型等。

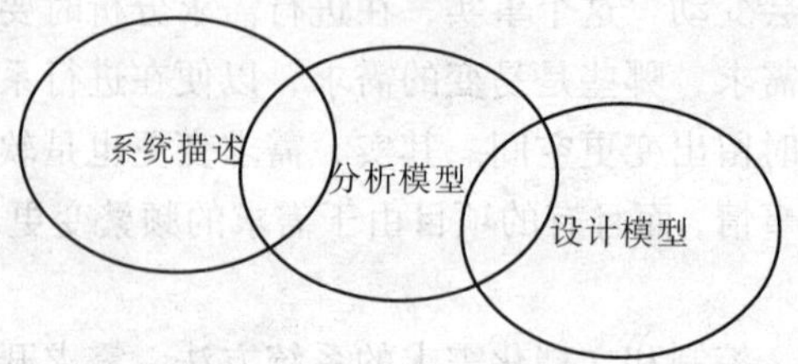

图 3-6 分析模型在系统描述和设计模型之间建立桥梁

3.3.1 关联模型

在需求获取和需求分析的早期，应当确定系统的边界，包括区分系统以及系统的环境等。一旦确定了系统的边界，需求分析的一个活动是定义系统与环境的关联关系，即建立关联模型（Context model）这是建立一个简单的架构模型的第一步。例如图 3-7 就是一个A T M系统（Auto-teller system）的需求关联模型。每个 ATM 包括总账目数据库（Account database）、分支账目系统（Branch accounting system）、安全系统（Security system）、维护系统（Maintenance system）、本地的分支柜台系统（Branch counter system），以及通过本地分支柜台监控 ATM 网络运行的数据应用（Usage database）。

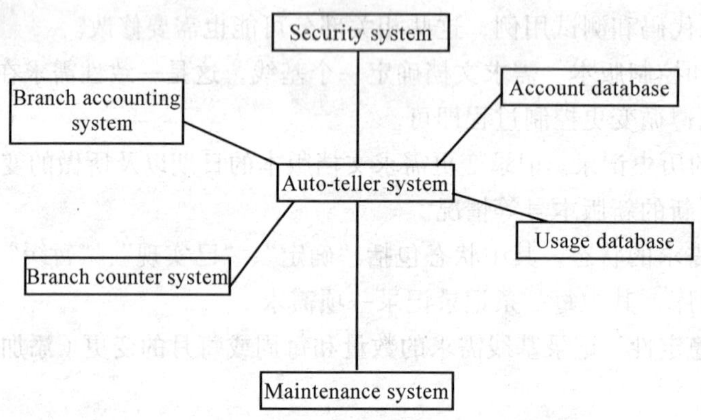

图 3-7 ATM 系统的关联模型

3.3.2 行为模型

行为模型（behavioural model）是描述系统的总体行为，例如数据流模型和状态机模型。有的系统是通过数据驱动的，通过输入的数据来控制系统；有的系统是通过事件驱动的。数据流模型可以很好地表示前一种情况，状态机模型可以很好地表示后一种模型。

状态机模型描述系统对内部或者外部事件的反应，展示系统的所有状态以及导致系统从一个状态转换到另外一个状态的事件。这种模型常常可以对实时系统进行建模，因为这些系统常常是由于环境事件的驱动，例如图 3-8 就是一个简单的微波炉的状态机模型。这个模型说明系统通过按钮控制电源和定时，表 3-1 和表 3-2 描述了微波炉的状态和相应的驱动事件。这是一个简化的模型，实际中的处理会更复杂一些。

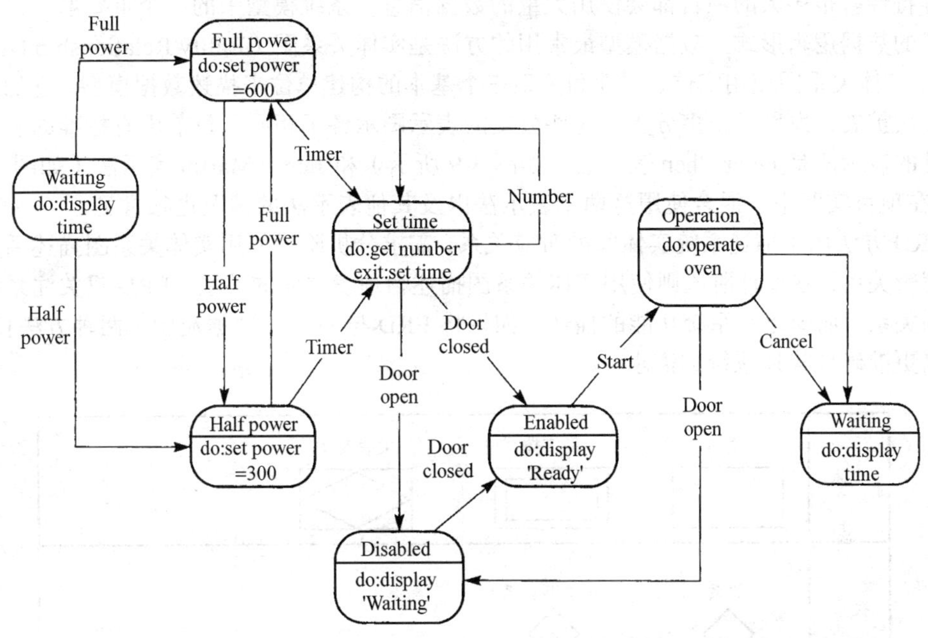

图 3-8　一个简单的微波炉的状态机模型

表 3-1　微波炉的各种状态表

状　　态	描　　述
Waiting	微波炉等待输入，显示器显示当前的时间
Half power	微波炉电源设置到 300 瓦特，显示器显示“Half power”
Full power	微波炉电源设置到 600 瓦特，显示器显示“Full power”
Set Time	用户设置烹调的时间，显示器显示各种可选的烹调时间和确定的时间
Disabled	由于安全问题，微波炉无法使用，内部灯亮起，显示器显示“Not ready”（无法使用）
Enabled	微波炉可以使用，内部灯不亮，显示器显示“Ready to cook”（可以使用）
Operation	微波炉正在使用中，内部灯亮起，显示器显示倒计时的时间，当烹调完成之后，蜂鸣器响 5 秒钟，微波炉灯亮起，显示器显示“Cooking complete”（烹调完成）

表 3-2　微波炉的各种驱动事件表

驱动事件	描　　述
Half power	使用者按下“Half power”（低火力）按钮
Full power	使用者按下“Full power”（高火力）按钮
Timer	使用者按下其中的一个时间按钮
Number	使用者按下了数字键
Door open	微波炉门开关没有关闭
Door closed	微波炉门开关关闭了
Start	使用者按下“Start”（开始）按钮
Cancel	使用者按下“Cancel”（取消）按钮

3.3.3　数据模型

数据模型（data model）是问题域和解系统共享的知识集合，它描述数据的定义、结构和关系等特性。很多大的项目都会使用大量的数据信息，系统模型中的一个重要部分是定义系统处理的数据逻辑形式。数据模型最常用的方法是实体关系图（Entity Relationship Diagram，ERD）。实体关系图使用实体、属性和关系三个基本的构建单位来描述数据模型，它的发展经历了多次扩展，发展了很多分支，这些分支的表示图示各不相同，目前没有标准的表示法。最常见的表示法是 Peter Chen 表示法（如图 3-9 所示）和 James Martin 表示法（如图 3-10 所示），在项目实践中，混合使用这两个表示法以及其他表示法的情况也很常见。

ERD 方法用于描述系统实体间的对应关系，需求分析阶段使用实体关系图描述系统中实体的逻辑关系，在设计阶段则使用实体关系图描述物理表之间的关系。ERD 只关注系统中数据间的关系，而缺乏对系统功能的描述。如果将 ERD 与 DFD（数据流图）两种方法相结合，则可以更准确地描述系统的需求。

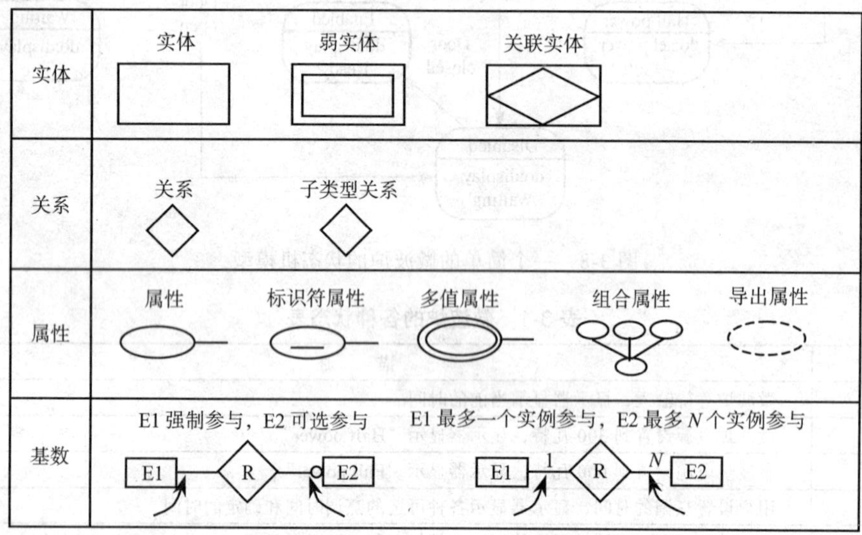

图 3-9 ERD 的 Peter Chen 表示法

实体
实体
弱实体
关联实体
关系
关系
子类型关系
…
属性
属性
attr1
attr2
…
标识符属性
#attr_id
…
基数
强制 1 个
强制多个
可选 1 个
可选多个

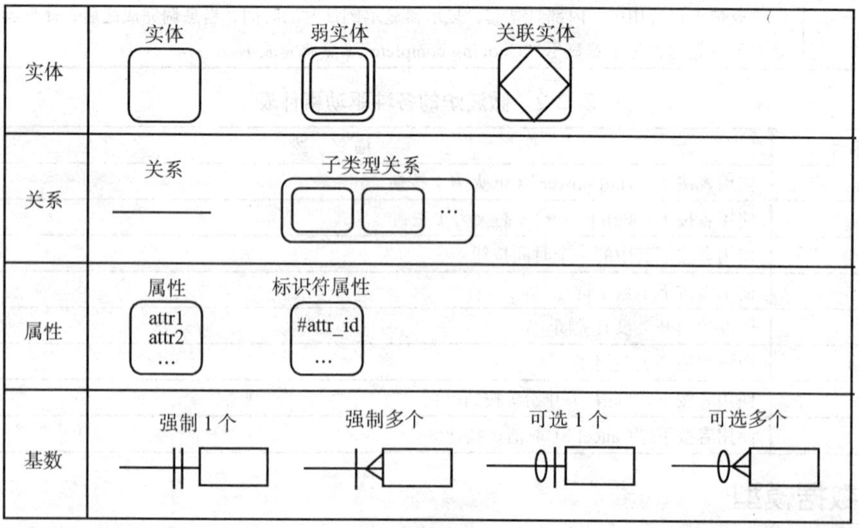

图 3-10 ERD 的 James Martin 表示法

3.3.4 原型模型

当用户与开发人员一起确定需求时，用户可能不太确定他们真正的需求，或者开发人员不能确定客户的问题，这时可以采用原型分析法进行需求分析。原型分析方法是按照用户的需要，快速形成一个操作流程界面，可能只是一个框架，具体的功能没有完全实现，它可能只是静态的结果或者操作流程，以便与用户快速就需求达成一致。原型分析法主要考虑系统的功能需求，很少考虑非功能需求，其具体过程如图 3-11 所示。

原型是对项目的有效仿真，通常给用户一个关于开发后应用软件将是什么样子的感觉。如果项目需要建立原型，应该制定好开发计划并收集反馈。

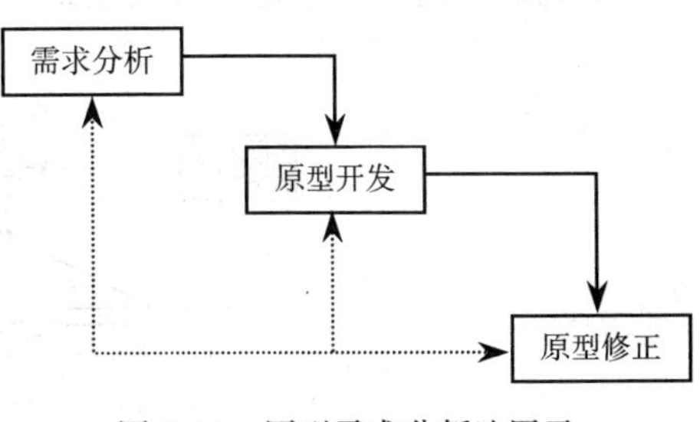

图 3-11 原型需求分析法图示

原型分析方法的类型包括进化型和抛弃型。进化型是在比较明确地理解需求之后，给用户一个可以操作的系统，并形成所交付软件的部分或全部的基础，这个原型开发出来是用于了解问题的。抛弃型是对需求还没有很好的理解，开发出来的原型可以更多地验证问题或探究可能的方案，不用于所交付软件的实际部分。

3.4 需求建模的方法

需求分析主要是针对需求做出分析并提出方案模型。需求分析的模型正是产品的原型样本，优秀的需求管理提高了这样的可能性：它使最终产品更接近于解决需求，提高了用户对产品的满意度，从而使产品成为真正优质合格的产品。从这层意义上说，需求管理是产品质量的基础。

需求建模的方法主要是结构化分析方法和面向对象分析方法。结构化分析方法注重考虑数据和处理，面向对象分析方法关注定义类和类之间的协作方式。

3.4.1 结构化分析方法

结构化分析方法（Structured Analysis，SA）是 20 世纪 70 年代发展起来的最早的开发方法，其中有代表性的是美国的 Coad/Yourdon 的面向数据流的开发方法、欧洲 Jackson/Warnier-Orr 的面向数据结构的开发方法，以及日本小村良彦等人的 PAD 开发方法，尽管当今面向对象开发方法兴起，但是如果不了解传统的结构化方法，就不可能真正掌握面向对象的开发方法，因为面向对象中的操作仍然以传统的结构化方法为基础，结构化方法是很多其他方法的基础。

结构化分析方法将现实世界描绘为数据在信息系统中的流动，以及数据在流动过程中向信息的转化，帮助开发人员定义系统需要做什么，系统需要存储和使用哪些数据，需要什么样的输入和输出，以及如何将这些功能结合在一起来完成任务。

结构化方法为进行详细的系统建模提供了框架，很多的结构化模型有一套自己的处理规则。结构化分析方法是一种比较传统、常用的需求分析方法，采用结构化需求分析，一般会采用结构化设计（Structured Design，SD）方法进行系统设计。结构化分析和结构化设计是结构化软件开发中最关键的阶段。

数据流图（DFD）、数据字典（DD）、系统流程图等都是结构化分析技术。

数据流图作为结构化系统分析与设计的主要方法，直观地展示了系统中的数据是如何加工处理和流动的，是一种很广泛使用的自上而下的方法。数据流图采用图形符号描述软件系统的逻辑模型，使用四种基本元素来描述系统的行为，它们是：过程、实体、数据流和数据存储。DFD 方法直观易懂，使用者可以方便地得到系统的逻辑模型和物理模型，但是从 DFD 图中无法判断活动的时序关系。

数据流图已经得到了广泛的应用，尤其适用于管理信息系统（MIS）的表述。图 3-12 是一个旅行社订票的简易需求的数据流图，它描述了从订票到得到机票，到最后将机票给旅客的数据流动过程，其中包括查询航班目录、费用的记账等过程。

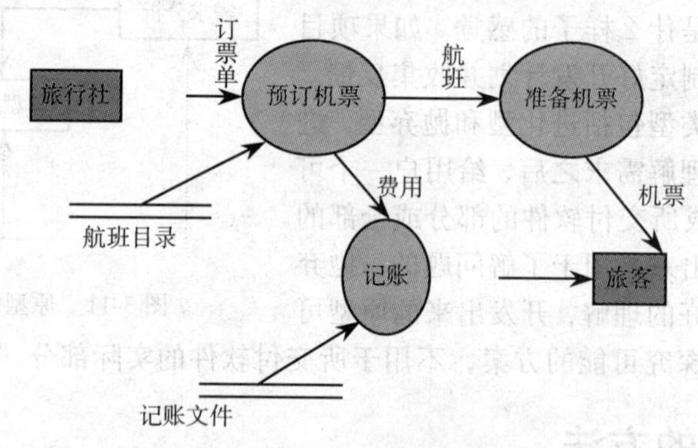

图 3-12　订票过程

数据流图确定后，还需要确定每个数据流和变化（加工）的细节，也就是数据词典和加工说明，这是一个很重要的步骤，是软件开发后续阶段的工作基础。

对于较为复杂问题的数据处理过程，用一个数据流图往往不够，一般按问题的层次结构进行逐步分解，并以分层的数据流图反映这种结构关系。根据层次关系一般将数据流图分为顶层数据流图、中间数据流图和底层数据流图，除顶层图外，其余分层数据流图从 0 开始编号。对任何一层数据流图来说，称它的上层数据流图为父图，称它的下一层数据流图为子图。

- 顶层数据流图只含有一个加工，表示整个系统。输入数据流和输出数据流为系统的输入数据和输出数据，表明了系统的范围以及与外部环境的数据交换关系。
- 底层数据流图是指其加工不能再分解的数据流图，其加工称为“原子加工”。
- 中间数据流图是对父层数据流图中某个加工进行细化，而它的某个加工也可以再次细化，形成子图。中间层次的多少，一般视系统的复杂程度而定。
- 任何一个数据流子图必须与它上一层父图的某个加工对应，两者的输入数据流和输出数据流必须保持一致，此即父图与子图的平衡。父图与子图的平衡是数据流图中的重要性质，保证了数据流图的一致性，便于分析人员阅读和理解。

在父图与子图平衡中，数据流的数目和名称可以完全相同，也可以在数目上不相等，但是可以借助数据字典中的数据流描述，确定父图中的数据流是由子图中几个数据流合并而成的，即子图是对父图中加工和数据流同时进行分解，因此也属于父图与子图的平衡，如图 3-13 所示。

一个加工的所有输出数据流中的数据必须能从该加工的输入数据流中直接获得，或者是通过该加工能产生的数据。每个加工必须有输入数据流和输出数据流，反映此加工的数据来源和加工变换结果。一个加工的输出数据流只由它的输入数据流确定。数据流必须经过加工，即必须进入加工或从加工中流出。

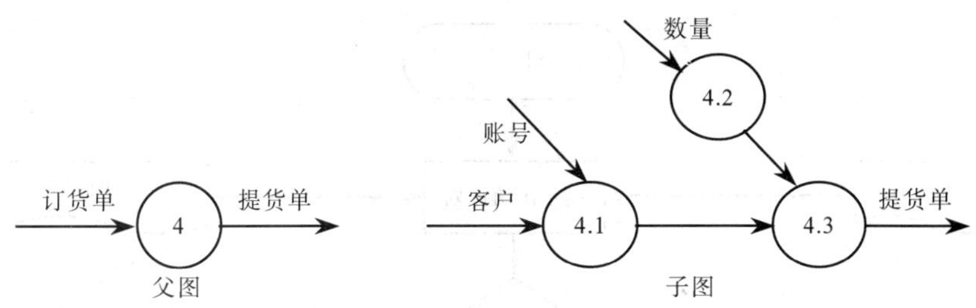

图 3-13 父图与子图的平衡

数据字典描述系统中涉及的每个数据，是数据描述的集合，通常配合数据流图使用，用来描述数据流图中出现的各种数据和加工，包括数据项、数据流、数据文件等。其中，数据项表示数据元素；数据流是由数据项组成的数据流；数据文件表示对数据的存储。

系统流程图是一种表示操作顺序和信息流动过程的图表，是描述物理系统的工具，其基本元素或概念用标准化的图形符号来表示，相互关系用连线表示。流程图是有向图，其中每个结点代表一个或一组操作。

在数据处理过程中，不同的工作人员使用不同的流程图。大多数设计单位、程序设计人员之间进行学术交流时，都习惯用流程图表达各自的想法。流程图是交流各自思想的一种强有力的工具，其目的是把复杂的系统关系用一种简单、直观的图表表示出来，以便帮助处理问题的人员更清楚地了解系统。也可以用它来检查系统的逻辑关系是否正确。

绘制流程图的法则是优先关系法则，其基本思想是：先把整个系统当做一个“功能”来看待，画出最粗略的流程图，然后逐层向下分析，加入各种细节，直到达到所需要的详尽程度为止。

利用一些基本符号，按照系统的逻辑顺序以及系统中各部分的制约关系绘制成的一个完整图形，就是系统流程图。系统流程图的设计步骤是：

1）分析实现程序必需的设备；

2）分析数据在各种设备之间的交换过程；

3）用系统流程图或程序流程图的基本符号描述其交换过程。

图 3-14 是采用系统流程图法，针对外事部门出访业务需求的一个描述。

3.4.2 面向对象分析方法

采用面向对象方法开发软件是尽可能自然地给出解决方法，在构造问题空间时，强调使用人们理解问题的常用方法和习惯思维方式，进行面向对象分析的基本步骤如下：

1）获取客户系统需求。可以采用用例的方法来收集客户的需求，由分析人员识别使用该系统的不同行为者，根据这些行为者如何使用系统，或者根据其希望系统提供什么功能形成用例集合，每个用例就是实现系统功能的独立子功能，所有行为者要求的所有用例就构成了系统的完整需求。

2）确定对象和类。从问题域或者用例描述中抽取相应的对象，并从中抽象出类，一组具有相同属性和操作的对象可以定义为一个类。确定对象和类的基本过程如下：

- 查找对象。
- 筛选对象并确定关联。
- 标识对象的属性并定义操作。

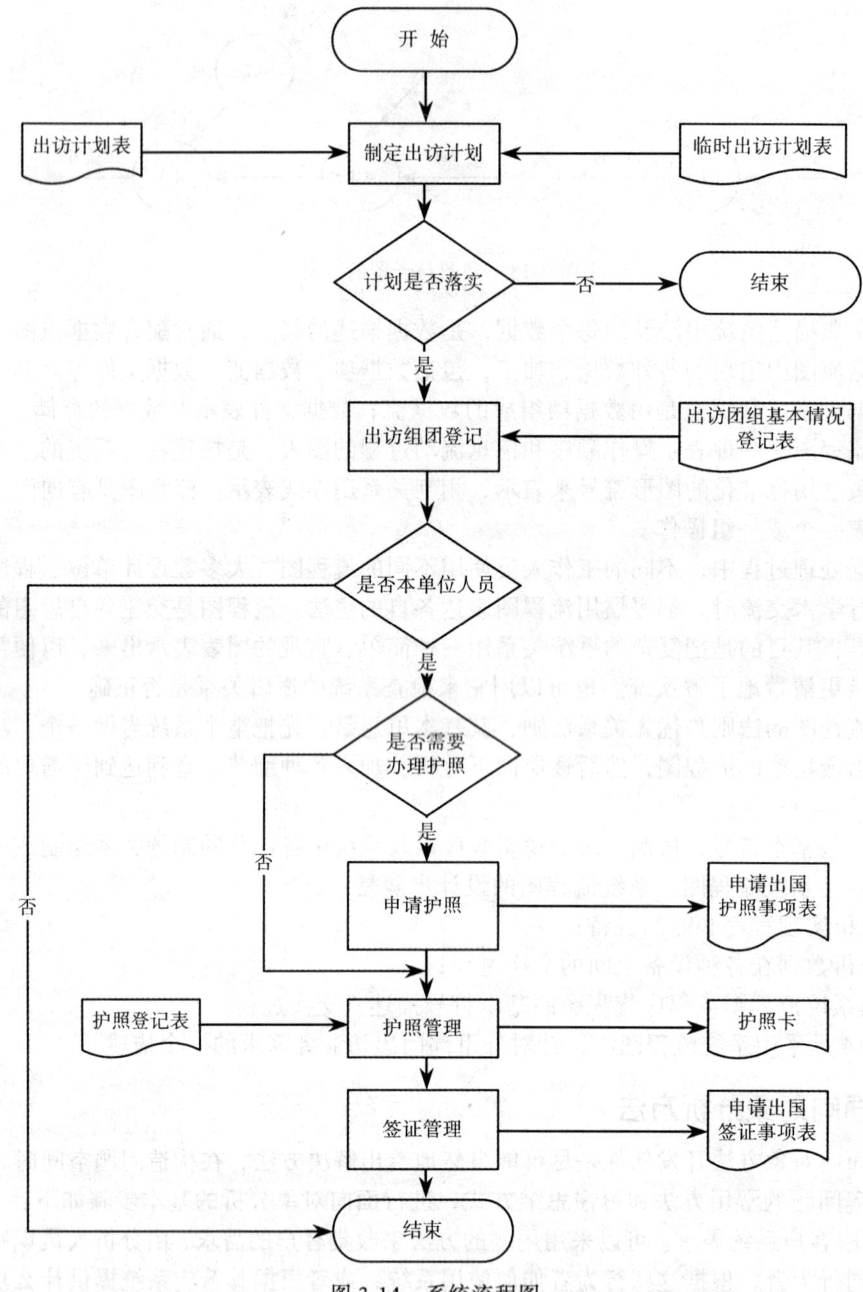

图 3-14　系统流程图

• 识别类之间的关系。

面向对象分析方法认为系统是对象的集合，这些对象之间相互协作，共同完成系统的任务，而结构化分析方法是以功能和数据为基础的。

1. 面向对象的建模工具——UML

UML（Unified Modeling Language，统一建模语言）是近年来推出的一种基于面向对象方法的图形建模语言，用于对软件系统进行说明，是一种面向对象的建模语言。1994 年 10

月 Grady Booch 和 James Rumbaugh 将 Booch 和 OMT(这两个方法被公认为是面向对象方法的前驱)统一起来，并于 1995 年 10 月推出了 UM（Unified Method）草案 0.8 版，1995 年秋 Ivar Jacobson 加入研究，并将 OOSE 也合并进来，形成了 UML。Booch、Rumbaugh 和 Jacobson，人称“三剑客”，是三位著名的面向对象专家，UML 就是在他们的面向对象理论基础上发展起来的。1997 年 11 月国际对象管理组织 OMG 批准将 UML 作为基于面向对象技术的标准建模语言。UML 制定了一整套完整的面向对象的标记和处理方法，是一种通用的可视化建模语言，用于对软件进行描述、可视化处理，构造和建立软件系统的文档。UML 适用于各种软件开发方法、软件生命周期的各个阶段、各种应用领域以及各种开发工具。

UML 的主要目标是：

- 使用面向对象概念为系统（不仅是软件）建模。
- 为概念产品与可执行产品之间建立一个清晰的耦合。
- 创建一种人和机器都可以使用的语言。

UML 能够描述系统的静态结构和动态行为：静态结构定义了系统中重要对象的属性和操作以及这些对象之间的相互关系；动态行为定义了对象的时间特性和对象为完成目标任务而相互进行通信的机制。UML 不是一种程序设计语言，但我们可以用代码生成器将 UML 模型转换为多种程序设计语言代码，或使用反向生成器工具将程序源代码转换为 UML 模型。

UML 由基本构造块、规则以及公共机制组成。UML 的基本构造块（即用于U M L建模的词汇）有三个：事务（thing）、关系（relationship）和图（diagram）。

事务是对模型中最有代表性的成分的抽象；关系是将上述事务结合在一起；图是将各种事务和关系表示出来。U M L模型中的事务包括 4 种：结构事务（structural thing）、行为事务（behavioral thing）、分组事务（grouping thing）和注释事务（annotation thing）。结构事务是 UML 模型中的名词，例如类（class）、接口（interface）、协作（collaboration）、用例（uae case）、构件（component）、节点（node）等。行为事务是U M L中的动词，例如交互（interactive）、状态机（state machine）等。分组事务是U M L模型中的组织部分，它们是一些由模型分解成的“盒子”，最主要的分组事务是包（packagc）。注释事务是U M L模型中的解释部分，主要的解释事务为注解（note）。

UML 中的关系主要有 4 种：关联、依赖、泛化和实现。

UML 中有两类 10 种图：一类是结构视图（又称为静态模型图），强调系统的对象结构；一类是行为视图（动态模型图），关注的是系统对象的行为动作。类图（class diagram）、对象图（object diagram）、包图（package diagram）、构件图（component diagram）和部署图（deployment diagram）都是结构视图。用例图（use case diagram）、顺序图（sequence diagram）、协作图（collaboration diagram）、状态图（state diagram）、活动图（activity diagram）等都是行为视图。其中，可以定义需求的视图有用例图、顺序图、状态图、协作图和活动图等，分别如图 3-15 至图 3-19 所示。

用例图、顺序图和活动图是用例需求分析中最常用的图。

用例图是 UML 中最简单也是最复杂的。说它简单，是因为它采用了面向对象的思想，又是基于用户视角的，绘制非常容易，简单的图形表示让人一看就懂。说它复杂，是因为用例图往往不容易控制，要么过于复杂，要么过于简单。一个系统的用例图太泛不行，太精不行，太多不行，太少也不行。用例的控制可以算是一门艺术。用例图表示了“角色”（Actor）

和“用例”（Usecase）以及它们之间的关系，用例描述了系统、子系统和类的一致的功能集合，表现为系统和一个或多个外部交互者（角色）的消息交互动作序列，其实就是角色（用户或外部系统）和系统（要设计的系统）的一个交互，Actor 可以是用户、外部系统，甚至是外部处理，通过某种途径与系统交互。

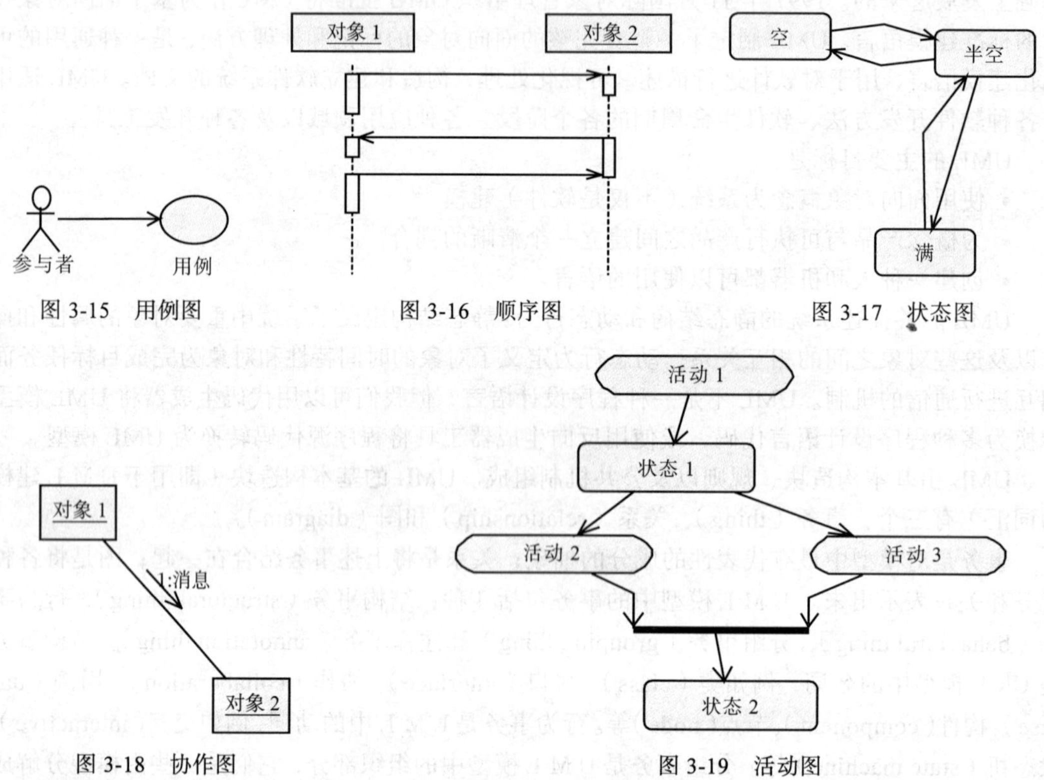

图 3-15　用例图　　图 3-16　顺序图　　图 3-17　状态图

图 3-18　协作图　　图 3-19　活动图

如图 3-16 所示，顺序图展示了几个对象之间的动态协作关系，主要用来显示对象之间发送消息的顺序以及对象之间的交互，即系统执行某一特定时间点所发生的事件。一个事件可以是另一个对象向它发送的一条消息，或者是满足了某些条件触发的动作。一个事件包括：

- Actor 之间的交互；
- 消息传递的时序，使用的参数；
- 消息发起人和送达人。

活动图主要用来描述工作流中需要做的活动和执行这些活动的顺序，如图 3-17 所示。活动图中包括：

- 活动、系统状态和执行活动的条件。

与所有的语言一样，UML 不能将构造块任意放在一起，一个结构良好的模型应该是语义上前后一致的，而且要与相关模型协调一致，因此 UML 有一套规则。UML 用于描述事务的语义规则如下：

- 命名。为事务、关系和图起名字。
- 范围。给一个名称以特定含义的语境。

- 可见性。如何让人看见名称和如何使用。
- 完整性。事务如何能够正确和一致地相互联系。
- 执行。运行或者模拟动态模型的含义是什么。

2. 用例需求分析方法

OOA是面向对象开发方法的第一个技术活动，它从定义用例开始，以基于情景的方式描述了系统中一个角色（例如人、机器、其他系统等）如何与将要开发的系统进行交互。所以，面向对象的用例需求分析方法采用的是一种面向对象的情景分析方法，即是一种基于场景的建模。

一个用例表示一个行动顺序的定义，包括执行的变量和与外界交互的过程。开发软件系统的目的是要为该软件系统的用户服务，因此，我们必须明白软件系统的潜在用户需要什么。"用户"包括与系统发生交互的某个人，或者某件东西，或者另外一个系统（例如在所要开发的系统之外的另一个系统）。下面我们可以用一个例子来解释上述概念，例如：使用自动取款机的一个人插入磁卡，回答显示器上提出的问题，然后就得到了一笔现金，在响应用户的磁卡和回答问题时，系统完成一系列的动作，这个动作序列为用户提供了一个有意义的结果，也就是提取了现金的一个交互式"用例"。

用例在需求分析中的作用是很大的，它从用户的角度，而不是程序员的角度看待系统，因此用例驱动的系统能够真正做到以用户为中心，用户的任何需求都能够在系统开发链中完整地体现。用户和程序员间通过用例沟通会很方便。从前，系统开发者总是通过情节来获取需求，问用户"希望系统为他做什么"。通过用例需求分析方法，需求获取就变成问用户"要利用系统做什么"。这是立场不同导致的结果。用户通常并不关心系统是如何实现的，对他们来说，更重要的是要达到他们的目的。相反，大部分的程序员的工作习惯就是考虑计算机应该如何实现用户的要求。所幸的是，用例方法能够调和双方的矛盾，因为虽然用例是来源于用户，服务于用户，但是它同样可以用于开发的流程。

用例需求分析方法最主要的优点在于它是用户导向的，用户可以根据自己所对应的用例来不断细化自己的需求。此外，使用用例还可以方便地得到系统功能的测试用例。例如表3-3所示，每个测试用例（test case）与需求用例有一定的对应关系。

表3-3 测试用例与用例的关系

测试用例 / 需求项	测试用例1	测试用例2	测试用例3	……	测试用例 *m*
用例1	V	V	V		
用例2			V		V
用例3	V				
用例4			V		V
⋮					
用例 *n*		V			

一个用例就是系统向用户提供一个有价值的结果的某项功能。用例捕捉的是功能性需求，所有用例结合起来就构成了"用例模型"，该模型描述了系统的全部功能。用例模型取代了传统的功能规范说明。一个功能规范说明可以描述为对"需要该系统做什么"这个问题的回答，而用例分析则可以通过在该问题中添加几个字来描述：需要该系统"为每个用户"做什么？

这几个字有着重大意义，它们迫使开发人员从用户的利益角度出发进行考虑，而不仅仅是考虑系统应当具有哪些良好功能。

然而，用例需求分析方法并不仅仅是一个定义系统需求的工具，它们还驱动系统的设计、实现和测试，也就是说，它们驱动整个开发过程。基于用例模型，软件开发人员创建一系列的设计和实现模型来实现各种用例。开发人员审查每个后续模型，以确保它们符合用例模型。测试人员将测试软件系统的实现，以确保实现模型中的组件正确实现了用例。这样，用例不仅启动了开发过程，而且与开发过程结合在一起。"用例驱动"意指开发过程将遵循一个流程：它将按照一系列由用例驱动的工作流程来进行。首先是定义用例，然后是设计用例，最后，用例是测试人员构建测试用例的来源。这个开发过程就是用例驱动的开发过程。

在具体的需求分析过程中，有大的用例（例如业务用例），也有小的用例，这主要是由用例的范围决定的。用例像是一个黑盒，它没有包括任何与实现有关的信息，也没有提供任何内部信息，很容易就被用户（也包括开发者）所理解（简单的谓词短语）。如果用例表达的信息不足以支持系统的开发，就有必要把用例黑盒打开，审视其内部结构，找出黑盒内部的系统角色和用例。就这样通过不断地打开黑盒，分析黑盒，再打开新的黑盒，直到整个系统可以被清晰地了解为止。

3．例子

下面以一个进出口贸易项目的需求分析为例，说明采用用例需求分析方法的过程。

进出口贸易的业务环节很多，涉及配额与许可申请、询价、报价、合同洽谈、备货（出口）、信用证、商检、报关、运输、投保、付汇/结汇、出口核销退税等多个环节，并分别隶属于外贸、内贸、生产部门、海关、商检、银行、税务、保险、运输等职能机构和业务主管部门。这种跨部门、跨单位的"物流"过程，同样伴随着十分复杂的"信息流"。在实际业务中，不同的交易，不同的交易条件，其业务内容和处理过程也不尽相同。在具体运作方面，其贸易处理程序及产生的单证交换，又常常是"并发"与"顺序"交叉进行。贸易程序的简化一直是贸易效率化和低成本交易的"瓶颈"。

进出口贸易按照阶段可分为两个阶段：合同签订阶段，合同执行阶段。

这里，以这个项目的出口贸易链的一些业务为例进行说明。

（1）出口贸易链主用例

- 合同签订阶段：合同签订阶段涉及国家对出口商品监管的要求，出口企业需要申请出口商品配额、办理许可证、选定客户并建立业务关系和洽谈成交等，这里主要分析出口商品的配额申请和洽谈成交过程。图 3-20 便是出口贸易链合同签订阶段的用例图，其中的用例有"出口配额申请"和"合同洽谈"，参与者是"出口商"、"贸易管理部门"和"进口商"。

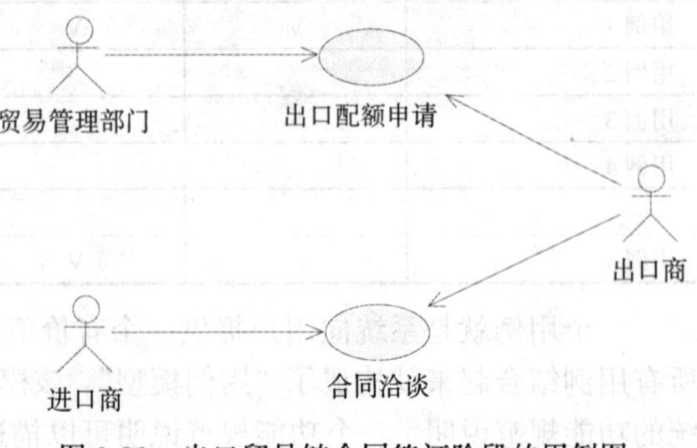

图 3-20 出口贸易链合同签订阶段的用例图

- 合同执行阶段：合同执行阶段主要是合同的履约过程，其过程主要包括国际结算、备货、产地证申请、许可证申请、商检、出口报关、投保、运输、付款/结汇以及出口核销退税。图 3-21 是出口贸易链合同执行阶段的用例图。

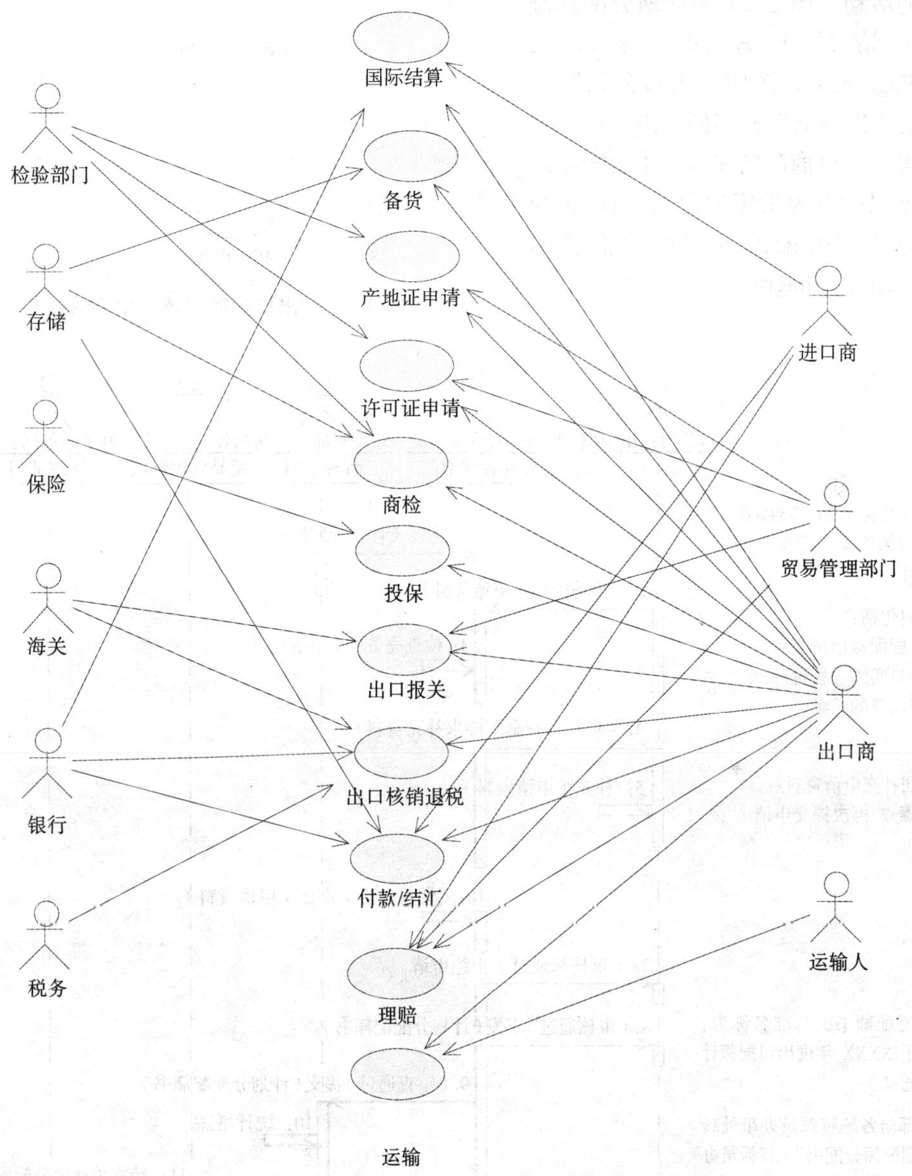

图 3-21 出口贸易链合同执行阶段的用例图

（2）出口贸易链用例详述

现以出口贸易链合同签订阶段中的“出口配额申请”为例，进一步描述其用例的功能。图 3-20 中的“出口配额申请”用例对很多人来说是一个黑盒子，不清楚其具体功能，为了进一步描述其内部功能和相关信息，有必要将这个黑盒子打开。这个黑盒子可以进一步通过“计划分配配额”和“招标配额”这两个用例描述，如图 3-22 所示。

- “计划分配配额”用例。图 3-22 中的“计划分配配额”用例对很多人来说仍然是一个黑盒子，有必要进一步描述其内部信息。“计划分配配额”描述出口公司向省级的地区经贸委外经贸部门提交“计划分配配额申请”并通过审核领取“计划分配配额书”的活动。图 3-23 为计划分配配额申请的顺序图（sequence diagram），图中“出口公司”作为“出口商”的实例，指生产、销售待出口商品的单位，计划配额的分配一般为指定的公司。图 3-24 为计划分配配额申请的活动图（activity diagram）。

计划分配配额
出口商
贸易管理部门
招标配额

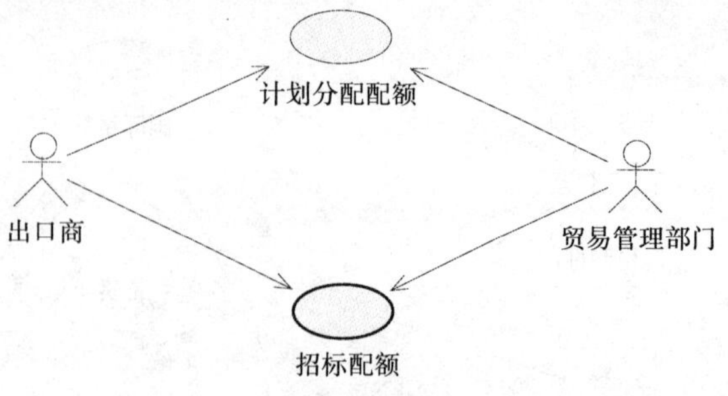

图 3-22 “出口配额申请”用例的打开

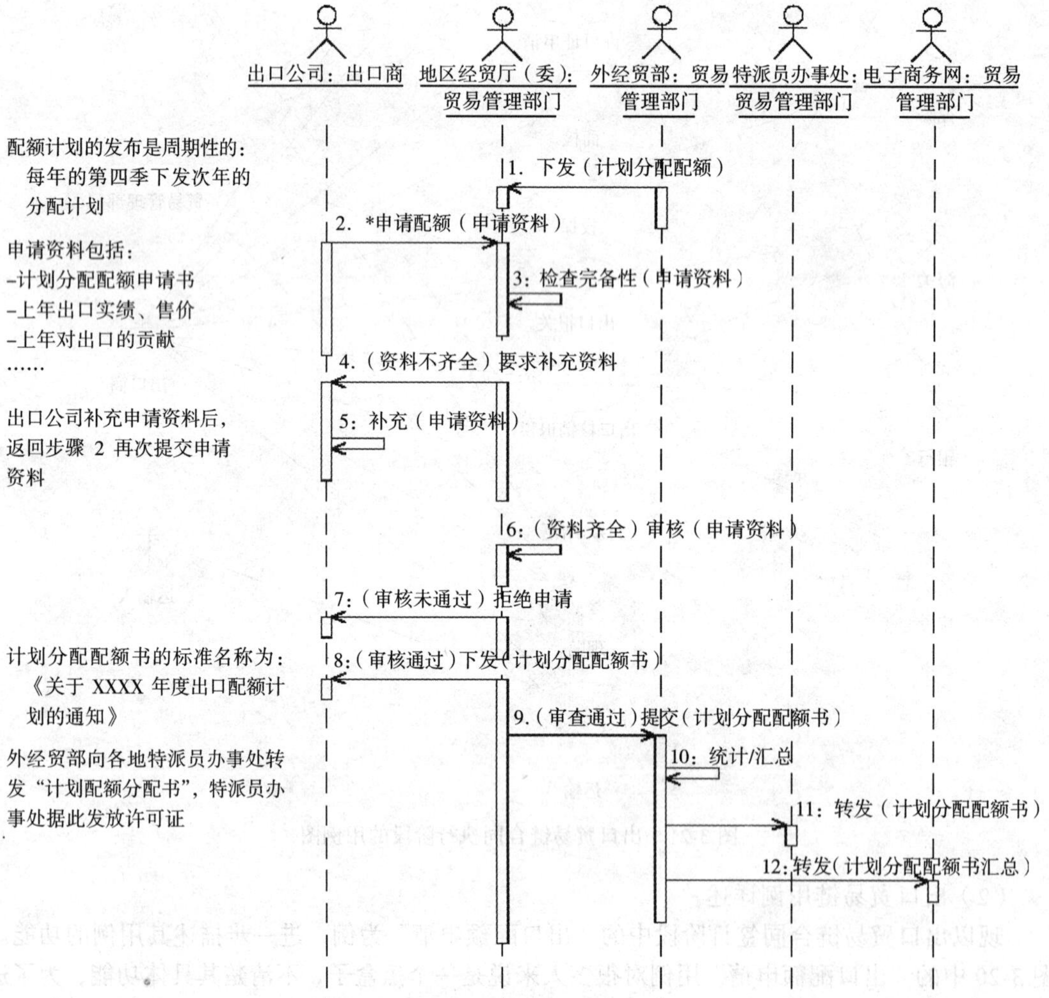

出口公司：出口商
地区经贸厅（委）：贸易管理部门
外经贸部：贸易管理部门
特派员办事处：贸易管理部门
电子商务网：贸易管理部门
配额计划的发布是周期性的：每年的第四季下发次年的分配计划
1. 下发（计划分配配额）
2. *申请配额（申请资料）
申请资料包括：
-计划分配配额申请书
-上年出口实绩、售价
-上年对出口的贡献
……
3：检查完备性（申请资料）
4.（资料不齐全）要求补充资料
出口公司补充申请资料后，返回步骤 2 再次提交申请资料
5：补充（申请资料）
6：（资料齐全）审核（申请资料）
7：（审核未通过）拒绝申请
计划分配配额书的标准名称为：《关于 XXXX 年度出口配额计划的通知》
8：（审核通过）下发（计划分配配额书）
9.（审查通过）提交（计划分配配额书）
外经贸部向各地特派员办事处转发“计划配额分配书”，特派员办事处据此发放许可证
10：统计/汇总
11：转发（计划分配配额书）
12：转发（计划分配配额书汇总）

图 3-23 计划分配配额申请的顺序图

注：标准的 UML 语法规定，参与者由“实例：类名”组成，此处我们使用了“子类：类名”作为标记。例如，“出口公司”是参与者“出口商”的子类，标记为“出口公司：出口商”。

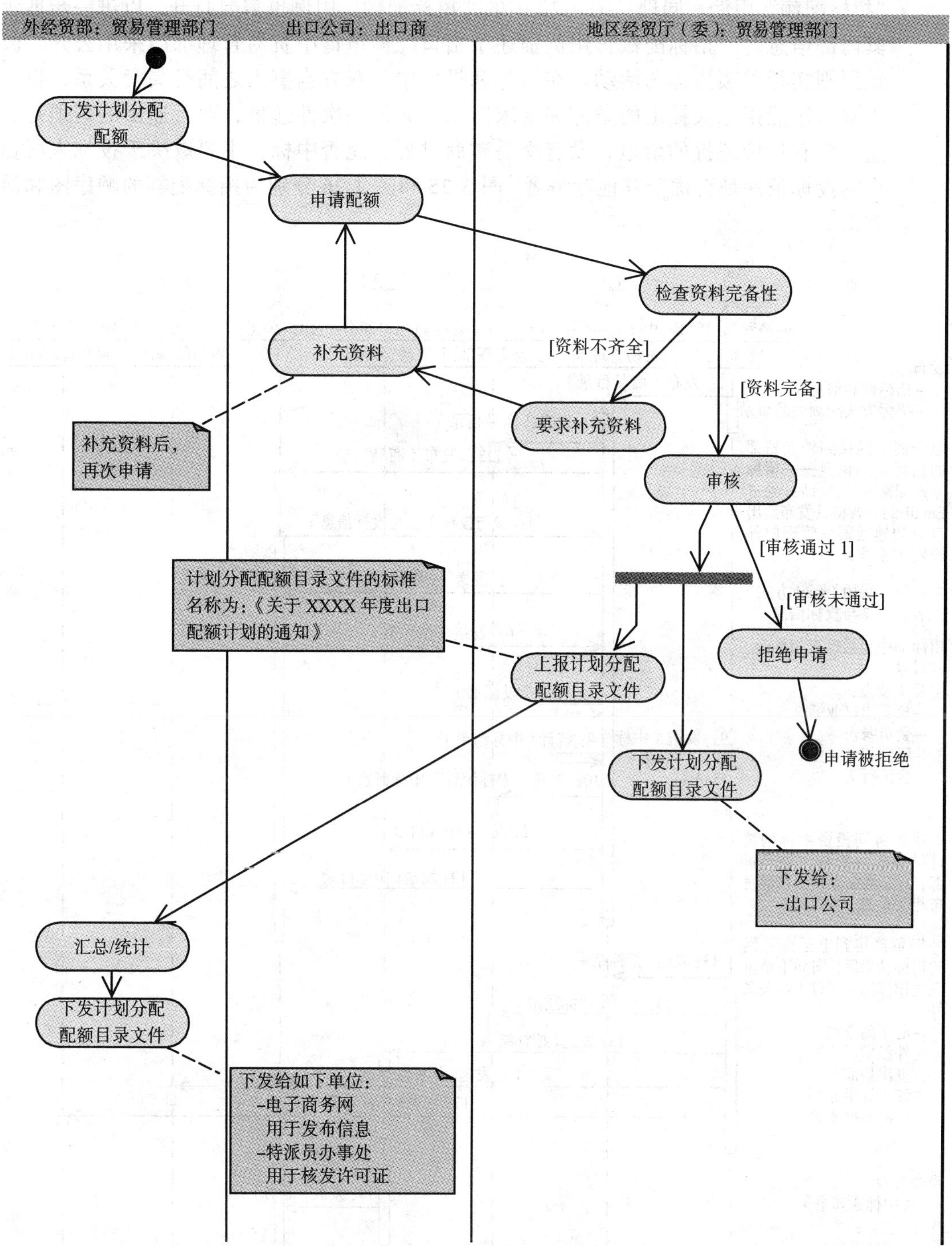

图 3-24　计划分配配额申请的活动图

注：1. 活动图中起点（●）、终点（◉）作为一种特殊的状态，分别表示活动开始和结束。2. 同步条（▬▬）也仅表示此处需进行同步，而不关心这种同步是由谁执行的，同步条实际上是一种"与"的关系。3. 标准的 UML 语法规定，参与者由"实例:类名"组成，此处我们使用了"子类:类名"作为标记。

- “招标配额”用例。同理，图 3-22 中的“招标配额”用例也需要打开，以进一步展示其内部信息。“招标配额”用例描述了出口配额申请中贸易管理部门采用公开、公正原则实行配额招标的活动。在招标和投标中，双方当事人之间是买卖关系，投标人只能按照招标人提出的条件和要求向招标人做一次性递价，而且递出的必须是实盘，没有讨价还价的余地，没有交易磋商过程，能否中标，主要取决于投标人所提出的投标条件是否优于其他竞争者。图 3-25 和图 3-26 分别为招标配额的顺序图和活动图。

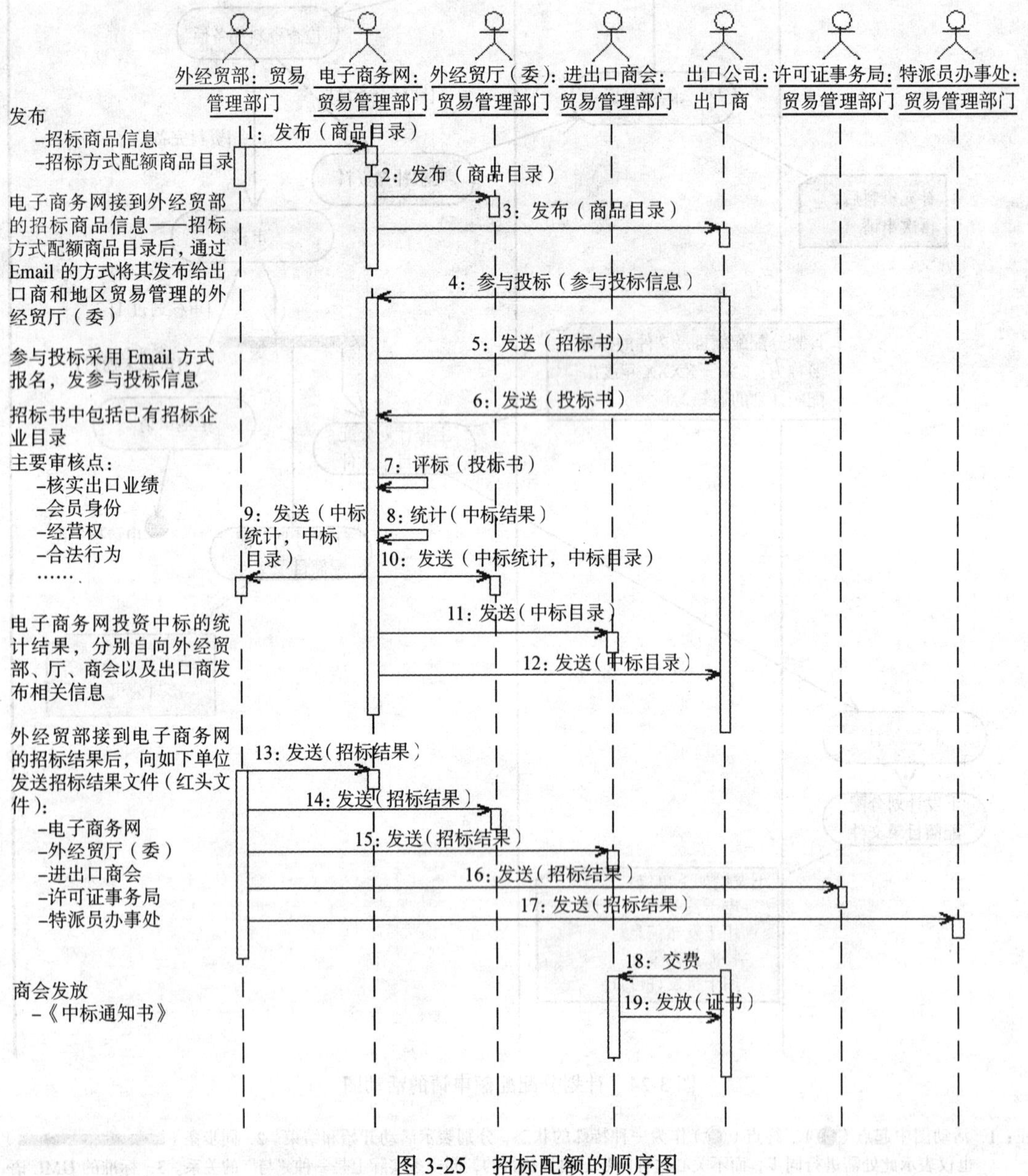

图 3-25 招标配额的顺序图

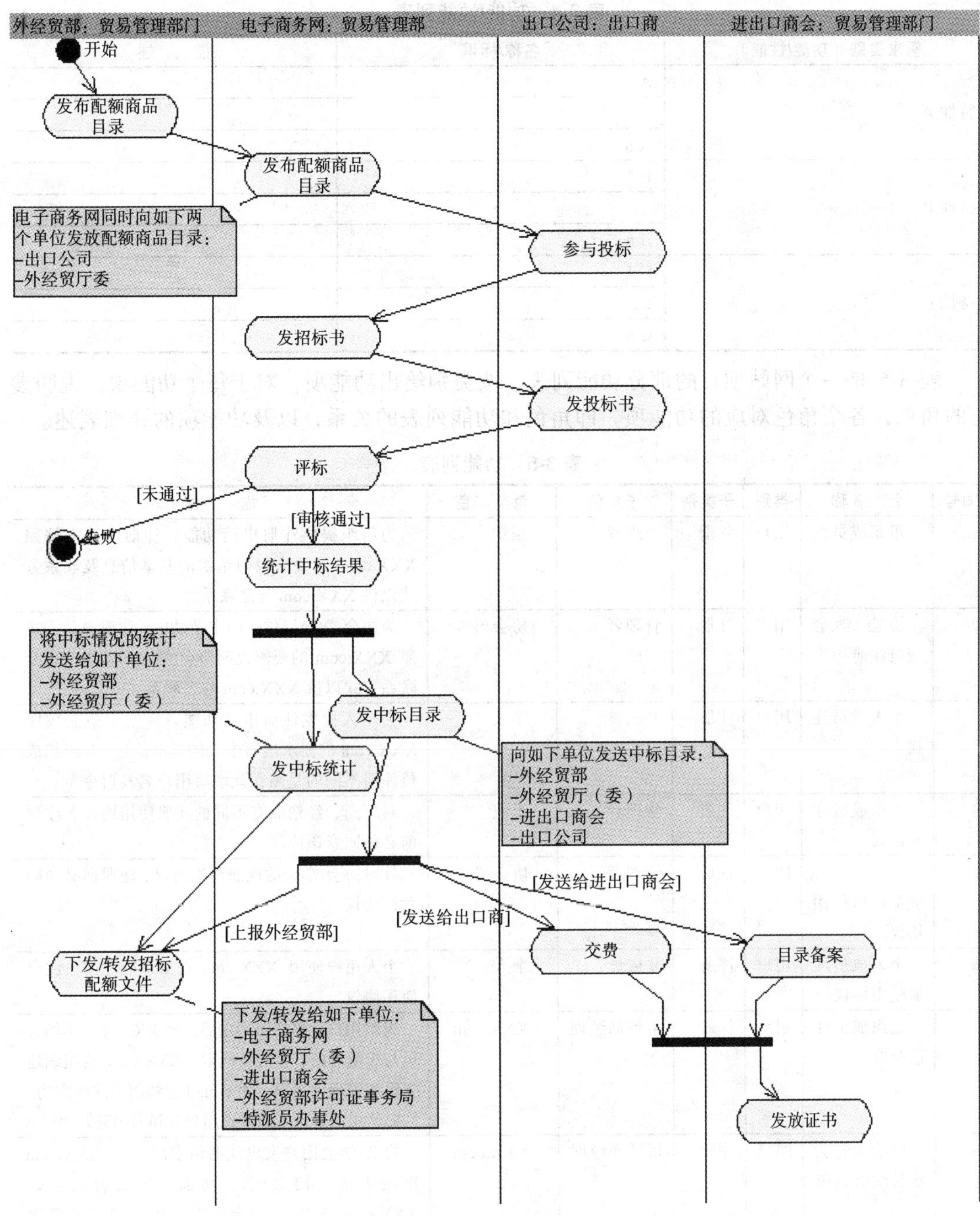

图 3-26 招标配额的活动图

3.4.3 其他方法

在需求分析建模中还有很多其他的方法和策略，例如功能列表法也经常被采用。

功能列表法是对项目的功能需求进行详细说明的一种方法，表 3-4 是该方法的一个样表，具体格式可以因项目而异。

表 3-4 功能/性能列表

需求类别（功能/性能）	名称/标识	描 述
特性 A	A.1	
	……	
	A.n	
特性 B	B.1	
	……	
	B.n	
特性 C	C.1	
	……	
	C.n	

表 3-5 是一个网站项目的部分功能列表，按类别给出功能项，对于每个功能项，说明参与的角色，各个角色对应的功能项，即角色和功能列表的关系，以及功能项的详细表述。

表 3-5 功能列表

编号	名 称	类别	子类别	子角色	角 色	描 述
1	组织成员注册	用户	注册	管理者	组织	为组织提供注册申请功能，注册申请需按照 XXX.com 的要求说明组织的基本信息及联系方式以供 XXX.com 与之联系
2	协会/学会成员注册	用户	注册	管理者	协会/学会	为协会/学会提供注册申请功能，注册申请需按照 XXX.com 的要求说明协会/学会的基本信息及联系方式以供 XXX.com 与之联系
3	个人成员注册	用户	注册	非成员	个人	为个人提供注册申请功能。注册申请需按照 XXX.com 的要求填写个人的基本信息。与组织成员注册不同的是须在此填写用户名及口令
4	组织成员注册协议	用户	注册	管理者	组织	对厂商、经销商有不同的注册使用协议，注册前必须同意该协议
5	协会/学会成员注册使用协议	用户	注册	管理者	协会/学会	针对协会/学会的注册使用协议，注册前必须同意该协议
6	个人成员注册使用协议	用户	注册	非成员	个人	个人用户使用 XXX.com 前必须同意个人注册使用协议
7	组织成员注册响应	用户	注册	市场部经理	XXX.com	组织用户发出注册请求后，经 XXX.com 市场人员与组织协商，签订合同后，XXX.com 为组织建立组织管理者用户，用 e-mail 通知用户注册成功，同时将组织管理者的缺省用户名和密码通知用户
8	协会/学会成员注册响应	用户	注册	市场部经理	XXX.com	协会/学会用户发出注册请求后，经 XXX.com 市场人员与协会/学会协商，签订合同后，XXX.com 为协会/学会建立协会/学会管理者用户，用 e-mail 通知用户注册成功，同时将协会/学会管理者的缺省用户名和密码通知用户
9	个人成员注册响应	用户	注册		XXX.com	个人用户发出注册请求后（需填写用户名和口令），经 XXX.com 检查个人注册信息符合要求后即刻通知用户注册成功
10	修改成员信息	用户	管理	成员	组织，协会/学会，个人	成员注册成功后，可以对本人的口令、联系地址等信息进行修改

3.5 需求规格说明文档

需求规格说明相当于软件开发的图纸，一般说，软件需求规格说明可以根据项目的具体情况采用不同的格式。下面是一个可以参照的软件需求规格说明模板。

1. 导言

1.1 目的

说明编写这份项目需求规格说明的目的，指出预期的读者。

1.2 背景

说明：

- 待开发的产品的名称；
- 本项目的任务提出者、开发者、用户及实现该产品的单位；
- 该系统同其他系统的相互来往关系。

1.3 缩写说明

列出本文件中用到的外文首字母组词的原词组。

[缩写]

[缩写说明]

1.4 术语定义

列出本文件中用到的专门术语的定义。

[术语]

[术语定义]

1.5 参考资料

列出相关的参考资料。

[编号] 《参考资料》 [版本号]

1.6 版本更新信息

具体版本更新记录如下表所示：

修改编号	修改日期	修改后版本	修改位置	修改内容概述

2. 任务概述

2.1 系统定义

本节描述内容包括：

- 项目来源及背景；
- 项目要达到的目标，如市场目标、技术目标等；
- 系统整体结构，如系统框架、系统提供的主要功能，涉及的接口等；
- 各组成部分结构，如果所定义的产品是一个更大的系统的一个组成部分，则应说明本产品与该系统中其他各组成部分之间的关系，为此可使用一张方框图来说明该系统的组成和本产品同其他各部分的联系和接口。

2.2 应用环境

本节应根据用户的要求对系统的运行环境进行定义，描述内容包括：

- 设备环境；
- 系统运行硬件环境；
- 系统运行软件环境；
- 系统运行网络环境；
- 用户操作模式；
- 当前应用环境。

2.3 假定和约束

列出进行本产品开发工作的假定和约束，例如经费限制、开发期限等，列出本产品的最终用户的特点，充分说明操作人员、维护人员的教育水平和技术专长，以及本产品的预期使用频度等重要约束。

3. 需求规定

3.1 对功能的规定

本节依据合同中定义的系统组成部分分别描述其功能，描述应包括：

- 功能编号；
- 所属产品编号；
- 优先级；
- 功能定义；
- 功能描述。

3.2 对性能的规定

本节描述用户对系统的性能需求，可能的系统性能需求有：

- 系统响应时间需求；
- 系统开放性需求；
- 系统可靠性需求；
- 系统可移植性和可扩展性需求；
- 系统安全性需求；
- 现有资源利用性需求。

3.2.1 精度

说明对该产品的输入、输出数据精度的要求，可能包括传输过程中的精度。

3.2.2 时间特性要求

说明对于该产品的时间特性要求，如对响应时间、更新处理时间、数据的转换和传送时间、计算时间等的要求。

3.2.3 灵活性

说明对该产品的灵活性的要求，即当需求发生某些变化时，该产品对这些变化的适应能力，如：操作方式上的变化，运行环境的变化，同其他系统的接口的变化，精度和有效时限的变化，计划的变化或改进。对于为了提供这些灵活性而进行的专门设计部分应该加以标明。

3.3 输入输出的要求

解释各输入输出数据类型，并逐项说明其媒体、格式、数值范围、精度等。对软件的数据输出及必须标明的控制输出量进行解释并举例，包括对硬拷贝报告（正常结果输出、状态输出及异常输出）以及图形或显示报告的描述。

3.4 故障处理要求

列出可能的软件、硬件故障以及对各项性能而言所产生的后果和对故障处理的要求。

3.5 其他要求

如：用户单位对安全保密的要求，对使用方便性的要求，对可维护性、可补充性、易读性、可靠性、运行环境可转换性的特殊要求等。

4. 运行环境规定

4.1 设备

列出该产品所需要的硬件环境，说明其中的新型设备及其专门功能，包括：

- 处理器型号及内存容量；
- 外存容量，联机或脱机，媒体及其存储格式，设备的型号及数量；
- 输入及输出设备的型号和数量，联机或脱机；
- 数据通信设备的型号和数量；
- 功能键及其他专用硬件。

4.2 支持软件

列出支持软件，包括要用到的操作系统、编译程序、测试软件等。

4.3 双方签字

需求方（需方）：

开发方（供方）：

日期：

3.6 项目案例

项目案例名称：综合信息管理平台

项目案例文档：《综合信息管理平台需求规格说明书》

1. 导言

1.1 目的

该文档是关于综合信息管理平台的功能和性能的描述，重点描述了功能需求，是概要设计阶段的主要输入。

本文档的预期读者是：

- 需求分析人员；
- 设计人员；
- 开发人员；
- 项目管理人员；
- 测试人员；
- 用户。

1.2 范围

该文档描述了目标系统的逻辑模型，解决系统“做什么”的问题。在这里，对于开发技术并没有涉及，而主要是通过建立模型的方式来描述用户的需求，为客户、用户、开发方等不同参与方提供一个交流的平台。

1.3 术语定义

本文档的术语定义如表 A-1 所示。

表 A-1 术语定义

编号	术语名称	含义说明
1	Portal	Portal 是一个基于 Web 的应用程序，它主要提供个性化、单点登录、不同来源的内容整合以及存放信息系统的表示层
2	通行证	是综合信息管理平台推出的统一认证，一次登录即可访问能访问的所有业务信息系统，免去了重复登录的麻烦
3	业务信息系统	指该企业原有的信息系统，如考勤系统、ERP 系统等
4	业务信息系统管理员	可登录业务信息系统，并进行相应操作的用户
5	平台管理员	对综合信息管理平台进行相关设置及平台维护的人员
6	业务信息系统管理员 Portal	登录综合信息管理平台后，业务信息系统管理员所能访问的操作界面
7	平台管理员 Portal	登录综合信息管理平台后，平台管理员所能访问的操作界面

1.4 引用标准

[1] 《企业文档格式标准》 V1.1，北京长江软件有限公司。

[2] 《需求规格报告格式标准》 V1.1，北京长江软件有限公司软件工程过程化组织。

1.5 参考资料

[1] 《UML》 V1.1，北京长江软件有限公司

[2] 《需求规格报告格式标准》 V1.1，北京长江软件有限公司软件工程过程化组织。

1.6 版本更新信息

本文档的更新记录如表 A-2 所示。

表 A-2 版本更新记录

修改编号	修改日期	修改后版本	修改位置	修改内容概述
001	2010-3-24	0.1	全部	初始发布版本
002	2010-7-26	0.2	2.3、4.4	2.3 节中最好有针对图 A-1 综合信息管理平台流程图的功能描述 将原有四层目录结构改为三层结构

2. 系统定义

主要阐述项目的来源、背景和项目的目标。

2.1 项目背景

本项目是为某公司开发的综合信息管理平台，由于该公司原有的信息系统比较多，有的员工需要登录多个系统去工作，如考勤系统、ERP 系统、人事工资系统等，管理难度比较大，而且有的应用系统涉及保密的工作，再按照以前的方式去管理，给信息安全管理也带来了问题。为此该公司希望有一个统一的信息管理平台，实现员工统一身份认证，根据“实名制”原则记录员工从登录系统直至退出的全程访问、操作日志，并以方便、友好的界面方式提供对这些记录的查询功能。

2.2 项目要达到的目标

本项目设定的目标如下：

- 为企业员工提供统一的认证入口。
- 系统能够提供友好的用户界面，使操作人员的工作量最大限度地减少。

- 记录员工从登录系统直至退出的全程访问、操作日志，并以方便、友好的界面方式提供对这些记录的查询功能。
- 系统具有良好的运行效率，能够达到提高生产率的目的。
- 系统应有良好的可扩充性，可以容易地加入其他系统的应用。
- 平台的设计具有一定的超前性、灵活性，能够适应企业生产配置的变化。

2.3 系统整体结构

根据用户的需求陈述，确定本项目提供统一的用户认证界面，用户认证通过后，判断用户权限。当用户为平台管理员时，可进行用户管理、日志查询、平台管理、统计报表等功能的操作；当用户为业务信息系统管理员时，可以跳转到各信息系统进行业务信息系统管理。根据以上的分析，它们的关系如图 A-1 所示。

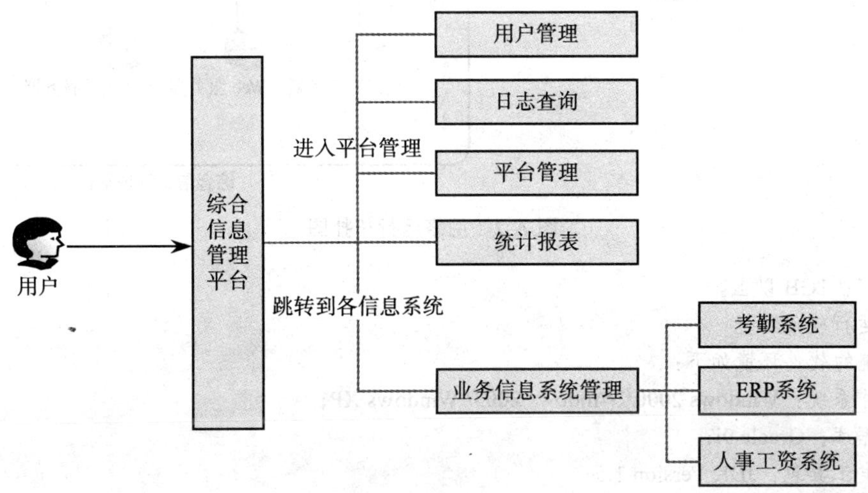

图 A-1 综合信息管理平台流程图

3．应用环境

本项目的应用环境分为硬件环境、软件环境和网络环境来描述。

3.1 系统运行网络环境

本系统的网络运行拓扑图如图 A-2 所示，用户通过网络登录到本系统中进行相应操作。

3.2 系统运行硬件环境

本系统的硬件环境如下：

1）客户机为普通 PC。

- CPU：P4 1.8GHz；
- 内存：256MB 以上；
- 分辨率：推荐使用 1024×768 像素。

2）Web 服务器。

- CPU：P4 1.8GHz；
- 内存：1GB 以上。

3）数据库服务器。

- CPU：P4 1.8GHz；

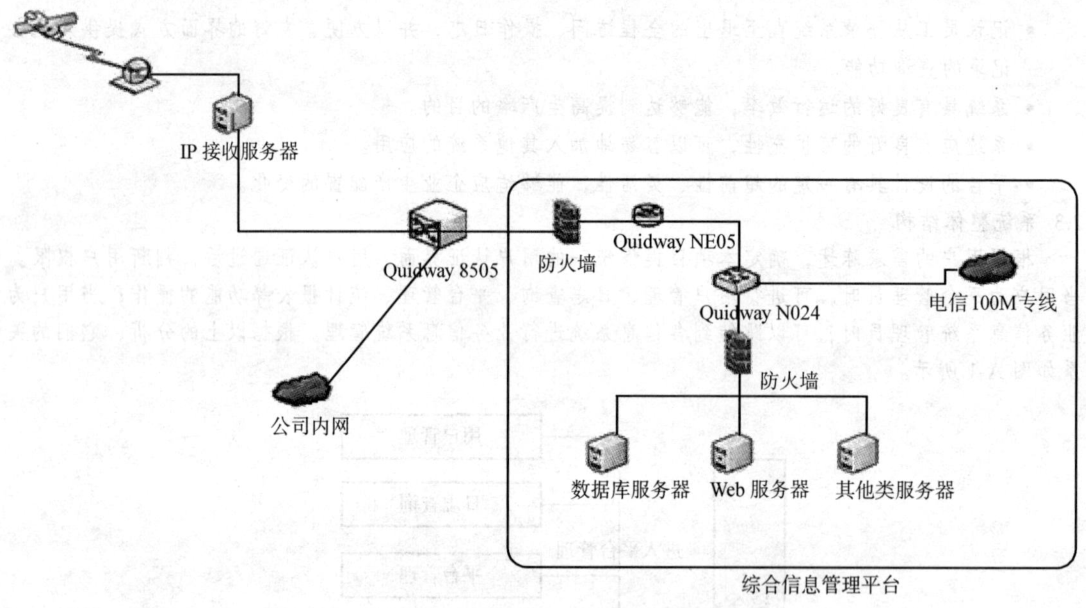

图 A-2 网络运行拓扑图

- 内存：1GB 以上。

3.3 系统运行软件环境

本系统的软件环境如下：

- 操作系统：Windows 2000/ Windows 2003/ Windows XP；
- 数据库：Oracle 9i；
- 开发工具包：JDK Version 1.5；
- JSP 服务器：Tomcat；
- 浏览器：IE6.0。

4. 功能规格

我们采用面向对象分析方法作为主要的系统建模方法，使用 UML（Unified Modeling Language）作为建模语言。UML 为建模活动提供了从不同角度观察和展示系统的各种特征的方法。在 UML 中，从任何一个角度对系统所作的抽象都可能需要几种模型来描述，而这些来自不同角度的模型图最终组成了系统的映像。

“用例”（use case）描述的是“Actor”（用户、外部系统以及系统处理）是如何与系统交互来完成工作的。用例模型提供了一个非常重要的方式来界定系统边界以及定义系统功能，同时，该模型将来可以派生出动态对象模型。

设计用例时，我们遵循下列步骤：

1）识别出系统的“Actor”。Actor 可以是用户、外部系统，甚至是外部处理，它们通过某种途径与系统交互。着重从系统外部 Actor 的角度来描述系统需要提供哪些功能，并指明这些功能的 Actor 是谁。尽可能确保所有 Actor 都被完全识别出来。

2）描述主要的用例。可以采取不断地问自己“这个 Actor 究竟想通过系统做什么？”来准确地描述用例。

3）重新审视每个用例，为它们下个详尽的定义。

4.1 角色（Actor）定义

角色或者执行者（Actor）是指与系统产生交互的外部用户或者外部系统，本系统主要包括“管理用户”和“数据库”两类角色（Actor）。

4.1.1 管理用户

“管理用户”派生两个子类，“业务信息系统管理员”和“平台管理员”。“业务信息系统管理员”是指有权限进入各信息系统内部进行操作的员工；“平台管理员”是指对综合信息管理平台进行相关设置及平台维护的人员，他也是对登录到平台的员工进行设置、分配权限的人员，他们的关系如图 A-3 所示，其中“考勤系统管理员”主要负责管理考勤系统的相关内容。“ERP 系统管理员”主要负责管理 ERP 系统的相关内容。“人事工资系统管理员”主要负责管理人事工资系统的相关内容

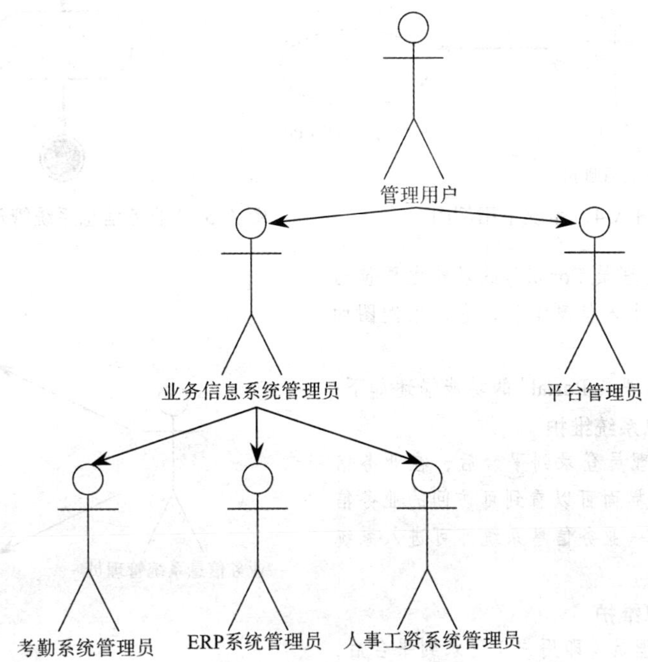

图 A-3 “管理用户”角色关系图

4.1.2 数据库

“数据库”是一个与系统产生交互的外部系统，这个 Actor 负责系统的数据查询、增加、删除和修改等操作。

4.2 系统主用例图

综合信息管理平台分为两个主要的组成部分，一个是业务信息系统管理员操作界面，一个是平台管理员操作界面。业务信息系统管理员通过统一认证界面登录后，可跳转到各业务信息系统做维护；平台管理员通过统一认证界面登录后，可进入综合信息管理平台进行相关设置及平台维护。上述主要功能可通过“业务信息系统管理员 Portal”用例及“平台管理员 Portal”用例描述，系统的主用例图如图 A-4 所示。

4.3 业务信息系统管理员 Portal 的功能

业务信息系统管理员通过综合信息管理平台的登录界面登录成功后，操作界面展示业务信息系统管理员可访问的业务信息系统，当点击某一业务信息系统时即可进入系统，进行相应操作。“业务信息系统管理员 Portal”的活动图如图 A-5 所示。

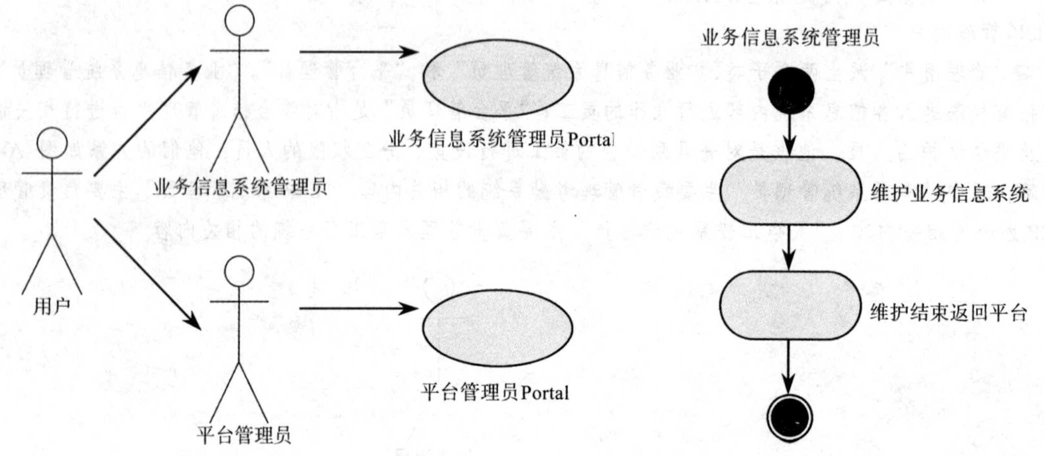

图 A-4 系统主用例图

图 A-5 “业务信息系统管理员 Portal”的活动图

“业务信息系统管理员 Portal”的功能主要包括业务信息系统维护、个人信息维护，它的用例图如图 A-6 所示。

“业务信息系统管理员 Portal”的功能描述如下：

F-C-1：业务信息系统维护

业务信息系统管理员登录到平台后，在业务信息系统管理员 Portal 界面可以看到可访问的业务信息系统列表，点击某一业务信息系统即可进入系统内进行操作维护。

F-C-2：个人信息维护

业务信息系统管理员（即用户）登录到平台后，在 Portal 界面可进行个人信息的修改。

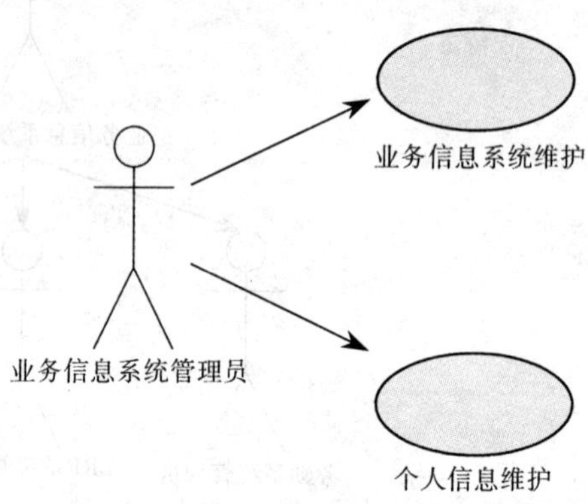

图 A-6 “业务信息系统管理员 Portal”功能用例图

4.3.1 业务信息系统维护

业务信息系统管理员登录后，操作界面显示可访问的业务信息系统列表，点击某一业务信息系统可以进入系统内进行维护：

用例描述：业务信息系统维护

执行者：业务信息系统管理员

前置条件：用户已登录系统并具有访问某一业务信息系统的权限

后置条件：业务信息系统维护完成后，可返回综合信息管理平台

基本路径：

a）用户登录成功进入业务信息系统管理员 Portal，显示可访问的业务信息系统列表；

b）点击某一业务信息系统可以进入系统内进行维护；

c）业务信息系统维护完成后，可返回综合信息管理平台。

4.3.2 个人信息维护

用户登录后，可以进行个人信息的维护，可以修改的个人信息如下：密码、邮件地址、手机号码等。

用例描述：个人信息维护

执行者：业务信息系统管理员

前置条件：用户已登录综合信息管理平台

后置条件：个人信息修改后，可保存

基本路径：

a）密码修改；

b）邮件地址修改；

c）手机号码修改。

4.4 平台管理员 Portal 的功能

平台管理员通过综合信息管理平台的登录界面登录，每个登录者根据自己的权限访问相应的功能模块。功能分为用户管理、日志查询、统计报表、平台管理等模块。“平台管理员 Portal”的功能用例图如图 A-7 所示。

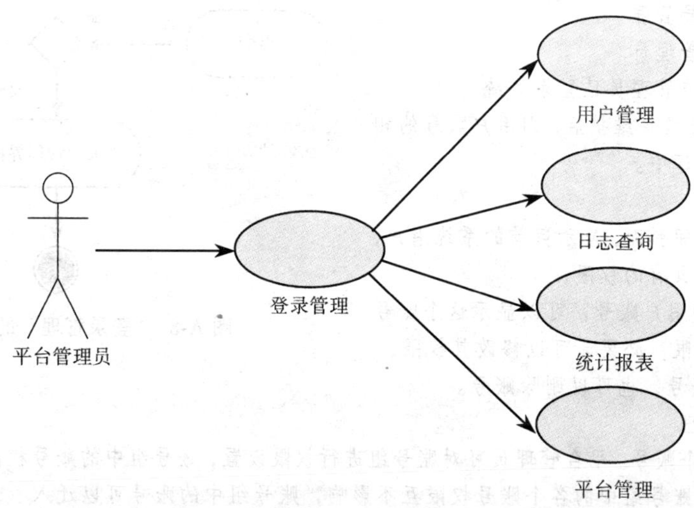

图 A-7 “平台管理员 Portal”功能用例图

图 A-7 中的用例描述如下：

F-L-1：登录管理

“登录管理”负责所有用户的登录，用户要登录到综合信息管理平台必须经过登录界面，输入自己的用户名和密码，通过判断这个用户的权限信息，不同的登录人可能具有不同的权限，根据不同的权限显示不同的功能。

F-A-1：用户管理

当进入“用户管理”模块时，在“用户管理”中可以增加或删除用户，编辑用户名，设置用户密码，修改用户权限。具有不同权限的用户进入系统主界面后，界面左侧栏中的图标数有所不同，具体情况与用户所具有的权限对应。

F-M-1：日志查询

实现对用户的所有操作过程的历史日志查询。查询结果以列表方式显示，可以根据查询条件进行过滤。

F-M-2：平台管理

实现对综合信息管理平台自身的管理，具体功能包括：当前登录用户，业务信息系统管理。

F-M-3：统计报表

“统计报表”模块包括两类报表：用户账号角色变更报表、异常时间登录操作报表。

4.4.1 登录管理

所有用户都需要通过登录界面进入相应的管理界面，不同的登录人具有不同的权限，根据登录人具有的权限将相应的功能显示在登录到的界面上，没有权限操作的功能将不显示在这个界面上。“登录管理”的活动图如图 A-8 所示。

4.4.2 用户管理

“用户管理”实现对所有登录综合信息管理平台的用户的管理，具体功能包括账号管理、账号组管理、权限管理、角色管理。

（1）账号管理

由平台管理员负责增加、修改、删除用户，并修改用户权限，使不同权限的用户进入平台主界面时，根据其权限显示其能访问的功能模块。

用例描述：账号管理

执行者：系统管理员

前置条件：系统管理员已登录系统。

后置条件：账号信息维护后，则用户账号的相应信息记录到数据库中。

基本路径：

1）进入账号管理界面，显示目前的系统用户，以及每个用户账号具有的权限；

2）点击不同的用户账号，可以显示这个账号的信息以及相应权限，必要时可以修改其权限；

3）可以增加账号，也可以删除账号。

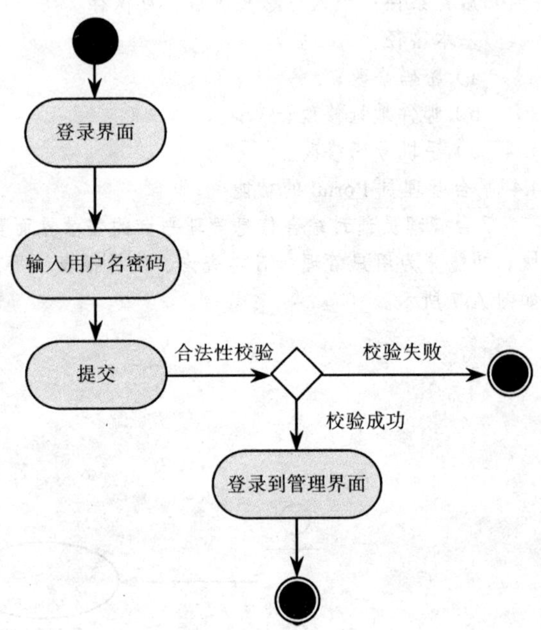

图 A-8 “登录管理”的活动图

（2）账号组管理

账号组包含多个账号。平台管理员可对账号组进行权限设置，账号组中的账号权限可与账号权限相同，也可以不同。账号组中的各个账号权限互不影响，账号组中的账号可以迁入、迁出。

用例描述：账号组管理

执行者：系统管理员

前置条件：系统管理员已登录系统。

后置条件：账号组信息维护后，相应信息记录到数据库中。

基本路径：

1）进入账号组管理界面，显示目前的系统账号组，以及每个账号组具有的权限和所包含的账号；

2）点击不同的账号组，可以显示这个账号组的信息以及相应权限，必要时可以修改其权限；

3）可以增加账号组，也可以删除账号组；

4）账号组中的账号可以迁入、迁出。

（3）权限管理

可以对系统模块进行添加、修改、删除和查询等维护操作，用作权限点记录。

用例描述：权限管理

执行者：系统管理员

前置条件：系统管理员已登录系统。

后置条件：权限点信息维护后，相应信息记录到数据库中。

基本路径：

1）进入权限管理界面，显示目前的所有权限；

2）可以增加、修改、删除权限。

（4）角色管理

可以对单个角色进行添加、修改、删除和查询等维护操作，可以针对不同的角色选择对应的权限进行设置。

用例描述：角色管理

执行者：系统管理员

前置条件：系统管理员已登录系统。

后置条件：角色信息维护后，相应信息记录到数据库中，以供账号授权使用。

基本路径：

1）进入角色管理界面，显示目前的角色列表；

2）点击不同的角色，可以显示这个角色的信息以及相应权限，必要时可以修改其权限；

3）可以增加、修改、删除角色。

4.4.3 日志查询

“日志查询”实现对用户的所有操作过程的历史日志查询。查询结果以列表方式显示，可以根据查询条件进行过滤。

用例描述：日志查询

执行者：系统管理员

前置条件：系统管理员已登录系统。

基本路径：

1）进入日志查询界面，按时间段显示日志列表，默认时间段为 24 小时；

2）点击一条日志可以显示日志详细信息；

3）可根据查询条件过滤日志。

4.4.4 统计报表

为满足日常统计及工作汇报的需要，综合信息管理平台的报表都可以通过表格或图形的方式展现，并可根据日期等条件进行查询，统计出的报表能打印或者导出到 CVS、Excel 文件。统计报表模块包括两类报表：用户账号角色变更报表（如表 A-3 所示）和异常时间登录操作报表（如表 A-4 所示）。

表 A-3 账号角色变更报表

操作时间	变更操作类型	变更操作人	变更对象	备　注	检查人

表 A-4 异常时间登录操作报表

异常登录人员	异常登录时间	登录 IP	异常登录原因	备　注	检查人

4.4.5 平台管理

“平台管理”是综合信息管理平台自身的管理，具体功能包括：参数配置、当前登录用户管理、业务信息系统管理。

（1）业务信息系统管理

可以对企业原有的信息系统进行登记，进行添加、修改、删除和查询等维护操作。

用例描述：业务信息系统管理

执行者：系统管理员

前置条件：系统管理员已登录系统。

后置条件：信息维护后，相应信息记录到数据库中，以供账号授权使用。

基本路径：

1）进入管理界面，显示目前的业务信息系统列表；

2）点击不同的系统，可以显示这个系统的信息；

3）可以增加、修改、删除记录。

（2）当前登录用户管理

显示当前登录的用户，所显示的信息包括用户名称、登录时间、登录IP。

用例描述：当前登录用户

执行者：系统管理员

前置条件：系统管理员已登录系统。

基本路径：

进入平台管理模块，点击当前登录用户，显示当前登录综合信息管理平台的用户列表。

5. 性能需求

根据用户对本系统的要求，确定系统在响应时间、可靠性、安全性等方面的性能要求。

5.1 界面需求

系统的界面要求如下：

1）页面内容：主题突出，站点定义、术语和行文格式统一、规范、明确，栏目、菜单设置和布局合理，传递的信息准确、及时，内容丰富，文字准确，语句通顺，专用术语规范，行文格式统一、规范。

2）导航结构：页面具有明确的导航指示，且便于理解，方便用户使用。

3）技术环境：页面大小适当，能用各种常用浏览器以不同分辨率浏览；无错误链接和空链接；采用CSS处理，控制字体大小和版面布局。

4）艺术风格：界面、版面形象清新悦目，布局合理，字号大小适宜，字体选择合理，前后一致，美观大方；动静搭配恰当，效果好；色彩和谐自然，与主题内容相协调。

5.2 响应时间需求

无论是客户端还是管理端，当用户登录进行任何操作的时候，系统应该及时地进行反应，反应的时间在5秒以内。系统应能监测出各种非正常情况，如与设备的通信中断，无法连接数据库服务器等，避免出现长时间等待甚至无响应。

5.3 可靠性需求

系统应保证7×24不死机，保证20人可以同时在客户端登录，系统正常运行，正确提示相关内容。

5.4 开放性需求

系统应十分具有灵活性，以适应将来功能扩展的需求。

5.5 可扩展性需求

系统设计要求能够体现扩展性要求，以适应将来功能扩展的需求。

5.6 系统安全性需求

系统有严格的权限管理功能，各功能模块需有相应的权限方能进入。系统需能够防止各类误操作可能造成的数据丢失，破坏，同时防止用户非法获取网页以及内容。

6. 产品提交

提交的产品为：

1）应用系统软件包。

2）数据库初始数据。

3）系统开发过程文档。

4）系统使用维护说明文档。

提交方式：CD 介质

7. 实现约束

系统的实现约束如下：

1）操作系统为 Windows 2003。

2）开发平台为：Eclipse-SDK-3.1.2-Win32。

3）数据库为 Oracle 9i。

8. 签字

本需求规格说明经过双方认可，签字如表 A-5 所示。

表 A-5 需求规格签字

用户签署信息		企业签署信息	
单位名称	北京 XXX 公司	单位名称	北京长江软件有限公司
签署人姓名	X X X	签署人姓名	X X X
签署日期	2006.4.18	签署日期	2006.4.18

3.7 小结

本章介绍了需求管理的×个过程：需求获取，需求分析，需求规格说明书编写，需求验证，需求变更。重点介绍了需求分析模型和需求分析建模的常用技术。需求分析模型主要包括关联模型、行为模型、数据模型、原型模型等，需求分析建模的主要方法包括面向对象方法、结构化方法等。软件开发人员首先应该明确用户的意图和要求，正确获取用户的需求，然后形成一个软件需求规格说明文档，它是软件开发的重要基础。

3.8 练习题

一、选择题

1．软件开发过程中，需求活动的主要任务是（　　）。

A．给出软件解决方案　　B．定义需求并建立系统模型

C．定义模块算法　　D．给出系统模块结构

2．软件需求规格说明文档中包括多方面的内容，下述（　　）不是软件需求规格说明文档中应包括的内容。

A．安全描述　　B．功能描述　　C．性能描述　　D．软件代码

3．软件需求分析一般应确定的是用户对软件的（　　）。

A．功能需求　　B．非功能需求

C．性能需求　　D．功能需求和非功能需求

4．结构化分析方法中，描述软件功能需求的常用工具有（　　）。

A．业务图，数据字典　　B．软件流程图，模块说明

C．数据流图，数据字典　　D．系统流程图，程序编码

5．软件需求分析阶段建立原型的主要目的是（　　）。

A．确定系统的功能和性能要求　　B．确定系统的性能要求

C. 确定系统是否满足用户要求　　D. 确定系统是否满足开发人员需要

6. 在需求分析阶段，需求分析人员需要了解用户的需求，认真仔细地调研、分析，最终应建立目标系统的逻辑模型并写出（　　）。

A. 模块说明书　　B. 需求规格说明书　　C. 项目开发设计　　D. 合同文档

7. 软件需求阶段要解决的问题是（　　）。

A. 软件做什么　　B. 软件提供哪些信息

C. 软件采用什么结构　　D. 软件怎样做

8. 软件需求管理过程包括需求获取、需求分析、编写需求规格说明书、需求评审以及（　　）。

A. 用户参与　　B. 需求变更　　C. 总结　　D. 都不正确

9. 在原型法中开发人员根据（　　）需求不断修改原型，直到满足用户要求为止。

A. 用户　　B. 开发人员　　C. 系统分析员　　D. 程序员

10. 结构化分析方法以数据流图、（　　）和加工说明等描述工具，即用直观的图和简介的语言来描述软件系统模型。

A. DFD 图　　B. PAD 图　　C. HIPO 图　　D. 数据字典

二、填空题

1. 面向数据流的软件设计中，一般将数据流图的数据流划分为（　　）和（　　）。

2. 分析模型在系统级描述和（　　）之间建立了桥梁。

3. 最常见的实体关系图的表示法是（　　）表示法和（　　）表示法。

三、判断题

1. 系统流程图表达了系统中各个元素之间信息的流动情况。（　　）

2. 用例需求分析方法采用的是一种结构化的情景分析方法，即是一种基于场景建模的方法。（　　）

3. 面向对象分析方法认为系统是对象的集合，是以功能和数据为基础的。（　　）

第 4 章

■ 软件项目的概要设计

对软件进行需求分析和建模后，便开始了软件设计，需求规格说明是软件设计的重要输入，它为软件设计提供了基础。软件设计过程是将需求规格说明转化为软件实现方案的过程。软件设计包括概要设计和详细设计，本章介绍概要设计过程。下面进入路线图的第二站——概要设计，如图 4-1 所示。

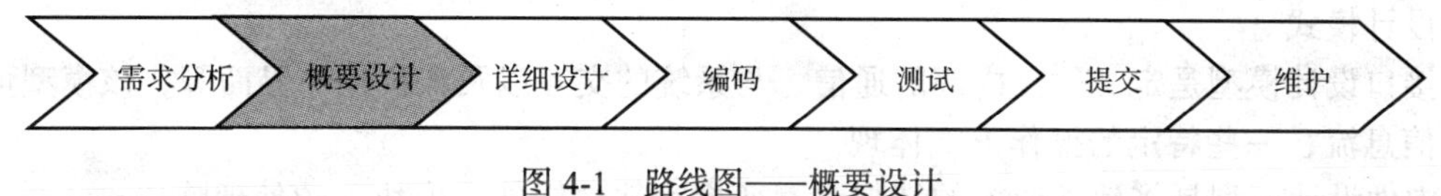

图 4-1 路线图——概要设计

4.1 软件设计定义

软件需求讲述的是"做什么"，而软件设计解决的是"怎么做"的问题。软件设计是将需求描述的"做什么"问题变为一个实施方案的创造性过程，使整个项目在逻辑上和物理上能够得以实现。软件工程中有三类主要开发活动——设计、编码、测试，而设计是第一个开发活动，也是最重要的活动，是软件项目实现的关键阶段，设计质量的高低直接决定了软件项目的成败，缺乏或者没有软件设计开发的系统是一个不稳定的甚至是失败的软件系统。

良好的软件设计是快速软件开发的根本，没有良好的设计，会将时间花在不断的调试上，无法添加新功能，修改时间越来越长，随着给程序打上一个又一个的补丁，新的功能需要更多的代码实现，形成恶性循环。

软件设计包括一套原理、概念和实践，这是一个迭代过程。通过设计过程，需求被转换为用于构建软件的"蓝图"，初始蓝图描述了软件的整体视图，即这个设计是在高抽象层次上的表达，称为"高级设计"或者"概要设计"、"总体设计"（本书统称为概要设计），该层次的设计可以直接跟踪到特定的系统目标和功能、行为需求。但是随着设计迭代的开始，后续的细化导致更低抽象层次的设计表示，称为"低级设计"或者"详细设计"，这个层次的表示也可以跟踪到需求。

通常，将设计分为两个级别，一个是概要设计（或者总体设计），另一个是详细设计。概要设计从需求出发，从总体上描述了系统架构应该包含的组成要素（模块），同时描述各个模块之间的关联。详细设计主要描述各个模块的算法和数据结构，以及用特定计算机语言实现的初步描述，例如变量、指针、进程、操作符号以及一些实现机制。本章主要讲述概要设计，下章讲述详细设计。

4.2 概要设计方法概论

软件概要设计的核心内容就是依据需求规格说明，合理、有效地设计产品规格说明中定义的各项需求。概要设计注重框架设计、总体结构设计、构件设计、数据设计、接口设计、网络环境设计等，将产品分割成一些可以独立设计和实现的部分，保证系统的各个部分可以和谐地工作。

4.3 设计模型

设计模型从分析模型转化而来，主要包括四类模型：体系结构设计模型、数据设计模型、接口设计模型、构件设计模型等，如图 4-2 所示。需求模型为它们提供了信息流，通过一定的设计方法可以实现这些模型。

数据设计模型是将需求分析阶段产生的信息模型转化为实现软件的数据结构。数据对象、数据之间的关系以及数据的内容是数据设计活动的基础。

体系结构设计模型是定义软件中各个主要的结构元素之间的关系，该模型中主要是确定一种设计模式。

接口设计模型是定义软件内部的通信、与系统的交互以及人机操作界面等，该模型可以通过信息流、一些特定的操作方式体现。

构件设计模型是将软件架构的结构元素变换为软件构件（模块）的处理陈述。

4.3.1 体系结构设计

体系结构的设计从分析模型开始，这些分析模型表示了软件体系结构中涉及的应用领域内的实体。软件体系结构为我们提供了软件的整体视图，即系统的一个或者多个结构，结构中包括软件的构件、构件的外部可见属性以及它们之间的相互关系。软件体系结构相当于一个建筑房屋的平面图，描绘了房间的整体布局，包括各个房间的尺寸、形状、相互之间的联系、房屋的门窗等，为我们提供了房屋的整体视图。

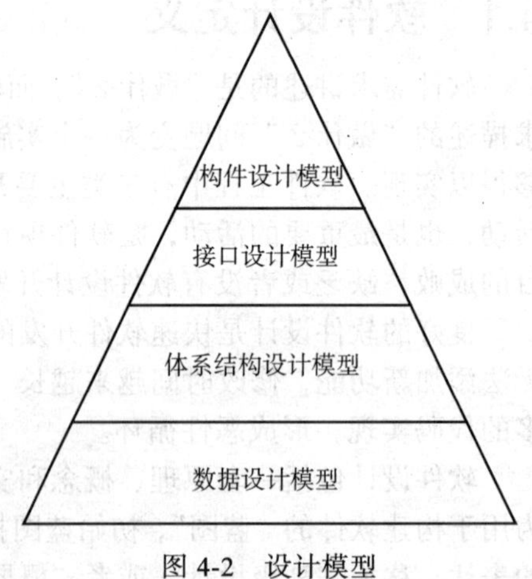

图 4-2 设计模型

Jerrold Grochow 说："系统的体系结构是描述风格和结构的一个可以理解的框架，包括了它的组成模块以及模块之间的联系。"正如每建造一座房子就反映出一种体系结构风格，构造软件也存在一个体系结构风格，这个风格包括模块、模块的接口、模块连接的约束等。随着项目复杂度的提高，体系结构设计对项目的最后成功起着重要作用。

体系结构设计的主要步骤是：首先定义与软件交互的外部实体（例如其他系统、设备、人）和交互的特性，即建立软件环境模型，同时描述所有的外部软件接口，然后通过定义和细化构件来描述系统的结构，最后不断迭代这个过程，直到完成一个完善的体系结构。在软件体系结构设计中，可以采用体系结构环境图（Architectural Context Diagram，ACD）来描述软件与外部实体的交互方式，例如图 4-3 所示便是一个通用结构，其中与目标系统交互的系统为：

- 上级系统：这些系统将目标系统作为某些高层处理方案的一部分。
- 下级系统：这些系统被目标系统使用，并为完成目标系统的功能提供必要的数据和处理。
- 同级系统：这些系统在对等的基础上相互作用。
- 参与者：指那些通过产生和消耗处理所需要的必不可少的信息，实现和目标系统交互的实体（人、设备）。

所有的外部实体都通过某一接口与目标系统进行通信。

当软件体系结构细化为构件时，系统的结构开始显现。体系结构的类型主要有以数据为中心的体系结构、基于数据流的体系结构、调用返回体系结构、面向对象的体系结构、分层体系结构等。

1．以数据为中心的体系结构

以数据为中心的体系结构中，数据（例如数据库、文件等）是整个体系结构的中心，其他模块经常对这些数据进行增删改等操作。以数据为中心的体系结构改进可以是渐进的，修改一个模块或者增加一个模块不用关心其他模块，因为模块的独立性很好，如图 4-4 所示。

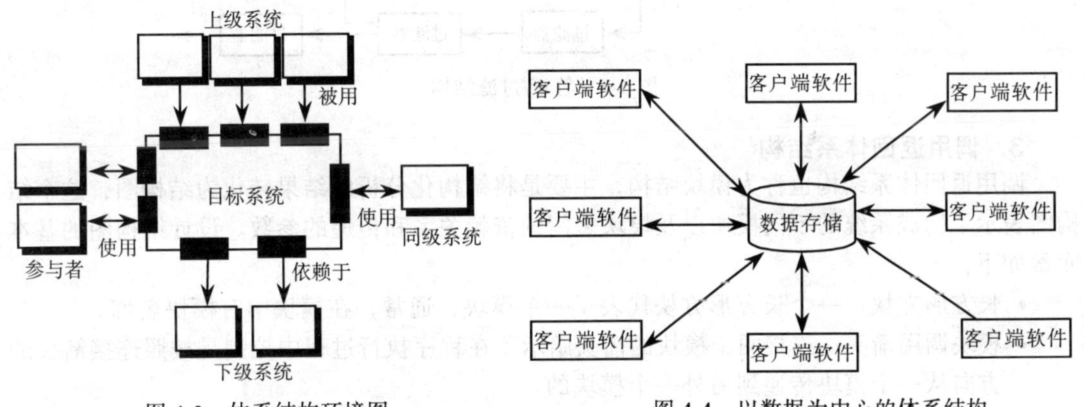

图 4-3　体系结构环境图　　　　图 4-4　以数据为中心的体系结构

2．基于数据流的体系结构

基于数据流的体系结构是根据输入的数据，经过一系列的处理之后，变为输出数据的体系结构，其中有代表性的有管道/过滤结构和批处理结构。

如图 4-5 所示，管道/过滤结构拥有一组称为过滤器（filter）的构件，这些构件通过管道（pipe）连接，管道将数据从一个构件传达到下一个构件，每个过滤器独立于其上下游的构件而工作，没有必要了解与之相邻过滤器的工作，过滤器的设计要针对某种形式的数据输入，并产生某种特定形式的数据输出。如果数据流退化为单线的变换，则称为批处理结构，这种结构接收一批数据，然后应用一系列连续的构件（过滤器）变化它。

管道/过滤结构具有如下优点：

- 构件具有良好的隐蔽性和高内聚、低耦合的特点。
- 允许设计者将整个系统的输入、输出行为看成是多个过滤器行为的简单合成。

- 支持软件复用，只要提供适合在两个过滤器之间传送的数据，任何两个过滤器都可以被连接起来。
- 系统维护和增强系统性能简单，新的过滤器可以添加到现有系统中，旧的可以被改进的过滤器替换掉。
- 允许对一些属性如吞吐量、死锁等进行分析。
- 支持并行执行，每个过滤器是作为一个独立的任务完成，因此，可与其他任务并行执行。

管道/过滤结构的缺点是：

- 通常导致进程成为批处理结构。这是因为虽然过滤器可增量地批处理数据，但它们是独立的，所以，设计者必须将每个过滤器看成一个完整的从输入到输出的转换。
- 不适合处理交互的应用，当需要增量地显示改变时，这个问题尤为严重。
- 因为在数据传输上没有通用的标准，每个过滤器都增加了解析和合成数据的工作，这样就导致了系统性能下降，并增加了编写过滤器的复杂性。

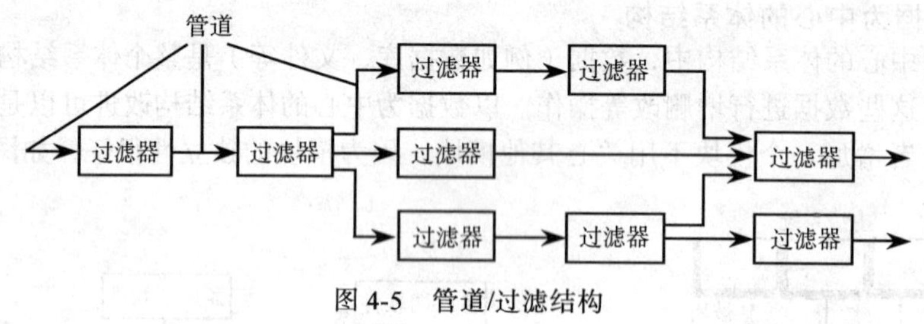

图 4-5 管道/过滤结构

3．调用返回体系结构

调用返回体系结构也称为模块结构，主要是将结构化分析的结果转化为结构图，这个结构图表示了构成系统的不同模块以及模块之间的依赖关系和传递的参数。设计结构图的基本元素如下：

- 长方形方块：一个长方形方块代表了一个模块，通常，在模块中有模块名称。
- 模块调用箭头：连接两个模块的箭头暗示了在程序执行过程中控制是按照连接箭头的方向从一个模块传递到另外一个模块的。
- 数据流箭头：它是出现在模块调用箭头旁边的小箭头，数据流箭头标注有相应的数据名，代表的是命名数据按照箭头的方向从一个模块传递到另外一个模块。
- 库模块：库模块通常由带双重边的长方形表示，当一个模块经常被其他模块调用时，它就变成了一个库模块。

调用返回体系结构可使软件设计人员开发一个比较容易修改和扩展的程序结构，包括主程序、子程序架构和远程调用模式。主程序、子程序架构是将程序分割为一系列可以控制的树形模块，有一个主程序，它调用很多其他的程序模块，然后每个程序模块可能又调用其他的模块，如图 4-6 所示就是这种结构。

4．面向对象的体系结构

面向对象的体系结构在构造模块的时候依据抽象的数据类型，每个模块是一个抽象数据类型的实例。所以，面向对象的体系结构有两个重要的特点：对象必须封装所有的数据，每个对象的数据对其他对象是黑盒子。这种体系结构封装了数据和操作。

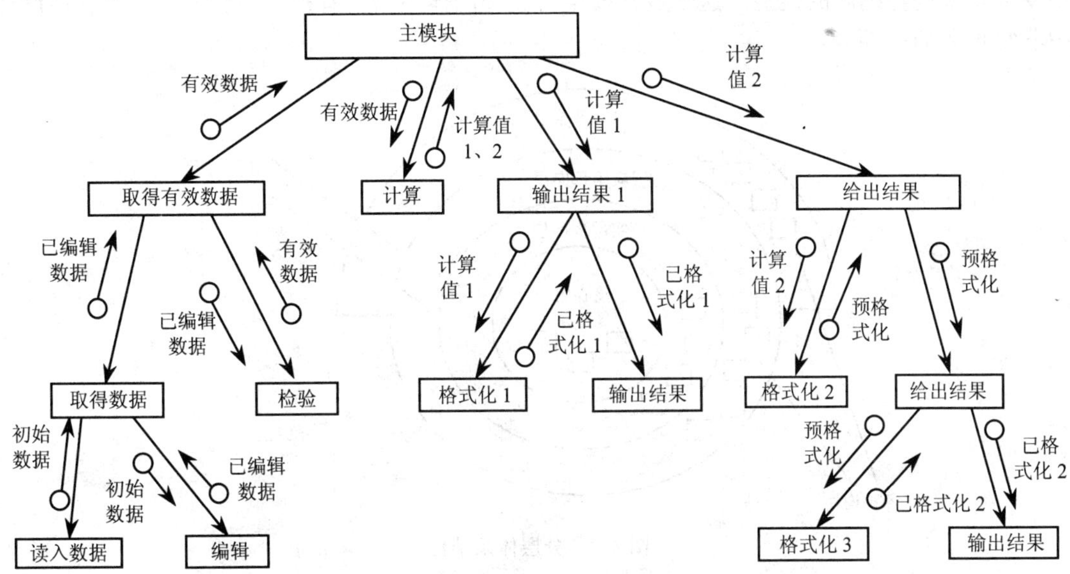

图 4-6 调用返回体系结构

对象管理体系结构（Object Management Architecture，OMA）是对象管理组织（Object Management Group，OMG）在 1990 年提出来的，它定义了分布式软件系统的参考模型。OMA 参考模型描述对象之间的交互，其中，公共对象请求代理体系结构（Common Object Request Broker Architecture，CORBA）是 OMG 所提出的一个标准，它以对象管理体系结构为基础，优点是对象对其他对象隐藏它的表示，所以可以改变一个对象的表示而不影响其他对象。设计者可以将一些数据存取操作的问题分解成一些交互的代理程序集合。为了使一个对象和另外一个对象通过过程调用等进行交互，必须知道对象的标识，只要一个对象的标识修改了，就必须修改所有其他明确调用它的对象。

5．分层体系结构

分层体系结构的基本结构如图 4-7 所示，整个系统被组织成一个分层的结构，每一层为上层提供服务，并作为下一层的客户。在一些层次系统中，除了一些特定输出函数外，内部的层只对相邻的层可见，从外层到内层，每层的操作逐渐接近机器的指令集。在最外层，构件完成界面层的操作；在最内层，构件完成与操作系统的连接，执行操作系统的指令；中间层提供很多的服务和应用，包括各种实用程序和应用软件功能。由于每层至多和相邻的上下层交互，因此，功能的改变最多影响相邻的内外层。而且只要提供的服务接口定义不变，同层的不同实现可以交互使用，这样，就可以定义一组标准接口，允许各种不同的实现方法，从而实现复用。但是，并不是每个系统都可以很容易地划分为分层结构，而且即使一个系统的逻辑结构是层次化的，出于对系统性能的考虑，设计师也不得不将一些低级或者高级的功能综合起来。另外，对一个系统找到一个合适的、正确的层次抽象也是很难的。

4.3.2 数据设计

数据是软件系统的重要组成部分，在设计阶段必须对要存储的数据及其结构进行设计。数据设计首先在高层建立（用户角度的）一个数据（信息）模型，然后再逐步将这个数据模型变为将来进行编码的模型。这个数据模型对软件的体系结构有很大的影响，它是软件设计中非常重要的一部分。

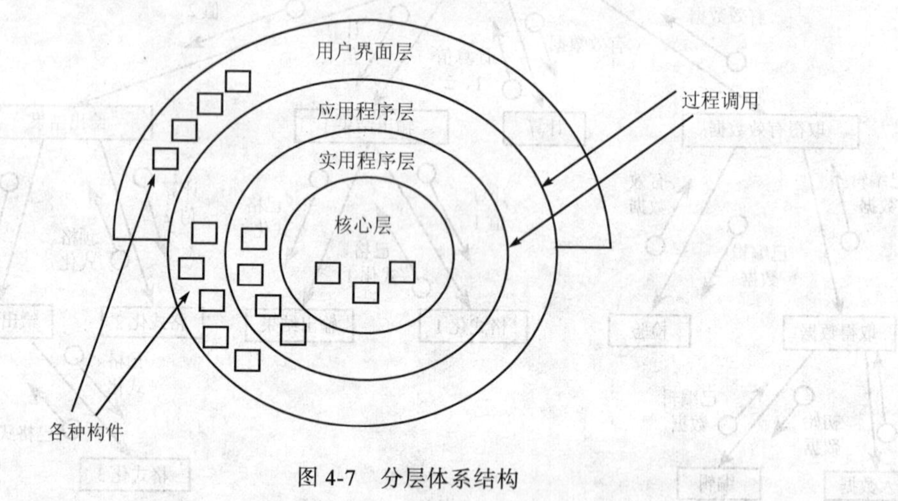

图 4-7 分层体系结构

数据模型是系统内部的静态数据结构，它包括3种相互关联的信息，即数据对象、数据属性和关系。其中：

- 数据对象表示目标系统中的各种信息，可以是外部实体、事物、角色、行为或者事件、组织单位、地点或者结构。
- 数据属性定义了数据对象的特征，包括数据对象的实例命名，描述这个实例，建立对另一个数据对象的其他实例的引用。例如“学生”数据对象可以命名为student，其属性可以有“学号”、“姓名”、“性别”、“年龄”等。
- 关系是指各个数据对象实例之间的关联。例如，一个学生“张三”选课“数学”、“物理”，这个学生与“课程”实例通过“选课”关联起来。实例之间的关联类型有：一对一、一对多和多对多。

数据模型可以分为概念数据模型、物理数据模型和逻辑数据模型。概念数据模型是以问题域的语言解释数据模型，反映了用户对共享事物的描述和看法，由一系列应用领域的概念组成。物理数据模型是以解系统的语言解释数据模型，它描述的是共享事物的解系统中的实现形式，是形式化的定义。逻辑数据模型是使用一种中立语言进行数据模型的描述。概念数据模型与物理数据模型之间存在较大的差异，软件开发人员将概念数据模型转换为物理数据模型是存在困难的，所以可以采用逻辑数据模型缓解这个困难。

目前的数据模型主要有两种，即数据库管理系统（DBMS）和文件存储模式。其中数据库管理系统已经是比较成熟的技术，尤其是关系数据库管理系统，这也是很多软件设计者采用的数据存储和管理工具。

1. 数据库设计

理论上，数据库可以分为网状数据库、关系数据库、层次数据库、面向对象数据库、文档数据库、多维数据库。其中关系数据库是最成熟的，应用也是最广泛的，这也是大多数设计者选择它的理由。关系数据库的设计与结构化方法可以很方便地衔接，具有一致性，因为可以很容易将结构化分析阶段建立的实体-关系模型映射到关系数据库中。

数据库设计分为三个阶段：概念结构设计阶段，逻辑结构设计阶段，物理结构设计阶段。

概念结构设计的目标是产生反映系统信息需求的整体数据库概念结构，描述的工具是 E-R 图，这在前面已经介绍过。逻辑结构设计的任务是将概念结构转换成特定 DBMS 所支持的数据模型。物理结构设计的目标是对给定的逻辑数据模型选取一个适合应用环境的物理结构。

下面以“软件实训管理平台”项目为例，来说明这个项目数据库的建模情况。

软件实训管理平台

本项目的主要任务是实现软件实训基地管理流程的信息化，通过为软件实训基地提供一个控制管理平台，对学员在实训过程中的信息进行记录与检阅，及时了解每名学员在实训各阶段的软件水平，最终对每名学员的总体实训水平给出客观真实的评价，提供学生平台和教师管理平台两个独立的平台。具体要求如下：

1. 通过学生平台，学员可以进行信息注册，填写学生基本情况调查表，包括班年级、学号、姓名、性别、年龄、所学专业、是否有软件开发经历、联系信息（座机、手机、邮箱）等。

2. 通过学生平台，学员可以查看在教师管理端发布的课程信息，包括课程名称、课程编号、课程描述、授课老师和配套的培训课程。

3. 通过学生平台，学员可以根据课程信息介绍选择自己感兴趣的实训课程（每人仅限选择一门实训课程）。如果由于某种原因学员希望退课，也可以退课。

4. 当面试结束后，学员应能通过学生平台查看自己的面试结果，了解是否已入选所选课程。

5. 通过学生平台，学员查看自己参与的项目的信息，包括项目度量跟踪记录、项目跟踪评审记录（具体内容见教师管理端“项目跟踪记录评分与查看”）。

6. 通过教师管理平台，教师可以进行实训课程设置与培训课程设置，实现课程管理功能。

7. 通过教师管理平台，教师可以对学生进行面试管理。

8. 通过教师管理平台，教师可以对学员的项目信息进行跟踪，包括输入与查看。它完成了项目度量跟踪信息记录、项目开发评审跟踪信息记录和学员实训后软件水平评定功能。

9. 通过教师管理平台，教师可以查询实训学生的各种信息及实训情况。

（1）概念结构设计

概念结构设计将反映现实世界中的实体、属性和它们之间的关系，建立原始数据形式，包括各数据项、记录、系、文卷的标识符、定义、类型、度量单位和值域，建立数据库的每一幅用户视图。

图 4-8 描述了“软件实训管理平台”系统的整体 E-R 图（不包括系统中独立实体）。

图 4-9 描述了实训课程与培训课程之间的关系，每门实训课程可配备多门培训课程。

实训课程实体的属性有：实训课程 ID，实训课程名称，实训课程描述，课程期，（课程）开始时间，（课程）结束时间，课程人数，（课程）指导老师，（课程）学分。

培训课程实体的属性有：培训课程 ID，培训课程名称，授课老师，培训课程描述。

图 4-10 描述了学员与实训课程之间的关系。每名学员仅仅可以选择一门实训课程。

学员实体的属性有：学员 ID，姓名，班年级，性别，年龄，联系信息，专业，是否有软件开发经历，掌握的基本软件开发技能，基本工作经验，实训前的软件水平，实训后的软件水平，面试老师，面试时间，是否通过面试，是否参加实训，实训总分，学员登录密码，是否完成面试，所选实训课程ID等。

图4-11描述了学员与项目度量跟踪记录以及学员与项目开发评审跟踪记录之间的关系。每名学员可以拥有多条项目度量跟踪记录与多条项目开发评审跟踪记录。

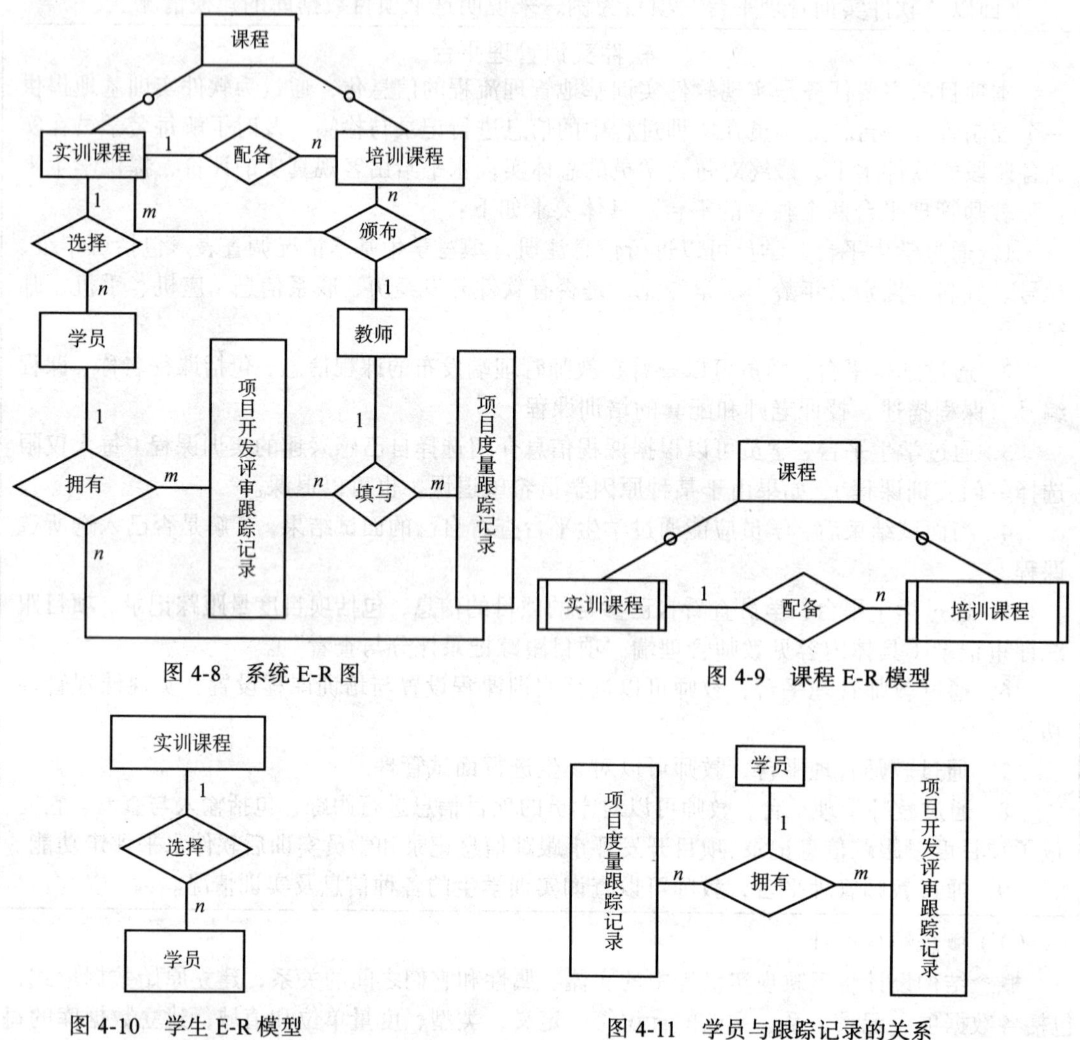

图4-8　系统E-R图

图4-9　课程E-R模型

图4-10　学生E-R模型

图4-11　学员与跟踪记录的关系

项目度量跟踪记录实体的属性有：学员ID，配置管理成绩，周报检查成绩，周例会检查成绩，实际开发时间，检查时间。

项目开发评审跟踪记录实体的属性有：学员ID，评审项编号，评审项名称，标准分，评分结果，备注。

图4-12描述了教师与项目度量跟踪记录以及教师与项目开发评审跟踪记录之间的关系。每名教师可以填写多条项目度量跟踪记录与多条项目开发评审跟踪记录。

图4-13描述了教师与实训课程、培训课程之间的关系。每名教师可以发布多门实训课程和培训课程。

（2）逻辑结构设计

数据库的逻辑结构设计是将各局部的E-R图进行分解、合并后重新组织起来形成数据库全局逻辑结构，包括所确定的关键字和属性、重新确定的记录结构、所建立的各个文卷之间的相互关系。逻辑设计将实体转换为关系，将实体间的联系也转换为关系。其中数据对象可以映射为一个表或者多个表。

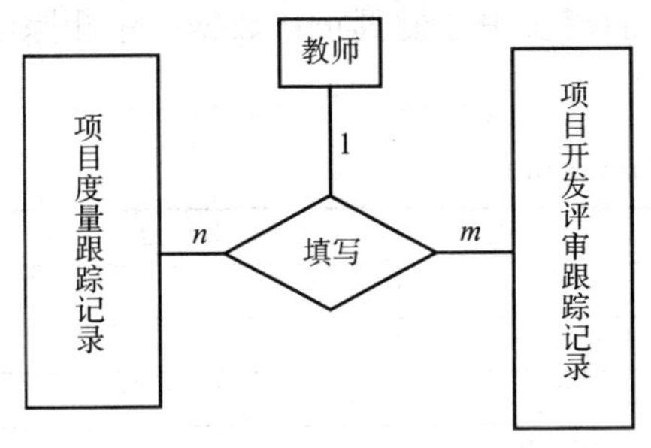

图 4-12 教师与跟踪记录的关系

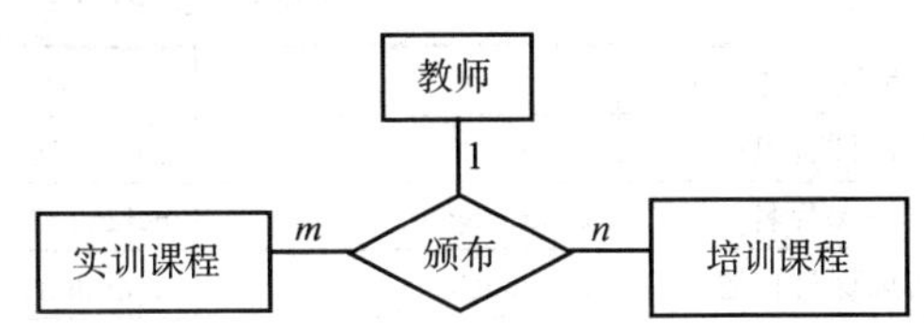

图 4-13 教师与课程之间的关系

以下是实训管理系统用到的数据库表。

表 4-1 学员信息表（Students Info）

字段中文描述	字 段	类型与长度	空与非空	主键	其他
学员 ID	StudentID	char，10	非空	是	
姓名	Name	nvarchar，20	允许空		
班年级	GradeClass	nvarchar，20	允许空		
性别	Gender	bit，1	允许空		
年龄	Age	int，4	允许空		
联系信息（座机，手机，邮箱）	ContactInfo	nvarchar，100	允许空		
专业	Major	nchar，30	允许空		
是否有软件开发经历	HasWorkingExp	bit，1	允许空		
掌握的基本软件开发技能	BasicSkills	nvarchar，100	允许空		
基本工作经验	BasicWorkingExp	nvarchar,350	允许空		
实训前的软件水平	AbilityLevelBef	nchar，1	允许空		
实训后的软件水平	AbilityLevelAft	nchar，1	允许空		
面试老师	Interviewer	nchar，10	允许空		
面试时间	InterviewTime	smalldatetime	允许空		
是否通过面试	PassInterv	bit，1	非空		默认值（0）
是否参加实训	Training	bit，1			
实训总分	TotalScore	float，8			
有效标志位	Avail	bit，1	非空		默认值（1）
学员登录密码	Password	char，15	允许空		
是否完成基本信息填写	Done	int，1	非空		默认值（0）
是否完成面试	DoneInterv	int，1	非空		默认值（0）
所选实训课程 ID	CourseID	char，10	非空		默认值（#）

说明：

表 4-1 记录了学员的所有信息，与此对应的功能需求有：学员填写基本信息，学员查看选课结果，学员进行个人设置，学员查看和修改个人基本信息，面试管理，简单的数据查询功能。

在学员信息表中需要特殊说明的属性是有效标志位，当老师在面试管理功能模块中对学员信息进行删除时并没有真的将数据从数据库中删除，而是将此学员信息的有效标志位设置成无效。在显示学员数据的时候将根据此属性确定是否显示此数据。只有在教师管理子系统中的系统管理功能模块中的“学员信息清理”子功能模块中才能真正从数据库中删除学员信息。

表 4-2 实训课程信息表（CoursesInfo）

字段中文描述	字 段	类型与长度	空与非空	主键	其 他
实训课程 ID	CourseID	char，10	非空	是	
实训课程名称	CourseName	nchar，20	允许空		
实训课程描述	CourseDesc	nvarchar，200	允许空		
课程期	CourseTerm	bigint，8	允许空		
开始时间	StartTime	smalldatetime	允许空		
课程人数	StudentInCourse	bigint，8	允许空		
结束时间	EndTime	smalldatetime	允许空		
有效标志位	Avail	bit，1			默认值（1）
指导老师	Teacher	nchar，15	允许空		
学分	Credits	float，8	允许空		

说明：

表 4-2 记录了所有实训课程的信息，与此对应的功能需求有：学员查看发布的课程信息，学员查看选课结果，实训课程设置，课程清理。

表 4-3 培训课程信息表（LessonsInfo）

字段中文描述	字 段	类型与长度	空与非空	主键	其 他
培训课程 ID	LessonID	uniqueidentifier，16	非空	是	
培训课程名称	LessonName	nvarchar，20	允许空		
培训课程描述	LessonDesc	nvarchar，100	允许空		
授课老师	Teacher	nvarchar，15	允许空		
有效标志位	Avail	bit，1			默认值（1）

说明：

表 4-3 记录了所有培训课程的信息，与此表对应的功能需求有：学员查看发布的课程信息，培训课程设置，课程清理。

表 4-4 培训课程与实训课程关系连接表（CourseLessons）

字段中文描述	字 段	类型与长度	空与非空	主 键	其他
实训课程 ID	CourseID	uniqueidentifier，16	允许空		
培训课程 ID	LessonID	char，10	允许空		

说明：

由于每一门实训课程都会配备一门或一门以上的培训课程，所以实训课程与培训课程之间的关系就是一对多的关系。与表 4-4 对应的功能需求有：学员查看发布的课程信息，培训课程设置，课程清理。

表 4-5 系统用户信息表（UsersInfo）

字段中文描述	字　段	类型与长度	空与非空	主　键	其　他
系统用户登录名	UserName	nchar，10	非空	是	
系统用户登录密码	UserPass	char，15	允许空		
系统用户级别	UserLevel	smallint，2	允许空		

说明：

表 4-5 用来存储系统所有用户的信息，与此表对应的功能需求有：系统管理，用户管理。

在系统用户信息表中需要说明的是“系统用户级别”属性，此属性为整型数据，用户级别分为两级，1 代表普通用户，2 代表系统管理员。

表 4-6 项目度量跟踪信息表（MeasurementTracking）

字段中文描述	字　段	类型与长度	空与非空	主键	其他
学员 ID	StudentID	char，10	允许空		
实训课程 ID	CourseID	char，10	允许空		
配置管理成绩	ConfigurationManage	float，8	允许空		
周例会检查成绩	WeeklyMeeting	float，8	允许空		
实际开发时间（小时/周）	HoursInWork	float，8	允许空		
检查时间	Date	smalldatetime	允许空		
周报检查成绩	ZhouBaoJianCha	smallint，2	允许空		
跟踪度量标识	MeasurementMark	char，1	允许空		

说明：

表 4-6 记录了某个学员的项目度量跟踪的情况，与此表对应的功能需求有：学员查看个人项目信息，项目跟踪记录评分与查看，简单的数据查询功能。此表中的 StudentID 字段为 StudentsInfo 表的主键，因此为 MeasurementTracking 表的外键。

表 4-7 项目开发评审跟踪信息表（DevelopeInspection）

字段中文描述	字　段	类型与长度	空与非空	主键	其他
学员 ID	StudentID	char，10	允许空		
评审项编号	ItemID	char，10	允许空		
标准分	StandardMark	int，4	允许空		
评分结果	Result	float，8	允许空		
备注	PS	nvarchar，100	允许空		
评审项名称	ItemName	nvarchar，10	允许空		

说明：

表 4-7 记录了某个学员的项目开发评审跟踪的情况，与此表对应的功能需求有：学员查看个人项目信息，项目跟踪记录评分与查看，简单的数据查询功能。此表中的 StudentID 字段为 StudentsInfo 表的主键，因此为 DevelopeInspection 表的外键。

表 4-8 数据库备份记录信息表（BackupDBInfo）

字段中文描述	字　段	类型与长度	空与非空	主键	其他
备份文件名称	BackupName	nvarchar，50		是	
备份描述	BackupDesc	nvarchar，200	允许空		

（续）

字段中文描述	字　段	类型与长度	空与非空	主键	其他
备份日期	BackupDate	smalldatetime	允许空		
备份文件路径	BackupPath	nvarchar，200	允许空		

说明：

表 4-8 记录了用户在备份数据库时所提供的信息，包括备份文件名称、备份文件的描述和备份文件在服务器上的物理路径，供以后需要时查看。此表与系统的其他表存放在不同的数据库中。与此表对应的功能需求有：数据备份，备份信息查询。

数据库表间关系如图 4-14 所示。

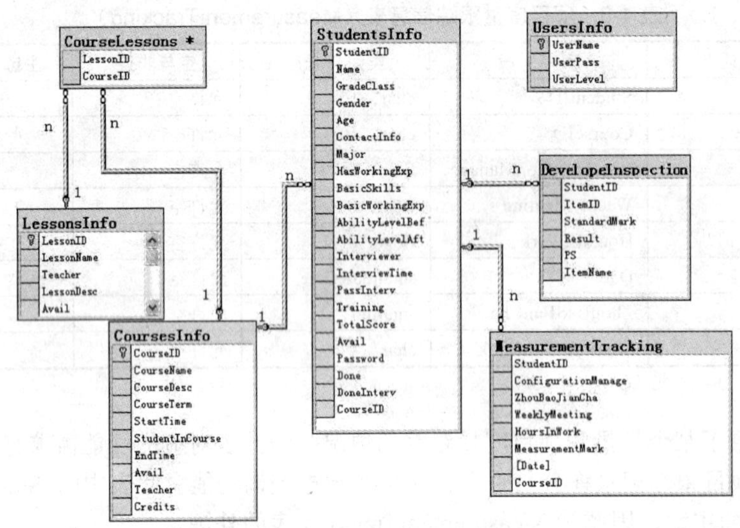

图 4-14　数据库表间关系图

说明：

1）由图 4-14 可知，LessonsInfo 表与 CoursesInfo 表通过 CourseLessons 表建立了关系。这样，通过 CourseLessons 表就能够实现在 CoursesInfo 表中的一条记录在 LessonsInfo 表中有多条与之对应。通过将 CoursesInfo 表与 CourseLessons 表连接，再与 LessonsInfo 表连接就可以得到与某一特定培训课程所对应的实训课程的信息了。

2）StudentsInfo 表中的 CourseID 字段为 CoursesInfo 表的主键，通过将 StudentsInfo 表与 CoursesInfo 表连接就可得到某一学员所选的课程，再通过上述方式，就可得到某一学员所选实训课程的信息及课程对应的培训课程的信息。

3）MeasurementTracking 表中的 StudentID 为 StudentsInfo 表中的主键，通过将 StudentsInfo 表与 MeasurementTracking 表连接就可得到某一学员的项目度量跟踪信息及学员的基本信息。

4）DevelopeInspection 表中的 StudentID 为 StudentsInfo 表中的主键，通过将 StudentsInfo 表与 DevelopeInspection 表连接就可得到某一学员的项目开发评审跟踪信息及学员的基本信息。

数据库表中关系映射主要包括：

- 一对一关系：对于一对一关系，可以在两个表中都引入外键，这样两个表之间可以进行双向导航，也可以根据具体情况，将两个数据对象组合成一张单独的表。

- 一对多关系：在这种映射关系中，可以将关联中的“一”端映射到一张表中，将关联中表示“多”的一端上的数据对象映射到带有外键的另外一张表中，使得外键满足关系引用的完整性。
- 多对多关系：由于记录的一个外键最多只能引用另外一条记录的一个主键值，因此，关系数据库模型不能在表之间直接维护一对多关系。为了表示多对多关系，关系模型必须引入一个关联表，将两个数据实体之间的多对多关系转换为一对多关系。

（3）物理结构设计

数据库的物理结构设计主要是考虑：数据在内存中的安排，包括对索引区、缓冲区的设计；对使用的外存设备及外存空间的组织，包括索引区、数据块的组织与划分；设置访问数据的方式方法。

例如，上面例子中的实训管理系统项目需在非系统卷（操作系统所在卷以外的其他卷）上安装 SQL Server 程序及数据库文件。

内存是影响 Microsoft SQL Server 系统性能的一个重要因素，应在 Microsoft SQL Server 数据库安装后进行内存选项（Memory）设置，最大配置值为 2GB。

为了确定 SQL Server 系统最适宜的内存需求，可以让 SQL Server 2000 自动与操作系统协调以得到最佳的性能，对 SQL 属性的配置如图 4-15 所示。

然后就可以按照设计好的数据库表用 SQL 语言建立数据库表。

数据库的设计是数据设计的核心，可以采用面向数据的方法，为此需要掌握数据库设计原理和规范，熟悉某些数据库管理系统以及数据库的优化技术，应用这些知识和技术，可以进行 E-R 图设计、数据字典设计、基本数据表设计、中间数据表设计、临时数据表设计、视图设计、索引设计、存储过程设计、触发器设计等。

为了提高系统的运行速度，增加代码的重用性，在数据库服务器上，提倡将一些公用的数据操作设计为存储过程，并尽量用存储过程代替触发器功能，减少触发器的数目，因为触发器数量的增加将严重降低系统的运行效率。

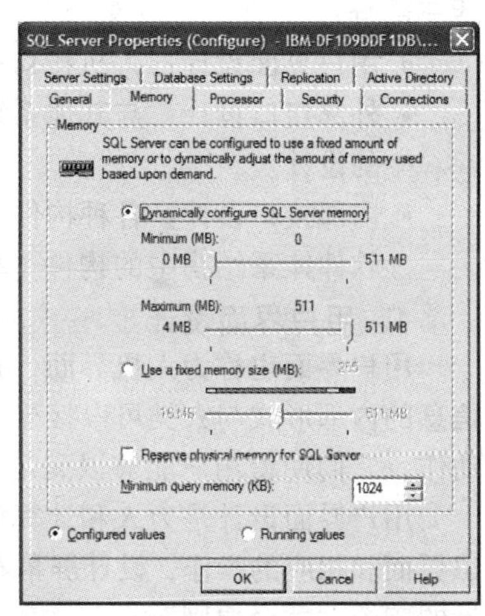

图 4-15　SQL Server 2000 配置图

2. 文件设计

文件设计的主要工作是根据使用要求、处理方式、存储的信息量、数据的灵活性以及所能提供的设备条件等，确定文件类型，选择文件媒体，决定文件组织方法，设计文件记录格式并估算文件的容量。要根据文件的特征来确定文件的组织方式：

1）顺序文件：主要包括连续文件和串联文件两种类型。连续文件是文件的全部记录顺序地存放在外存的一片连续区域中。这种文件组织的优点是存取速度快，处理简单，存储利用率高；缺点是事先需要定义该区域的大小，而且不能扩充。串联文件是文件记录成块地存放在外存中，在每一块中，记录顺序地连续存放，但是块与块之间可以不邻接，通过一个块拉链指针将它们顺序地链接起来。这种文件组织的优点是文件可以按需求扩充，存储利用率高；缺点是影响了存取和修改的效率。顺序文件记录的逻辑顺序与物理顺序相同，它适合于所有的文件存储媒体，通常最适合于顺序（批）处理，处理速度很快，但是记录的插入和删除很不方便，通常在磁带、打印机、只读光盘上的文件都采用顺序文件形式。

2）直接存取文件：直接存取文件记录的逻辑顺序与物理顺序不一定相同，但是记录的关键字值直接指定了该记录的地址，可以根据记录的关键字值，通过计算直接得到记录的存放地址。

3）索引顺序文件：其基本数据记录按照顺序文件组织，记录排列顺序必须按照关键字值升序或者降序安排，而且具有索引部分，索引部分也按照同一关键字进行索引。在查找记录时，可以先在索引中按照该记录的关键字值查找有关的索引项，待找到后，从该索引项取到记录的存储地址，再按照该地址检索记录。

4）分区文件：这类文件主要是存放程序，它由若干称为成员的顺序组织的记录组和索引组成。每一个成员是一个程序，由于各个程序的长度不同，所以各个成员的大小也不同，需要利用索引给出各个成员的程序名、开始存放位置和长度。只要给出一个程序名，就可以在索引中查找到该程序的存放地址和程序长度，从而取出该程序。

5）虚拟存储文件：这是基于操作系统的请求页式存储管理功能而建立的索引顺序文件，它的建立使用户能够统一处理整个内存和外存空间，从而方便了用户使用。

4.3.3 接口设计

软件接口设计相当于一组房屋门、窗和外部设施的详细描绘图（或者规格说明），主要包括三部分：

- 用户界面设计：人机接口的设计。
- 外部接口设计：与其他系统、设备、网络或者其他的信息产生者或使用者的外部接口的设计。
- 内部接口设计：各种构件（模块）之间的内部接口的设计，通过这些内部接口，使得软件体系结构中的构件（模块）之间能够进行内部通信和协作。

1. 用户界面设计

用户界面也称为人机界面，是人与计算机之间传递、交换信息的媒介和对话接口，实现信息的内部形式与人类可以接受的形式之间的转换。界面设计的目标是定义一组界面对象和动作，它们使得用户能够以满足系统所定义的每个使用目标的方式完成所有定义的任务。

用户界面设计是为人和计算机之间创建一个有效的沟通媒介，设计时遵循一定的原则标识界面和相应的操作，设计屏幕布局，以此作为用户界面原型的基础。Mandel总结了界面设计的三个“黄金原则”：

- 控制用户的想法。
- 尽可能减少用户记忆量。
- 界面最好有连续性。

这些原则形成了用户界面设计原理的基础，指导软件界面设计。用户界面设计的过程是循序渐进的递归过程，如图4-16所示。对界面设计完成之后，进行第一次的原型构造，然后用户评估这个原型。用户可以对界面进行直接评价和建议，设计者根据用户的评价和建议修改设计，然后再进行下一个原型的构造，循环这个过程，直到不需要对原型进行修改为止。根据这个设计流程，（采用一定的工具）开发一个操作原型界面，然后据此评估界面，以便验证是否满足了用户的要求，必要时进行修改，然后再评估，直到用户满意为止。

广义上讲，用户界面可以分三大类：

1）基于命令语言的界面：这种界面基于用户能够用来发布命令的一种命令语言。

2）基于菜单的界面：这种界面以命令名称的认知为基础，输入的工作量变得最少，大多数的交互都是通过使用一个指点设备进行菜单选择来完成。

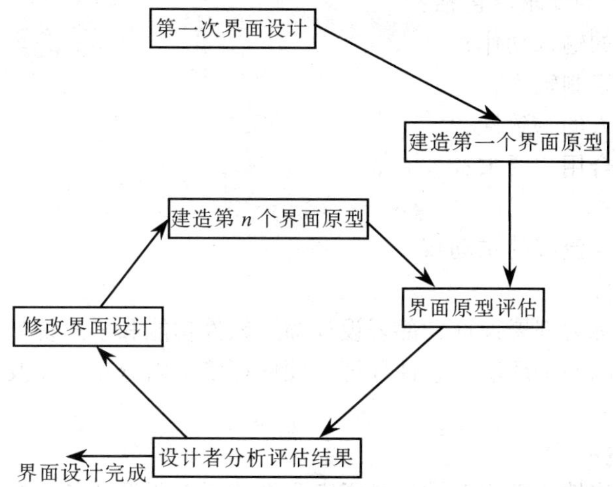

图 4-16 界面设计评估循环链

3）直接操作界面：这种界面以可视化模型的方式将界面呈现给用户，用户通过在对象的视觉呈现上执行动作来发布命令。

界面设计的初始过程可以创建可评估使用场景的原型，然后随着迭代设计过程的继续，可以采用界面开发工具完成界面的构造，基本步骤如下：

- 确定任务的目标；
- 将每个目标映射为一系列特定动作；
- 说明这些动作将来在界面上执行的顺序；
- 指明上述各动作序列中每个动作在界面上执行时界面呈现的形式；
- 定义便于用户修改系统状态的一些设置和操作；
- 说明控制机制怎样作用于系统状态；
- 指明用户应该怎样根据界面上反映出来的信息解释系统的状态。

人机界面设计的具体要求如下：

1）交互性方面的要求。包括：

- 一致性；
- 对任何有破坏性的操作需要确认；
- 任何操作允许退回原来界面；
- 减少操作中需记忆的信息量；
- 尽量减少击键次数；
- 进行出错处理；
- 合理布局；
- 提供上下文的帮助设施。

2）信息显示方面的要求。包括：

- 简单明了的信息表达；
- 采用统一的标号以及约定俗成的缩写和颜色；
- 用窗口将不同种类的信息分开；

- 只显示有意义的出错信息。

3）数据输入输出的要求。包括：

- 尽量减少用户的输入动作；
- 允许用户自主定制输入；
- 信息显示与输入的一致性；
- 交互方式应符合用户要求；
- 提供输入帮助；
- 让用户控制交互流程的主动权。

2．外部接口设计

外部接口设计也称为部署设计，部署设计描述软件功能和子系统如何在支持软件的物理计算环境（例如系统的网络环境、软件环境、硬件环境）内分布，以及系统如何部署，这也与系统模块相关。

3．内部接口设计

内部接口设计与构件（模块）设计是紧密联系的，需要设计各个构件（模块）之间的通信、协作，这部分可以结合构件（模块）设计部分给予描述。

4.3.4 构件设计

上面已经提到，在进行体系结构设计时，迭代式设计过程将体系结构不断精化为构件，所以，在体系结构设计第一次迭代完成之后，就开始了构件设计。体系结构设计相当于描绘了一个建筑房屋的房间的整体布局，构件（模块）设计类似于房屋中每个房间的一组详细绘图，这些绘图描述了每个房间内的布线和管道。

构件是软件中的一个模块化的构造块，是完成系统需求目标的重要基础。构件（模块）存在于软件体系结构中，它们需要与其他构件和软件边界之外的实体进行通信和合作，这就涉及内部接口和外部接口设计。

构件设计主要是根据需求规格说明完成软件构件（模块）的划分，以及构件（模块）之间关系的确定，所以，构件设计是从高层到低层不断分解系统构件（模块）的过程，如图 4-17 所示。

从根本上讲，软件构件设计方法主要还是结构化设计方法和面向对象设计方法。

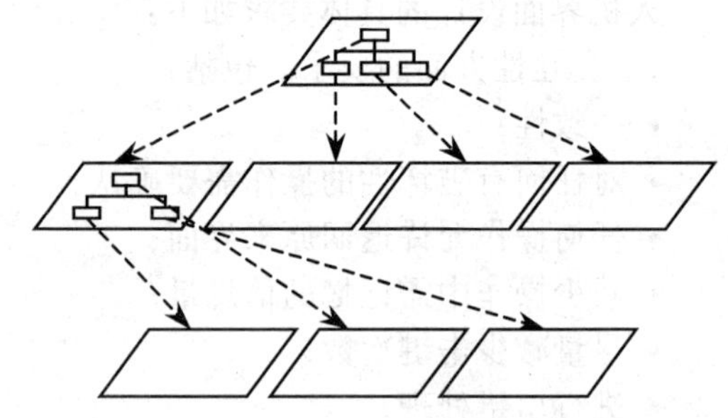

图 4-17 设计的分解过程

在结构化软件工程环境中，一个构件就是程序的一个功能要素，也称为模块。程序是由处理逻辑及实现处理逻辑所需要的内部数据以及能够保证构件被调用和实现数据传递的接口构成。与面向对象中的构件类似，传统的结构化软件构件也来自于分析模型，是以分析模型中的数据流要素作为导出构件的基础。数据流图最底层的每个变换被映射为某一层次的模块。

例如，我们要为某高级打印室构建一个软件系统，其目的是收集客户的需求。如果采用结构化设计，在分析模型建立过程中，导出了一组数据流图，在设计过程中，将这些数据流映射到图 4-18 所示的体系结构图中，图中每个方框表示一个模块。还要明确定义模块之间的接口，即每个接口的数据或者控制对象需要明确加以说明。可以根据情况对于模块内部采用逐步求精的方法设计，更详细的部分可以作为详细设计。

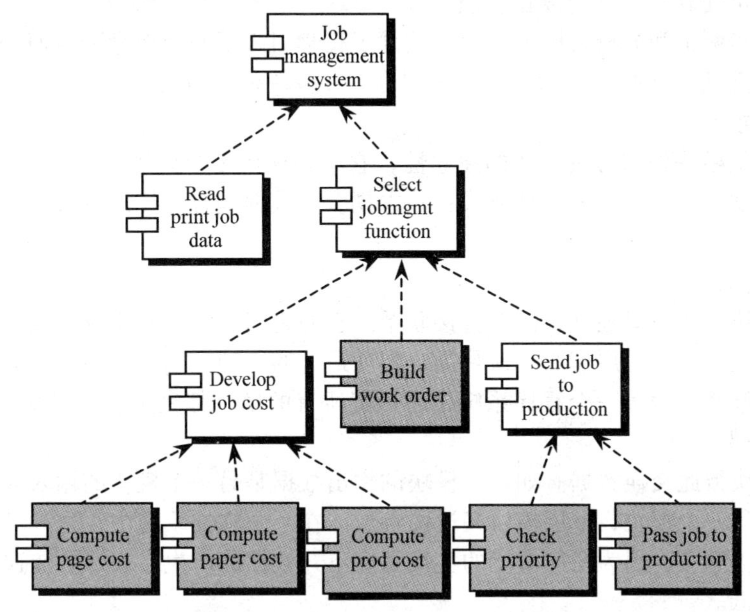

图 4-18 传统的结构化设计的体系结构图

在面向对象软件工程环境中，构件包括了一个协作类集合，构件中的每一个类都被详细阐述，包括所有的属性和与其实现相关的操作。所有与其他类相互通信协作的接口（消息）必须予以定义。

例如，对于上面的高级打印室项目采用面向对象方法构建，在需求分析阶段，得到一个 PrintJob 类，如图 4-19 所示，在设计阶段将其设计为一个构件，即一个类 PrintJob，它有两个接口——computeJob 和 initiateJob，为了进一步对类进行描述，需要细化构件设计（类设计），即需要对构件 PrintJob 进一步描述，需要补充作为类的全部属性和操作。在设计阶段，体系结构中的每个构件都需要进行细化，即需要对每一个属性、每一个操作和每一个接口进行更进一步的细化，也就是详细设计（这部分的详细程度，可以根据具体情况而定）。

模块化是软件设计和开发的基本原则和方法，是概要设计最主要的工作。模块的划分应遵循一定的要求，以保证模块划分合理，并进一步保证以此为依据开发出的软件系统可靠性强，易于理解和维护。根据软件设计的模块化、抽象、信息隐蔽和局部化等原则，可直接得出模块化独立性的概念。所谓模块独立性（module independence），即不同模块相互之间联系尽可能少，尽可能减少公共的变量和数据结构。一个模块应尽可能在逻辑上独立，有完整单一的功能。

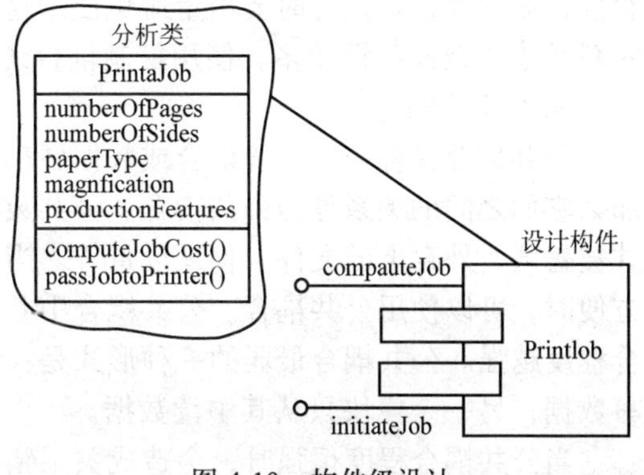

图 4-19 构件级设计

模块独立性是软件设计的重要原则。具有良好独立性的模块划分，模块功能完整独立，数据接口简单，程序易于实现，易于理解和维护。独立性限制了错误的作用范围，使错误易于排除，因而可使软件开发速度快，质量高。

为了进一步测量和分析模块独立性，软件工程学引入了两个概念，从两个方面来定性地度量模块的独立性，这两个概念是模块的耦合度和模块的内聚度。

1. 耦合度

耦合度是从模块外部考察模块的独立性，它用来衡量多个模块间的相互联系。

模块间的耦合类型有以下几种方式：独立耦合，数据耦合，控制耦合，公共耦合，内容耦合。

（1）独立耦合

指两个模块彼此完全独立，没有直接联系。它们之间的唯一联系仅仅在于它们同属于一个软件系统或同有一个上层模块。这是耦合程度最低的一种。当然，系统中只可能有一部分模块属于这种联系，因为一个程序系统中不可能所有的模块都完全没有联系。

（2）数据耦合

指两个模块彼此交换数据。如一个模块的输出数据是另一个模块的输入数据，或一个模块带参数调用另一个模块，下层模块又返回参数。在一个软件系统中，这种耦合是不可避免的，且有其积极意义。因为任何功能的实现都离不开数据的产生、表示和传递。数据耦合的联系程度也较低。

（3）控制耦合

在调用过程中，若两个模块间传递的不是数据参数而是控制参数，则模块间的关系即为控制耦合。控制耦合属于中等程度的耦合，较之数据耦合其模块间的联系更为紧密。但控制耦合不是一种必须存在的耦合。

当被调用模块接收到控制信息作为输入参数时，说明该模块内部存在多个并列的逻辑路径，即有多个功能，控制变量用以从多个功能中选择所要执行的部分，因而控制耦合是完全可以避免的。排除控制耦合可按如下步骤进行：

1）找出模块调用时所用的一个或多个控制变量；

2）在被调模块中根据控制变量找出所有的流程；

3）将每一个流程分解为一个独立的模块；

4）将原被调模块中的流程选择部分移到上层模块，变为调用判断。

通过以上变换，可以将控制耦合变为数据耦合。由于控制耦合增加了设计和理解的复杂程度，因此在模块设计时要尽量避免使用这种耦合。当然，如果模块内每一个控制流程规模相对较小，彼此共性较多，使用控制耦合还是合算的。

（4）公共耦合

公共耦合又称公共环境耦合或数据区耦合。若多个模块对同一个数据区进行存取操作，那么它们之间的关系称为公共耦合。公共数据区可以是全程变量、共享的数据区、内存的公共覆盖区、外存上的文件、物理设备等。当两个模块共享的数据很多，通过参数传递可能不方便时，可以使用公共耦合。公共耦合中共享数据区的模块越多，数据区的规模越大，则耦合程度越强。公共耦合最弱的一种形式是：两个模块共享一个数据变量，一个模块只向其中写数据，另一个模块只从其中读数据。

当公共耦合程度很强时，会造成关系错综复杂、难以控制，错误传递机会增加，系统可靠性降低，可理解性、维护性差。

（5）内容耦合

内容耦合是耦合程序最高的一种形式。若一个模块直接访问另一个模块的内部代码或数据，即出现内容耦合。内容耦合的存在严重破坏了模块的独立性和系统的结构化，代码互相纠缠，运行错综复杂，程序的静态结构和动态结构很不一致，其恶劣结果往往不可预测。

内容耦合往往表现为以下几种形式：

- 一个模块访问另一个模块的内部代码或数据；
- 一个模块不通过正常入口而转到另一个模块的内部(如使用 GOTO 语句或 JMP 指令直接进入另一个模块内部）；
- 两个模块有一部分代码重叠（可能出现在汇编程序中，在一些非结构化的高级语言如 COBOL 中也可能出现）；
- 一个模块有多个入口（这意味着一个模块有多种功能）。

一般来讲，在模块划分时，应当尽量使用数据耦合，少用控制耦合（尽量转成数据耦合），限制公共耦合的范围，完全不用内容耦合。

2．内聚度

内聚度（cohesion）是模块内部各成分（语句或语句段）之间的联系。显然，模块内部各成分联系越紧，即其内聚度越大，模块独立性就越强，系统越易理解和维护。具有良好内聚度的模块应能较好地满足信息局部化的原则，功能完整单一。同时，模块的高内聚度必然导致模块的低耦合度。理想的情况是：一个模块只使用局部数据变量，完成一个功能。

按由弱到强的顺序，模块的内聚度可分为以下 7 类。

（1）偶然内聚

块内的各个任务（通过语句或指令来实现的）之间没有什么有意义的联系，它们之所以能构成一个模块完全是偶然的原因。如图 4-20 所示。

模块 T 中有三条语句，至少从表面上看不出这三条语句之间有什么联系，只是由于 P、Q、R、S 这四个模块中都有这三条语句，为了节省空间才把它们作为一个模块放在一起，这完全是偶然性的。偶然内聚的模块有很多缺点：由于模块内没有实质性的联系，很可能在某种情况下一个调用模块需要对它修改而别的模块不需要，这时就很难处理。同时，这种模块的含义也不易理解，甚至难以为它取一个合适的名字，偶然内聚的模块也难于测试。所以，在空间允许的情况下，不应使用这种模块。

（2）逻辑内聚

一个模块完成的任务在逻辑上属于相同或相似的一类（例如，用一个模块产生各种类型的输出），则该种模块内的联系称为逻辑内聚。如图 4-21a 和图 4-21b 所示。

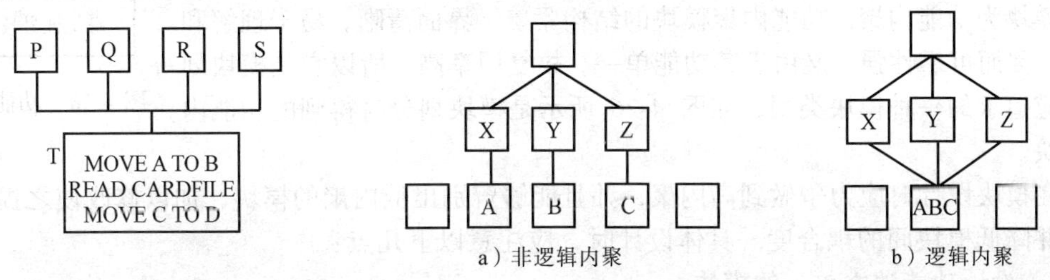

图 4-20 偶然内聚

图 4-21 逻辑内聚与非逻辑内聚

在图 4-21a 中，模块 A、B、C 的功能相似但不相同，如果把它们合并成一个模块 ABC，如图 4-21b 所示，则这个模块就为逻辑内聚，因为它们是由于逻辑上相似而发生联系的。逻辑内聚是一种较弱的联系。实际执行时，当 X、Y、Z 调用合成的模块 ABC 时，由于原 A、B、C 模块并不完全相同，所以还要判别是执行不同功能的哪一部分。

逻辑内聚存在的问题是：

1）修改困难，调用模块中有一个要对其改动时，还要考虑到其他调用模块；

2）模块内需要增加开关，以判别是谁调用，因而增加了块间联系；

3）实际上每次调用只执行模块中的一部分，而其他部分也一同被装入内存，因而效率不高。

（3）时间内聚

时间内聚是指一个模块中包含的任务需要在同一时间内执行（如初始化、结束等所需操作），如图 4-22 所示。与偶然内聚和逻辑内聚相比，这种内聚类型要稍强些，因为至少在时间上这些任务是可以一起完成的。但时间内聚和偶然内聚、逻辑内聚一样，都属低内聚度类型。

姓名检索缓冲区冲空
单位检索缓冲区冲空
年龄检索缓冲区冲空
打开姓名索引
打开单位索引
打开年龄索引

图 4-22 时间内聚

（4）过程内聚

如果一个模块内的各个处理元素是相关的，而且必须按固定的次序执行，这种内聚就叫做过程内聚。过程内聚的各模块内往往体现为有次序的流程，如图 4-23 所示的处理模块。

接收考试成绩
成绩排序
选择前十名

图 4-23 过程内聚

（5）通信内聚

若一个模块中的各处理元素需引用共同的数据（同一数据项、数据区或文件），则称其元素间的联系为通信内聚。通信内聚的各部分间是借助共同使用的数据联系在一起的，故有较好的可理解性，如图 4-24 所示。通信内聚和过程内聚都属中内聚度型模块。

记录考试成绩
打印成绩通知书

图 4-24 通信内聚

（6）顺序内聚

若一个模块内的各处理元素关系密切，必须按规定的处理次序执行，则这样的模块为顺序内聚类型。顺序内聚的模块内，后执行的语句或语句段往往依赖先执行的语句或语句段，以先执行的部分为条件。由于模块内各处理元素间存在着这种逻辑联系，所以顺序内聚模块的可理解性很强，属高内聚度类型模块，如图 4-25 所示的例子。

接收身份证号
身份证号校验
身份证号查询

图 4-25 顺序内聚

（7）功能内聚

功能内聚是内聚度最高的一种模块类型。如果模块仅完成一个单一的功能，且该模块的所有部分是实现这一功能所必需的，没有多余的语句，则该模块为功能内聚。功能内聚模块的结构紧凑、界面清晰，易于理解和维护，因而可靠性强；又由于其功能单一，故复用率高。所以它是模块划分时应追求的一种模块类型，如图 4-26 所示是模块划分时得到的功能内聚模块。

身份证号校验

图 4-26 功能内聚

在模块设计时应力争做到高内聚，并且能够辨别出低内聚的模块，加以修改使之提高内聚度并降低模块间的耦合度。具体设计时，应注意以下几点：

1）设计功能独立单一的模块；

2）控制使用全局数据；

3）模块间尽量传递数据型信息。

构件（模块）设计的最终目的是将数据模型、架构模型、界面模型变为可以操作的软件。模块设计的详细程度可以根据项目的具体情况而定。在概要设计的时候，可以根据具体要求对各个模块内部进行详细设计。如果某项目开发过程中不存在详细设计过程，则可以将构件（模块）设计得尽可能详细，这样概要设计和详细设计合为一个过程。

4.4 结构化的设计方法

结构化设计方法是在模块化、自顶向下逐步细化及结构化程序设计技术基础上发展起来的，典型的结构化设计方法是把一个系统视为一系列能够执行各项功能的函数，每一个函数也可以被分解为更加详细的子函数，并可以一直分解下去。设计方法主要有功能模块划分、面向数据流的设计、面向事务的设计、输入/输出设计等。

4.4.1 功能模块划分

这个设计方法是根据功能进行分解，分解出一些模块，设计者从高层到低层一层一层进行分解，每层都有一定的关联关系，每个模块具有特定、明确的功能，每个模块的功能是相对独立的，同时是可以集成的。这个方法在传统的软件工程中已经被普遍接受。模块划分应该体现信息隐藏、高内聚、松耦合的特点。

模块结构图是结构化设计的主要工具，它是由美国的 Yourdon 在 1974 年提出来的，并用于描述软件系统的组成结构及其相互关系，它既反映了整个系统的结构（即模块划分），也反映了模块之间的关系。图 4-27 是一个模块结构图，基本图形符号包括：模块，调用，模块之间的通信。

- 模块：用矩形来表示软件系统中的一个模块，框中写模块的名字。
- 调用：使用带箭头的线段表示模块之间的调用关系，它连接调用和被调用模块，箭头指向被调用模块，箭头出发模块为调用模块。根据调用关系，模块可相对地分为上层模块和下层模块。具有直接调用关系的模块之间相互称为直接上层模块和直接下层模块。通过调用，各个模块可以有机地组织在一起，协调完成系统功能。
- 模块之间的通信：用箭头表示在调用过程中模块之间传递的信息。箭头的方向和名字分别表示调用模块和被调用模块之间信息的传递方向和内容。

如图 4-28 所示就是一个功能模块划分的例子。

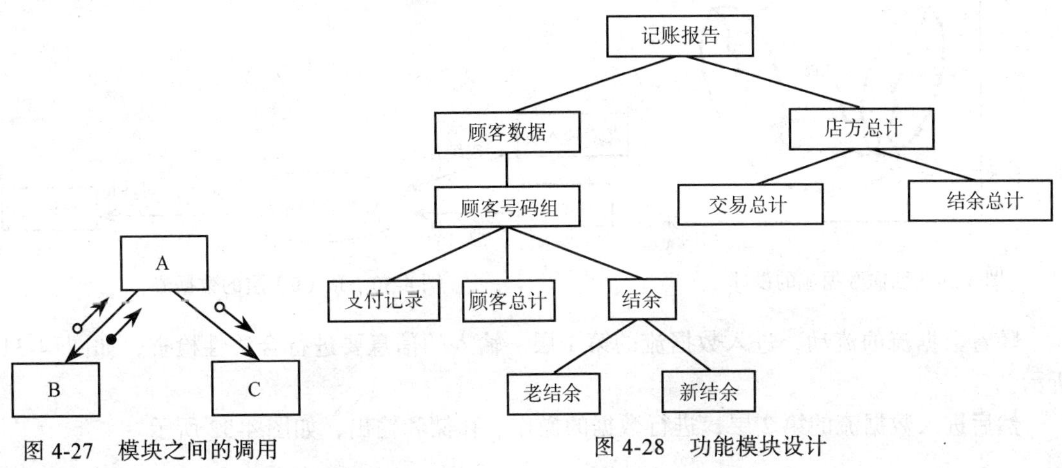

图 4-27 模块之间的调用

图 4-28 功能模块设计

4.4.2 面向数据流的设计

面向数据流的设计方法也称为过程驱动的设计方法，这种方法与需求阶段的结构化方法衔接，可以方便地将数据图表示的信息转化为程序结构的设计描述，因此能与编码阶段的“结构化程序设计方法”相适应。

面向数据流的设计是基于外部的数据结构进行设计的一种方法，目标是给出设计软件结构的一个系统化途径。根据数据流，采用自顶向下逐步求精的设计方法，按照系统的层次结构进行逐步分解，并以分层的数据流图反映这种结构关系。这种设计方法能清楚地表达和容易理解整个系统，为了表达数据处理过程的数据加工情况，需要采用层次结构的数据流图。面向数据流的设计方法定义了一些“映射”，利用这些“映射”可以将数据流图变换成软件结构。因为任何软件系统都可以用数据流图表示，所以这个方法理论上可用于设计任何软件的结构。它的基本原理是系统的信息以“外部世界”的形式进入软件系统，经过处理之后再以“外部世界”的形式离开系统。如图 4-29 所示，信息沿着输入通道进入系统，同时由外部形式变化为内部形式，进入系统的信息变换中心，经过加工处理以后，再沿着输出通道变化为外部形式，离开软件系统。

面向数据流的设计方法可以将数据流图中表示的数据流映射成软件结构：

- 精化数据流，对需求分析阶段得出的数据流图复查，确保模型正确，同时使数据流图中的每个处理代表一个规模适中、相对独立的子功能。
- 确定数据流图中数据流的类型。
- 导出初始的软件结构图。
- 对软件结构图进行逐级分解，可分为一级、二级或更多级别。
- 精化软件结构。
- 导出接口描述和全局数据结构，对于每个模块，定义该模块的信息、接口信息以及全局数据结构的描述。

下面以一个学生成绩管理系统为例来说明面向数据流的设计方法，图 4-30 是数据流的最顶层（0层）。

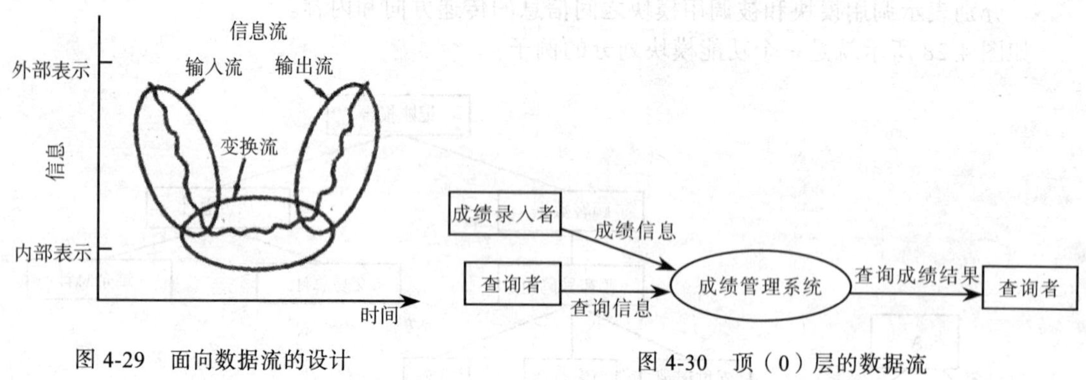

图 4-29 面向数据流的设计

图 4-30 顶（0）层的数据流

随着数据流的流动，进入数据流的第 1 层。输入的信息要进行合法性检查，如图 4-31 所示。

然后进入数据流的第 2 层，进行数据的操作、存储和输出，如图 4-32 所示。

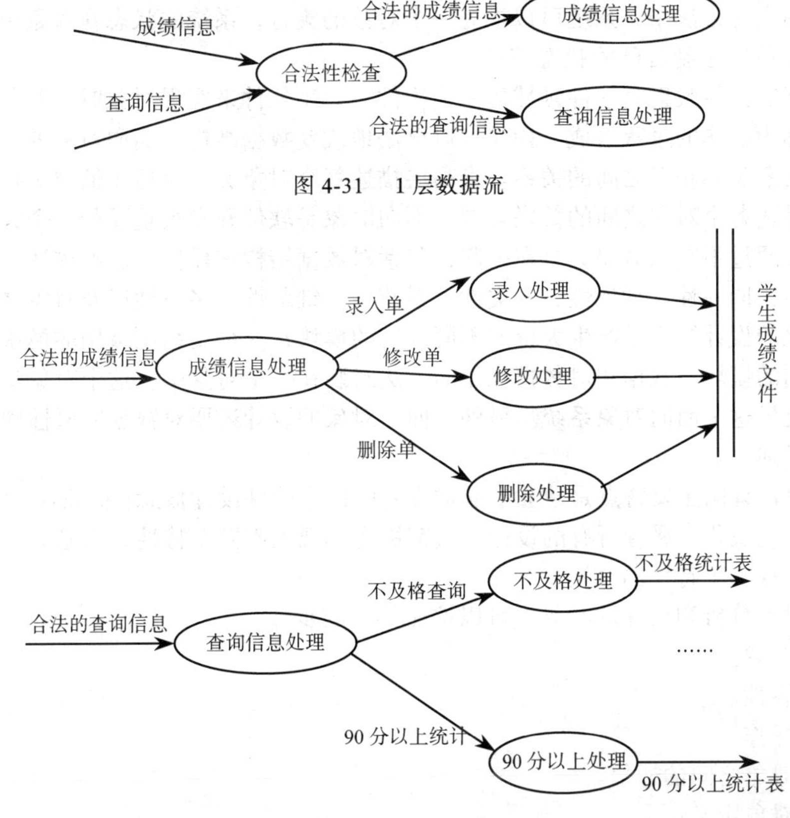

图 4-31　1 层数据流

图 4-32　2 层以上的数据流

4.4.3　输入/输出设计

这个方法类似于黑盒设计方法，它是基于用户的输入进行设计。高层描述用户的所有可能输入，低层描述针对这些输入的系统完成什么功能。可以采用 IPO（输入/处理/输出）图表示设计过程。IPO 图使用的基本符号既少又简单，因此很容易学会使用这种图形工具。它的基本形式是在左边的框中列出有关的输入数据，中间的框内列出主要的处理，右边的框内列出产生的输出数据。处理框中列出的处理次序暗示了执行的顺序，但是用这些基本符号还不足以精确描述执行处理的详细情况。在 IPO 图中还用粗大箭头清楚地指出数据通信的情况，图 4-33 就是一个文件更新的例子，通过这个例子不难了解 IPO 图的用法。

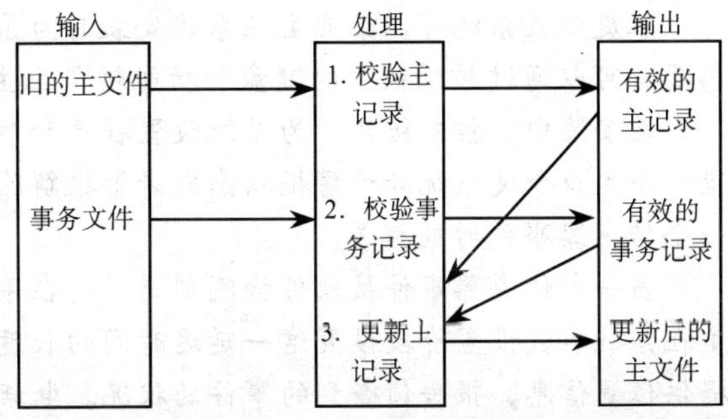

图 4-33　IPO 图的例子

4.5　面向对象的设计方法

面向对象设计（OOD）是将面向对象分析方法建立的（需求）分析模型转化为构造软件的设计模型。要明白很多面向对象开发的概念，例如类、对象、属性、封装性、继承性、多态性、对象之间的引用等，以及体系结构、类的设计、用户界面设计等面向对象设计方法。在面向对象的设计方法中，系统可以视为一个对象的集合，系统的状态在对象中是分散的，并且每个对象可以控制自己的状态信息。

对象是真实世界映射到软件领域的一个构件，当用软件来实现对象时，对象由私有的数据结构和被称为操作的过程组成，操作可以合法地改变数据结构。面向对象的设计方法是表示出所有的对象类和相互之间的关系。最高层描述每个对象类，然后（低层）描述对象的属性和活动，描述各个对象之间的关联关系。面向对象是软件开发很重要的一个方法，它将问题和解决方案通过不同的对象集合在一起，包括对数据结构和操作方法的描述。面向对象方法有 7 个属性：同一性、抽象性、分类性、封装性、继承性、多态性以及对象之间的引用。

面向对象的设计结果是产生大量的不同级别的模块，一个主系统级别的模块可以组成很多子系统级别的模块。数据和对数据操作的方法封装在一个对象中，这个对象就是前面的模块，它们构成了这个面向对象系统。另外，面向对象的设计还要对数据的属性和相关的操作进行详细的描述。

面向对象设计的主要特点是建立了非常重要的四个软件设计概念：抽象性、信息隐藏性、功能独立性和模块化。尽管所有的设计方法都极力体现上面四个特性，但是只有面向对象方法提供了实现这四个特性的机制。

在进行对象分析和设计的时候，可以按照如下的步骤：

1）识别对象。

2）确定属性。

3）定义操作。

4）确定对象之间的通信。

5）完成对象定义。

4.5.1 识别对象

识别对象首先需要对系统进行描述，然后对系统描述进行语法分析，找出名词或者名词短语，根据这些名词或者名词短语确定对象，对象可以是外部实体（external entity）、物（thing）、发生（occurrence）或者事件（event）、角色（role）、组织单位（organizational unit）、场所（place）、结构（structure）等。

下面举例说明如何确定对象。假设我们需要设计一个家庭安全系统，这个系统的描述如下：

家庭安装系统可以让业主在系统安装时为系统设置参数，可以监控与系统连接的全部传感器，可以通过控制板上的键盘和功能键与业主交互作用。

在安装中，控制板用于为系统设置程序和参数，每个传感器被赋予一个编号和类型，设置一个主口令使系统处于警报状态或者警报解除状态，输入一个或者多个电话号码，当发生一个传感器事件时就拨号。

当一个传感器事件被软件检测到时，连在系统上的一个警铃鸣响，在延迟一段时间（业主在系统参数设置阶段设置这一延迟时间的长度）之后，软件拨一个监控服务的电话号码，提供位置信息，报告侦查到的事件的状况。电话号码每 20 秒重拨一次，直到电话接通为止。

所有与家庭安全系统的交互作用都是由一个用户交互作用子系统完成的，它读取由键盘及功能键提供的输入，在 LCD 显示屏上显示业主住处和系统状态信息。

通过语法分析，提取名词，提出潜在的对象：房主、传感器、控制板、安装、安全系统、编号、类型、主口令、电话号码、传感器事件、警铃、监控服务等。

这些潜在对象需要满足一定的条件才可以称为正式对象，当然在确定对象的时候有一定的主观性。Coad 和 Yourdon 提出了 6 个特征来考察潜在的对象是否可以作为正式对象，这 6 个特征是：

- 包含的信息。该对象的信息对于系统运行是必不可少的情况下，潜在对象才是有用的。
- 需要的服务。对象必须具有一组能以某种方式改变其属性值的操作。
- 多重属性。一个只有一个属性的对象可能确实有用，但是将它表示成另外一个对象的属性可能会更好。
- 公共属性。可以为对象定义一组公共属性，这些属性适用于对象出现的所有场合。
- 公共操作。可以为对象定义一组公共操作，这些操作适用于对象出现的所有场合。
- 基本需求。出现在问题空间里，生成或者消耗对系统操作很关键的信息的外部实体，几乎总是被定义为对象。

当然可以根据一定的条件和需要设定潜在的对象为正式的对象，必要的时候需要增加对象。

4.5.2 确定属性

为了找出对象的一组有意义的属性，可以再研究系统描述，选择合理的与对象相关联的信息。例如对象“安全系统”，其中房主可以为系统设置参数，如传感器信息、报警响应信息、起动/撤销信息、标识信息等。这些数据项表示如下：

传感器信息＝传感器类型+传感器编号+警报临界值

报警响应信息=延迟时间+电话号码+警报类型

起动/撤销信息=主口令+允许尝试的次数+暂时口令

标识信息=系统表示号+验证电话号码+系统状态

等号右边的每一个数据项可以进一步定义，直到成为基本数据项为止，由此可以得到对象“安全系统”的属性表如图 4-34 所示。

Object :System

System ID
Verification phone number
System status
System table
    Sensor type
    Sensor number
    Alarm threshold
Alarm delay time
Telephone number(s)
Alarm type
Master password
Temporary password
Number of tries

图 4-34 定义属性的对象

4.5.3 定义操作

一个操作以某种方式改变对象的一个或者多个属性值，因此，操作必须了解对象属性的性质，操作能处理从属性中抽取出来的数据结构。为了提取对象的一组操作，可以再研究系统的需求描述，选择合理的属于对象的操作。为此可以进行语法分析，隔离出动词，某些动词是合法的操作，很容易与某个特定的对象相联系。如上面的系统描述中，可以知道“传感器被赋予一个编号和类型”或者“设置一个主口令使系统处于警报状态或警报解除状态”，它们说明：

- 一个赋值操作与对象传感器相关。
- 对象系统可以加上操作设置。
- 处于警报状态和警报解除状态是系统的操作。

分析语法之后，通过考察对象之间的通信，可以获得相关对象的更多的认识，对象靠彼此之间发送消息进行通信。

4.5.4　确定对象之间的通信

建立一个系统，仅仅定义对象是不够的，在对象之间必须建立一种通信机制，即消息。要求一个对象执行某个操作，就要向它发送一个消息，告诉对象做什么。收到者（对象）响应消息的过程是：首先选择符合消息名的操作并执行，然后将控制返回给使用者。消息机制对一个面向对象系统的实现是很重要的。

4.5.5　完成对象定义

前面从语法分析中选取了一些操作，还可以考虑对象的生存期以及对象之间传递的消息确定其他操作。对象必须被创建、修改、处理或者以某种方式读取或者删除，所以能够定义对象的生存期。考察对象在生存期内的活动，可以定义一些操作。从对象之间的通信可以确定一些操作，例如传感器事件会向系统发送消息以显示（display）事件位置和编号；控制板会发送一个重置（reset）消息以更新系统状态；警铃会发送一个查询（query）消息；控制板会发送一个修改（modify）消息以改变系统的一个或者多个属性；传感器事件也会发送一个消息呼叫（call）系统中包含的电话号码。最后，这个对象系统的定义如图4-35所示。

Object :System
System ID Verification phone number System status System table 　Sensor type 　Sensor number 　Alarm threshold Alarm delay time Telephone number(s) Alarm type Master password Temporary password Number of tries
Program Display Reset Query Modify Call

图4-35　System对象的定义

这个对象包括了一个私有的数据结构和相关的操作，对象还有一个共享的部分，即接口，消息通过接口指定需要对象中的哪一个操作，但不指定操作怎样实现，接收消息的对象决定要求的操作如何完成。用一个私有部分定义对象，并提供消息来调用适当的操作，这样就实现了信息隐藏，软件元素用一种定义良好的接口机制组织在一起。

我们看如下的一个加油服务站系统的需求：

1）客户可以选择在消费的时候自动结账或者将月结账单发送过去，这两种情况下客户都可以选择使用现金、信用卡和个人支票结账。加油服务站系统的燃油根据是柴油、普通油还是高级油每加仑价格不同。服务费用是根据部件和人力成本计算的，停车费用可以按照天、周、月计算，燃油的价格、维修费用、零部件的价格、停车的价格可能会不同，只有服务站经理Manny可以进入、修改这个价格系统。Manny可以根据一定的判断，决定给特定的客户一定的折扣，这个折扣也会根据客户的不同而不同。同时地方销售税是5%。

2）系统可以跟踪每月的账单，加油服务站提供的产品和服务需要每天跟踪。跟踪的结果可以随时上报给经理。

3）加油站经理通过这个系统控制产品的进货目录，当产品目录说明缺货的时候，系统要提示，并自动下订单购买元器件和燃油。

4）系统跟踪客户的历史信誉，对那些逾期未付账的客户发送警告函。客户消费后的第二月的第一天将账单发送给客户。付款的期限是下月的第一天。在付款期限后90天内没有付款的客户将取消客户信誉。

5）这个系统只提供给定期常用客户使用，所谓定期常用客户是指在至少 6 个月内、每月至少到加油服务站消费一次的客户，这些客户是通过姓名、地址和生日标识的。

6）系统必须为其他系统提供数据接口。信誉卡系统需要处理产品和服务信誉卡事务。信誉卡使用信誉卡号、姓名、截止日期、购买数量等信息，收到这些信息后，信誉卡系统来确定这个事务处理是否可以通过。元器件订购系统收到元器件代码、数量等信息后，将返回元器件提交的日期。燃料订购系统需要燃料的描述信息，包括燃料的类型、加仑数、服务站名称、服务站标识号，同时提交燃料提交的日期。

7）系统必须记录税费及其相关信息，包括每个客户需要交付的税费和每项需要交付的税费。

8）加油服务站经理需要的时候可以浏览税费记录。

9）这个系统定期给客户发送信息，提醒他们车辆需要维护了，正常情况下车辆每 6 个月需要维护一次。

10）客户可以按天租加油站的停车场，每个客户可以通过系统租空闲的停车场。加油站经理可以看到停车场经营的月报，月报说明停车场有多少空闲、多少占用。

11）系统可以维护账务信息库，可以通过账号和客户名字来查询。

12）加油站经理可以按照需要浏览账目信息。

13）系统可以为加油站经理按照需要提供价格和折扣分析报告。

14）系统可以自动通知休眠账户，也就是与两个月没有来加油站消费的客户取得联系。

15）这个系统需要全天 24 小时运行。

16）这个系统必须保护客户的信息不被非法访问。

根据这个需求我们的设计过程如下：首先，我们采用 UML 类图，这些图可以描述对象以及它们之间的关系。通过类图说明每个对象的属性、行为，以及每个类或者对象的约束条件。

首先我们看需求中的名词，我们先关注一些特殊的项，例如我们先考虑需求规格说明中的第 1 项需求，从上面的需求陈述，我们暂时确定如下类：

- Personal check（个人支票）
- Paper bill（账单）
- Credit card（信用卡）
- Customer（顾客）
- Station manager（加油站经理）
- Purchase（购买）
- Fuel（燃料）
- Services（服务）
- Discounts（折扣）
- Tax（税费）
- Parking（停车）
- Maintenance（维修）

- Cash（现金）
- Prices（价格）

通过思考下面的问题指导我们设计类：

- 应该处理什么？
- 哪些项有多个属性？
- 什么时候一个类有多个对象？
- 哪些是基于需求本身确定的，而不是通过自己的理解而确定的？
- 什么属性和操作是对象和类一直可用的？

通过回答这些问题，我们暂时确定候选的对象和类，如表 4-9 所示。

接下来我们再考虑系统其他的需求，看看在这个表中我们是否可以增加一些信息。我们看需求规格说明中的第 5 项需求和第 9 项需求，通过分析我们又增加了候选类，将表 4-9 修改为表 4-10。

表 4-9 第一步：属性和类的第一次分组

属　性	类
Personal check	Customer
tax	maintenance
price	services
cash	parking
Credit card	fuel
Discounts	bill
	purchase
	Station manager

表 4-10 第二步：属性和类的第二次分组

属　性	类
Personal check	Customer
tax	maintenance
price	services
cash	parking
Credit card	fuel
discounts	bill
birthdate	purchase
name	Periodic message
address	Station manager

接下来我们考虑需求规格说明中的所有 16 项需求，这样我们的表 4-10 变为了表 4-11，至此应该有了所有需要的类：

表 4-11 第三步：属性和类的第三次分组

属　性	类
Personal check	Customer
tax	maintenance
price	services
cash	parking
Credit card	fuel
discounts	bill
birthdate	purchase
name	Periodic message
address	Station manager
	Warning letter
	Parts
	Accounts
	Inventory
	Credit card system
	Part-ordering system
	Fuel-ordering system

下一步，我们需要在设计中表示行为，从需求陈述中，我们关注动词，考虑几个方面：主动词，被动词，行动，提示的事件，角色，操作过程，提供的服务。

行为是一个类或者对象的动作，例如给客户结账就是一个行为，它是加油服务站系统中的一个活动。为了更好地管理对象、类以及行为，我们采用 UML 图来描述它们之间的关系，图 4-36 表达了一个类，最上面是类名，中间是属性信息，最下面是操作。

一般来说，各种类之间的关系主要有 4 种：继承关系（inheritance）或者生成关系（generalization）、关联关系（association）、集合关系（aggregation）、组成关系（composition）。例如，如图 4-37 所示，Fuel

与 Diesel Fuel 的关系就是继承关系，Saleperson 与 order 是关联关系，每个 order 都对应一个 Saleperson。Ordered Item 是 order 的一部分，它们是组成关系，而每个 Customer 都有一个 order，它们是集合关系。

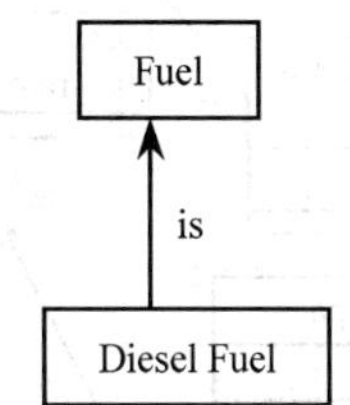

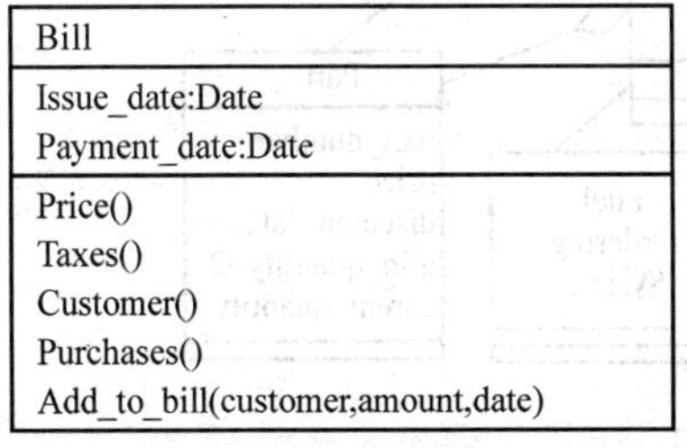

图 4-36　表示 Bill 类

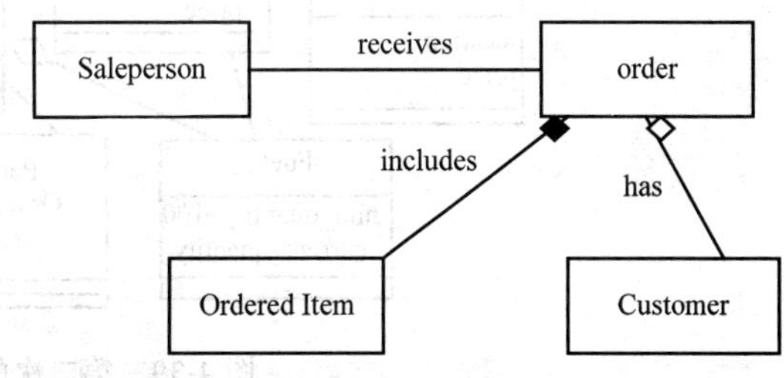

图 4-37　类之间的关联关系

图 4-38 描述了我们在表 4-9 中的设计结果，图 4-39 描述了我们在表 4-10 中的设计结果，图 4-40 描述了我们在表 4-11 中的设计结果。

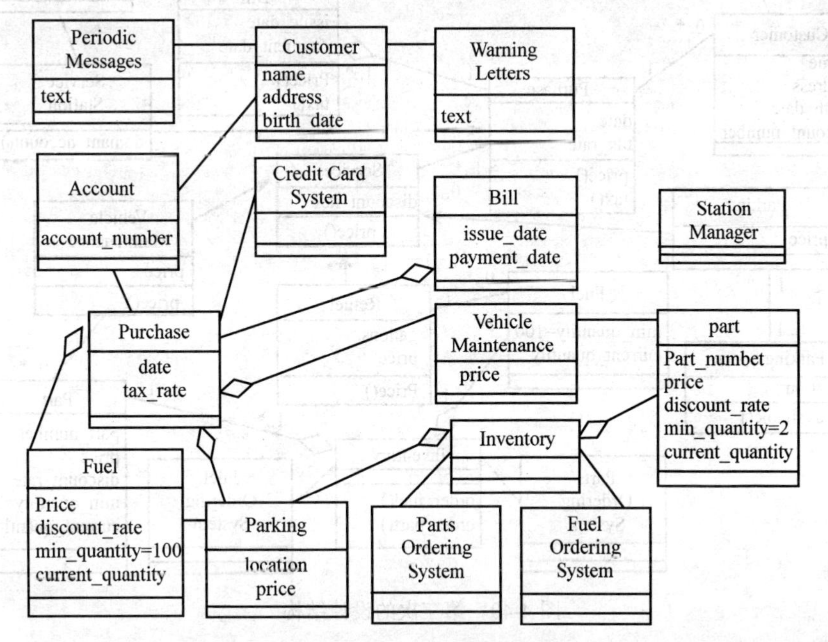

图 4-38　第一次的设计结构

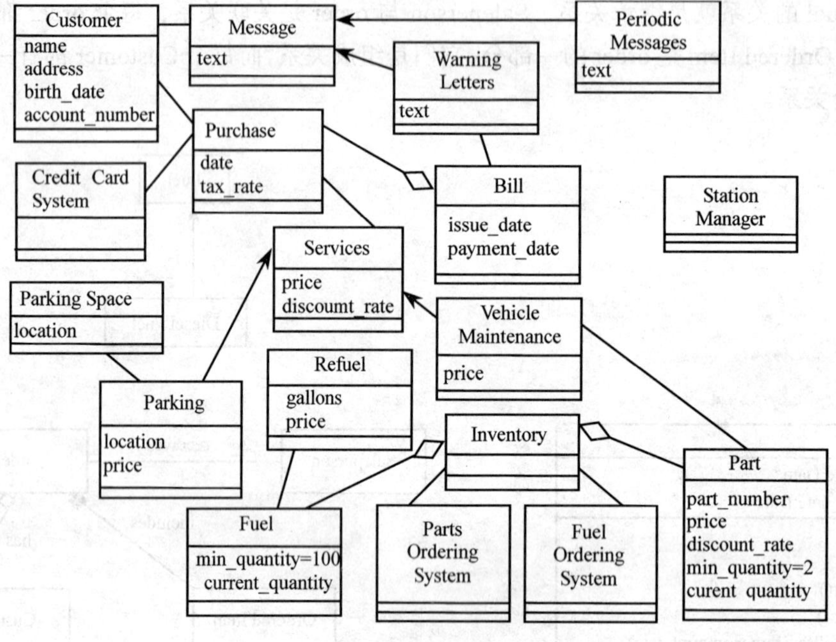

图 4-39　第二次的设计结构

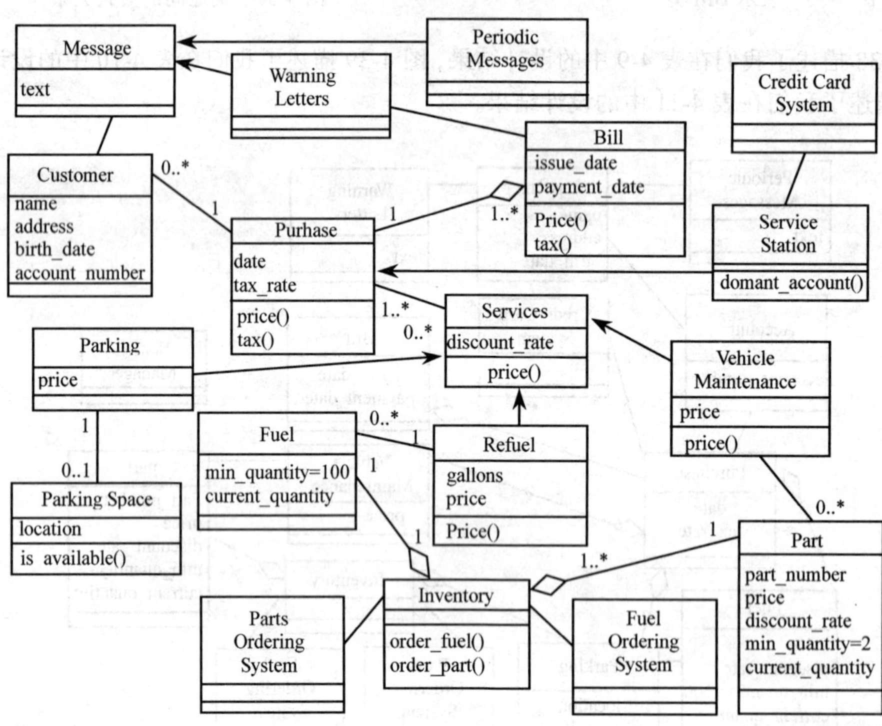

图 4-40　第三次的设计结构

顺序图可以描述对象是如何控制它的方法和行为的，展示了活动或者行为发生的顺序。例如图 4-41 展示了加油服务站系统中 Refuel 类的顺序图。

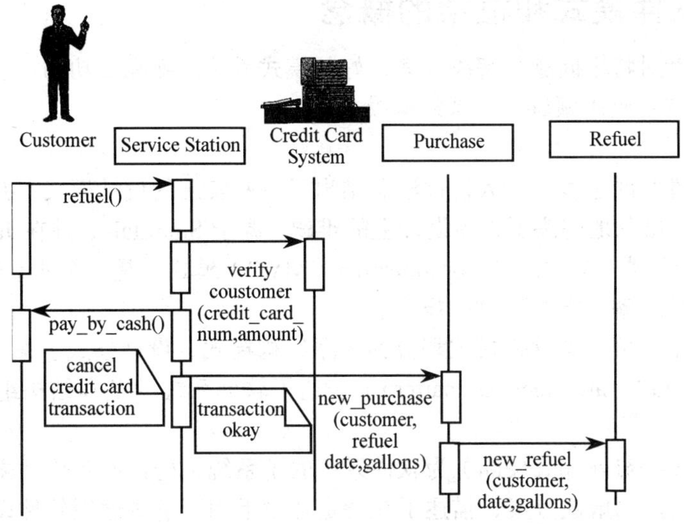

图 4-41 类 Refuel 的顺序图

协作图静态地表示对象之间的关联，例如图 4-42 是一个协作图，图中标签为“1”的 Parking 信息从 Customer 类发送到 Service Station(服务站),然后标签为“2”的 next_available() 信息从 Service Station 发送到 Parking Space（停车区）等。

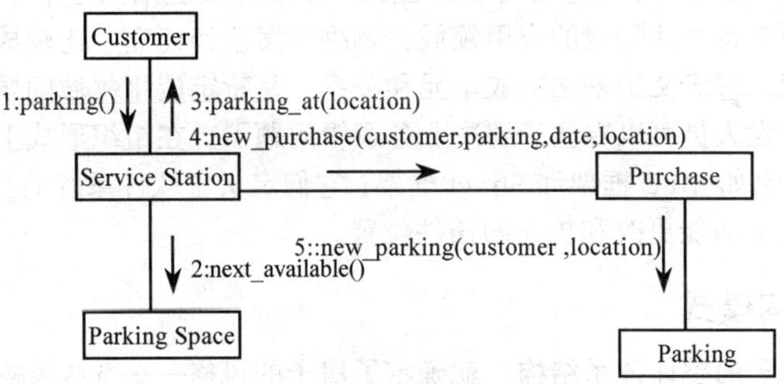

图 4-42 Parking 用例的协作图

状态图可以表示一个对象中各种状态的转换，图 4-43 是一个状态图的例子。

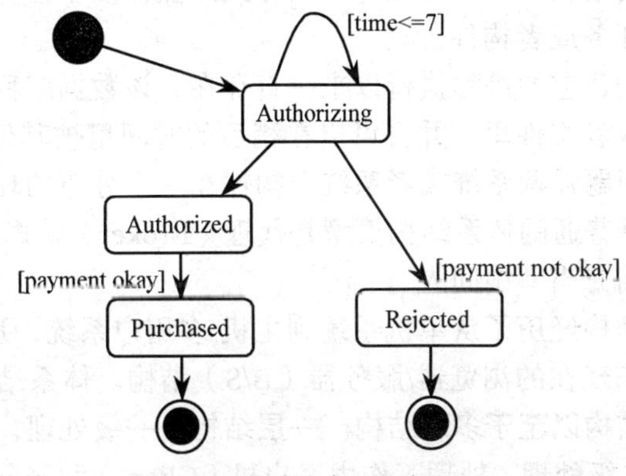

图 4-43 状态图的例子

4.6 关于软件模式和框架的概念

软件模式是针对特定问题的解决方案，好的模式采用成熟和成功的方法，比重新设计要好很多。框架是特定应用领域的体系结构模式。

1. 模式

在长期的软件实践过程中，人们逐渐总结出了一些实用的设计模式，并将它们应用于具体的软件系统中，出色地解决了很多设计上的难题。源于 Smalltalk，并在 Java 中得到广泛应用的模型-视图-控制器（Model-View-Controller，MVC）模式，是一个非常经典的设计模式，通过它可以更好地理解“模式”这一概念。

在软件系统中，可以将软件模式划分为体系结构模式、设计模式、惯用法等。

- 体系结构模式（architectural pattern）表达了软件系统的基本结构组织形式或者结构方案。
- 设计模式（design pattern）为软件系统的子系统、构件或者构件之间的关系提供了一个精练之后的解决方案，描述了在特定环境下用于解决通用软件设计问题的构件以及这些构件相互通信时的各种结构。
- 惯用法（idiom）是与编程语言相关的低级模式，描述如何实现构件的某些功能，或者利用编程语言的特性来实现构件内部要素之间的通信功能。

2. 框架

随着应用的发展和完善，某些带有整体性的应用模式被逐渐固定下来，形成特定的框架。在内容上，框架更多地关注特定的应用领域，解决方案已经建立了比较成熟的体系结构，因此也称为应用框架，它定义了基本构成单元和关系，是特定应用领域问题的体系结构模式，有了这个模式，开发人员可以专注于解决业务逻辑问题了。在组织形式上，框架是一个待实例化的完整系统，例如 MFC 框架和 Struct 框架，它们定义了软件系统的元素和关系，创建了基本的模块，定义了功能更改和扩充的插件位置。

4.6.1 体系结构模式

正如确定了房子的整体体系结构，就确定了房子的风格——当然风格也会影响设计。软件体系结构模式定义了处理系统某些行为特征的方法。Bosch 定义了一系列软件体系结构模式域：

- 并发性：很多应用系统以一种模拟并行的方式来操作多个任务（即，一个单独的处理器管理多个并行任务或者构件）。
- 持久性：数据从创建它的进程执行以来一直存在，该数据就称为持久性数据。持久数据存储在数据库或者文件里，并且可以在稍后的时间里被其他进程读取和修改。
- 分布性：分布性问题强调系统或者系统中构件在一个分布的环境中相互通信的方式。解决分布性问题最普通的体系结构模型是代理（Broker）模式，“代理”在客户端构件和服务器构件之间充当“中间人”。

计算机软件的体系结构经历了从单机系统到主机/多用户系统，从主机/多用户到客户机/服务器（C/S），以至于到现在的浏览器/服务器（B/S）结构。体系结构的层次也从一层结构发展到二层结构、三层结构以至于多层结构。一层结构是一级处理，所有的处理都集中在主机上完成；二层结构是二级处理，处理工作由客户机（Client）和服务器（Server）共同分担；

三层结构是三级处理，处理工作由表示层、应用逻辑层和数据层分布式分担。

1．主机

20 世纪 50～60 年代，计算机基本上是单机系统，也就是软件所有的功能都在一台计算机上实现，系统只有一台计算机。20 世纪 70 年代出现了主机/多用户系统，尽管本质上还是一台计算机在工作，但是多个终端用户可以同时上机，并行操作，每个终端都有独占主机资源的感觉。但是我们知道这个终端不是一台完整的计算机，而是一台分时共享主机的输入/输出设备。主机/多用户应用系统是一层结构，也就是所有的负担都由主机承担，当这个负担过重的时候，终端用户的数量就要受到限制。

2．客户机/服务器

随着计算机技术的不断发展与应用，计算机模式从集中式转向了分布式，20 世纪 80 年代出现了客户机/服务器模式。所谓 C/S 模式，在上个世纪 80 年代及 90 年代初得到了大量应用，其中最直接的原因是可视化开发工具的推广。C/S 模式应用系统包括客户端的机器及其运行系统，也包括服务器端的机器及其运行系统，所以是二层结构。在这个系统中，客户端机器是一台完整的计算机，可以独立地执行运算操作和磁盘存取，服务器上运行数据库和文件系统操作，客户端运行事务处理和输入输出操作。

在这种客户机/服务器结构中存在“胖客户机”或者“胖服务器”，“胖客户机”结构是将事务处理放在客户端，“胖服务器”结构是将事务处理集中放到服务器上。大量的数据在客户端和服务器端流动，为编程和维护带来了困难，而且其中的事务处理原则不能与其他应用共享。

3．浏览器/服务器

近年来，随着网络技术的不断发展，尤其是基于 Web 的信息发布和检索技术、Java 计算技术以及网络分布式对象技术的飞速发展，导致了很多应用系统的体系结构从 C/S 结构向更加灵活的多级分布结构演变，使得软件系统的网络体系结构跨入一个新阶段，即浏览器/服务器模式。基于 Web 的 B/S 方式其实也是一种客户机/服务器方式，只不过它的客户端是浏览器，为了区别于传统的 C/S 模式，才特意将其称为 B/S 模式。认识到这些结构的特征，对于系统的选型是很关键的。

由于客户机/服务器的两层结构存在灵活性差、升级困难、维护工作量大等缺陷，已较难适应当前信息技术与网络技术发展的需要。随着 Web 技术的日益成熟，B/S 结构已成为一种取代 C/S 结构的全新技术。软件采用该结构的优势在于：无须开发客户端软件，维护和升级方便；可跨平台操作，任何一台机器只要装有 WWW 浏览器软件，均可作为客户机来访问系统；具有良好的开放性和可扩充性；可采用防火墙技术来保证系统的安全性，有效地适应了当前用户对管理信息系统的新需求。因此该结构在管理信息系统开发领域中获得飞速发展，成为应用软件研制中一种流行的体系结构。任何时间、任何地点、任何系统，只要可以使用浏览器上网，就可以使用 B/S 系统的终端。

在 B/S 体系结构系统中，用户通过浏览器向分布在网络上的许多服务器发出请求，服务器对浏览器的请求进行处理，将用户所需信息返回到浏览器。B/S 结构简化了客户机的工作，客户机上只需配置少量的客户端软件，对数据库的访问和应用程序的执行将在服务器上完成。浏览器发出请求，而其余如数据请求、加工、结果返回以及动态网页生成等工作全部由服务器完成。

C/S 系统的各部分模块中有一部分改变，就要关联到其他模块的变动，使系统升级成本比较大。与 C/S 处理模式相比，B/S 则大大简化了客户端，只要客户端机器能上网就可以。

对于 B/S 而言，开发、维护等几乎所有工作都集中在服务器端，当企业对网络应用进行升级时，只需更新服务器端的软件就可以，这减轻了异地用户系统维护与升级的成本。如果客户端的软件系统升级比较频繁，那么 B/S 架构的产品优势明显——所有的升级操作只需要针对服务器进行，这对那些点多面广的应用是很有价值的。

实际上B/S体系结构是把二层C/S结构的事务处理逻辑模块从客户机的任务中分离出来，由 Web 服务器单独组成一层来负担其任务，这样客户机的压力减轻了，把负荷分配给了 Web 服务器。不过，采用 B/S 结构，客户端只能完成浏览、查询、数据输入等简单功能，绝大部分工作由服务器承担，这使得服务器的负担很重。20 世纪 90 年代，随着 Web 技术的飞速发展，产生了互联网技术，这样这个二层的结构越发显示出弊端，尤其在服务器负担过重、客户机异地操作不容易的情况下，有必要在客户端和服务器端新建立一个层负责事务处理，我们称这一层为应用逻辑层，从而形成了三层结构（表示层、应用逻辑层、数据库服务层），如图 4-44 所示，这样可以帮助“胖客户机”或者“胖服务器”减肥，随着软件系统规模的增大，也可以将应用逻辑层分为很多层，这样就演变为多层体系结构，这个中间层也衍生了很多的中间件产品。三层结构是一种逻辑上的结构，物理上分多少层可以根据需求来决定。对三层（多层）结构中的任意层进行修改，对其他层的影响很少。

图 4-44　三层结构逻辑关系示意图

4.6.2 设计模式

设计模式的提出，是面向对象程序设计演化过程中的一个重要里程碑。正如 Gamma、Helm、Johnson 和 Vlissides 在他们的经典著作《设计模式》一书中所说：设计模式使得人们可以更加简单和方便地去复用成功的软件设计和体系结构，从而能够帮助设计者更快更好地完成系统设计。

设计模式的概念最早起源于建筑设计大师 Christopher Alexander 关于城市规划和建筑设计的著作《建筑的永恒方法》，尽管 Alexander 的著作是针对建筑领域的，但他的观点实际上适用于所有的工程设计领域，其中就包括软件设计领域。在《建筑的永恒方法》一书中，Alexander 是这样描述模式的：模式是一条由三部分组成的规则，它表示了特定环境、问题和解决方案之间的关系。每一个模式描述了一个在我们周围不断重复发生的问题，以及该问题的解决方案的核心。这样，你就能一次又一次地使用该方案而不必做重复劳动。

设计模式就是解决软件开发和设计过程中某个特定问题的特定方法，目前已经被广泛地应用在软件开发领域中。设计模式是软件复用的一种特定形式，理论上它与具体的语言无关，但实际应用时通常会依赖于语言所提供的某些特性。Python 是一门优秀的面向对象脚本语言，它的对象模型会影响到部分设计模式的实现。设计模式按其目的可以划分成不同的种类，分别用于解决不同方面的实际问题。

将设计模式引入软件设计和开发过程的目的在于充分利用已有的软件开发经验，这是因为设计模式通常是对于某一类软件设计问题的可重用的解决方案。优秀的软件设计师都非常清楚，不是所有的问题都需要从头开始解决，他们更愿意复用以前曾经使用过的解决方案，每当他们找到一个好的解决方案，他们会一遍又一遍地使用，这些经验是他们成为专家的部分原因。设计模式的最终目标就是帮助人们利用优秀软件设计师的集体经验，设计出更加优秀的软件。

在软件设计领域中，每一个设计模式都系统地命名、解释和评价了面向对象系统中的一个重要和可复用的设计。这样，我们只要搞清楚这些设计模式，就可以完全或者说很大程度上吸收了那些蕴含在模式中的宝贵经验，从而对软件体系结构有了比较全面的了解。更加重要的是，这些模式都可以直接用来指导面向对象系统设计中至关重要的对象建模问题，实际工作中一旦遇到具有相同背景的场合，只需要简单地套用这些模式就可以了，从而省去了很多摸索工作。

4.6.3 体系结构框架

当建筑师开始一个建筑项目的时候，首先要设计该建筑的框架结构，有了这个蓝图，接下来的实际建筑过程才会有条不紊。同样，软件开发者开始一个项目的时候，首先也应该构思软件应用的框架结构。

应用程序框架结构是一个可以重复使用的、大致完成的应用程序，可以通过对其进行定制，开发成一个客户需要的真正的应用程序。框架结构给程序员提供可以复用的骨干模块，程序员使用这些模块来构造自己的应用，复用的骨干模块具有如下特征：

- 它们已被证明可以与其他应用程序一起很好地工作。
- 它们可以立即在下一个程序中使用。
- 它们可以被其他项目使用。

框架结构可以提高软件开发的速度和效率，并且使软件更便于维护。对于开发 Web 应用，要从头设计并开发出一个可靠、稳定的框架不是一件容易的事情，随着 Web 开发技术的日趋成熟，在 Web 开发领域出现了一些现成的优秀框架，开发者可以直接使用它们。Struct 就是一个很好的框架结构，它是基于 MVC 的 Web 应用框架，它可以使人们不必从头开始开发全部组件，对于大项目更是有利。

下面介绍几种有代表性的体系结构框架。

1. MVC 模式

MVC 模式通常用于人机交互软件的开发，这类软件的最大特点就是用户界面容易改变，例如，当你要扩展一个应用程序的功能时，通常需要修改菜单来反映这种变化。如果用户界面和核心功能紧紧交织在一起，要建立这样一个灵活的系统通常是非常困难的，因为很容易产生错误。为了更好地开发这样的软件系统，系统设计师必须考虑下面两个因素：

- 用户界面应该是易于改变的，甚至在运行期间也是有可能改变的；
- 用户界面的修改或移植不会影响软件的核心功能代码。

为了解决这个问题，可以采用将模型（Model）、视图（View）和控制器（Controller）相分离的思想。在这种设计模式中，模型用来封装核心数据和功能，它独立于特定的输出表示和输入行为，是执行某些任务的代码，至于这些任务以什么形式显示给用户，并不是模型所关注的问题。模型只有纯粹的功能性接口，也就是一系列的公开方法，这些方法有的是取值方法，让系统其他部分可以得到模型的内部状态，有的则是置值方法，允许系统的其他部分修改模型的内部状态。

视图用来向用户显示信息，它获得来自模型的数据，决定模型以什么样的方式展示给用户。同一个模型可以对应于多个视图，这样对于视图而言，模型就是可复用的代码。一般来说，模型内部必须保留所有对应视图的相关信息，以便在模型的状态发生改变时可以通知所有的视图进行更新。

控制器是和视图联合使用的，它捕捉鼠标移动、鼠标点击和键盘输入等事件，将其转化成服务请求，然后再传给模型或者视图。软件用户是通过控制器来与系统交互的，他们通过控制器来操纵模型，从而向模型传递数据，改变模型的状态，并最后导致视图的更新。

MVC 设计模式将模型、视图与控制器三个相对独立的部分分隔开来，这样可以改变软件的一个子系统而不至于对其他子系统产生重要影响。例如，在将一个非图形化用户界面软件修改为图形化用户界面软件时，不需要对模型进行修改，而添加一个对新的输入设备的支持，通常不会对视图产生任何影响。

MVC 模式定义了一个应用，包括数据、表现和控制三部分信息，并且要求这三部分应分离在不同的对象中。如图 4-45 所示。

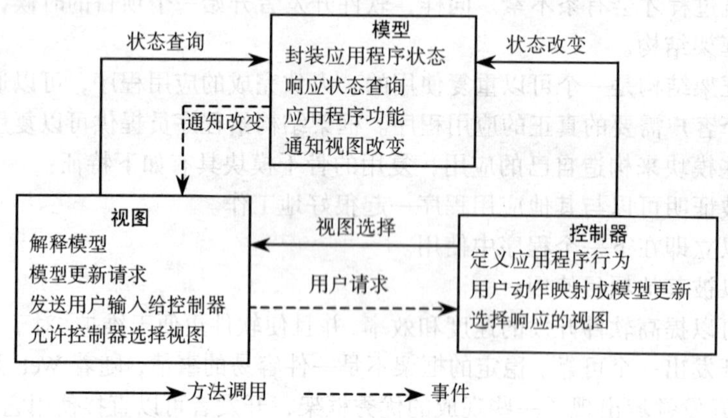

图 4-45 MVC 示意图

Struct 是 Apache Software Foundation（ASF）支持 Jakarta 项目的一部分，主要设计师和开发者是 Craig R.McClanahan。Struct 对于公众是免费的，在构造自己的框架结构时，可以如同使用自己开发的组件那样来使用 Struct 提供的组件。

Struct 就如同构造一个房子一样，建筑工人使用一些基础组件，而不必关心这些组件的内部构造（因为他们只是使用者），他们使用那些基础组件对每一层房屋提供支持。同样，基于 Struct 开发一个 Wed 应用的时候，软件工程师使用 Struct 来对应用程序的每一层提供支持。

Struct 基本遵循了 MVC 模式，它基于的标准技术有 Java Bean、Servlets 和 JSP，在软件开发过程中通过使用标准组件，并采用填空式的开发方法，从而可以帮助程序员避免每个新项目都重复进行那些既耗时又烦琐的工作。程序员开发的程序既要求具有完整、正确的功能，也要求有很好的维护性。Struct 为基于 Wed 应用程序框架结构解决了很多常见的问题，程序员可以关注那些和应用程序的特定功能相关的方面。

Struct 的中心部分是 MVC 的控制层，控制层可以将模型层和视图层连接起来，程序员利用这些功能完成一个可以伸缩、包含足够功能的应用。帮助程序员将原始的素材组合为一个真正的实际应用系统。

Struct 控制层是一组可编程的组件，程序员可以通过他们来定义自己的应用程序如何与用户打交道，这些组件可以通过逻辑名字来隐藏那些麻烦和比较讨厌的细枝末节，可以通过配置文件一次处理这些问题。

如果在 Web 应用开发中套用现成的 Struct 框架，可以简化每个开发阶段的工作，开发人员可以更加有针对性地分析应用需求，不必重新设计框架，只需在 Struct 框架的基础上，设计 MVC 各个模块包含的具体组件，在编码过程中，可以充分利用 Struct 提供的各种实用类和标签库，简化编码工作。

Struct 框架可以方便迅速地将一个复杂的应用划分成模型、视图和控制器组件，而 Struct 的配置文件 struct-config.xml 可以灵活地组装这些组件，简化开发过程。

MVC 几乎是所有现代体系结构框架的基础，后来进一步扩展到企业和电子商务系统中。

2. J2EE 体系结构框架

J2EE 的核心体系结构是在 MVC 框架的基础上扩展得到的，它是分层的结构，如图 4-46 所示，中间的三层包含了应用程序构件，客户层和资源层处于应用程序的外围。

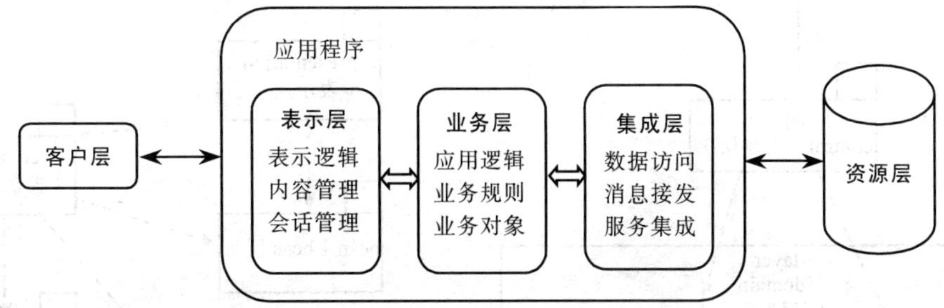

图 4-46　J2EE 的核心体系结构框架

- 资源层。资源层可以是企业数据库、电子商务解决方案中的外部企业系统，或者是外部 SOA 服务，数据可以分布在多个服务器上。
- 客户层。用户通过客户层与系统交互，该层可以是各种类型的客户端。
- 表示层。为 Web 层或者服务器端的表示层，用户通过表示层来访问应用程序。
- 业务层。业务层包括表示层中的控制器构件没有实现的一部分应用逻辑，它负责确认和执行企业范围内的业务规则和事务。
- 集成层。负责建立和维护与数据源的连接。

3. PCMEF 框架

PCMEF（Presentation-Control-Mediator-Entity-Foundation，表示-控制-中介者-实体-基础）是一个垂直层次的分层体系结构框架，每一层是可以包含其他包的包。PCMEF 框架包含 4 层：表示层、控制层、领域层和基础层，如图 4-47 所示。

- 基础层。负责与数据库和 Web 服务的所有通信。
- 表示层。包含定义 GUI 对象的类。
- 控制层。处理表示层的请求，负责大多数程序逻辑、算法、主要计算以及为每个用户维持会话状态。
- 领域层。领域层的实体包处理控制请求。

4. PCBMER 框架

PCBMER（Presentation-Controller -Bean-Mediator-Entity-Resource）框架包含 6 个层次，

它遵循了体系结构设计中广泛认可的发展趋势，其核心体系结构框架如图 4-48 所示。图中，将层表示为 UML 包（子系统、层），带箭头的虚线表示依赖关系。

- bean 层。表示那些预先确定要呈现在用户界面上的数据类和值对象。
- 表示层。表示屏幕以及呈现 bean 对象的 UI 对象。
- 控制器层。表示应用逻辑，控制器对象响应 UI 请求，这些请求源于表示层，是用户与系统交互的结果。
- 实体层。响应控制器和中介者。
- 中介层。建立了充当实体类和资源类媒介的通信管道。
- 资源层。负责所有与外部持久数据资源的通信。

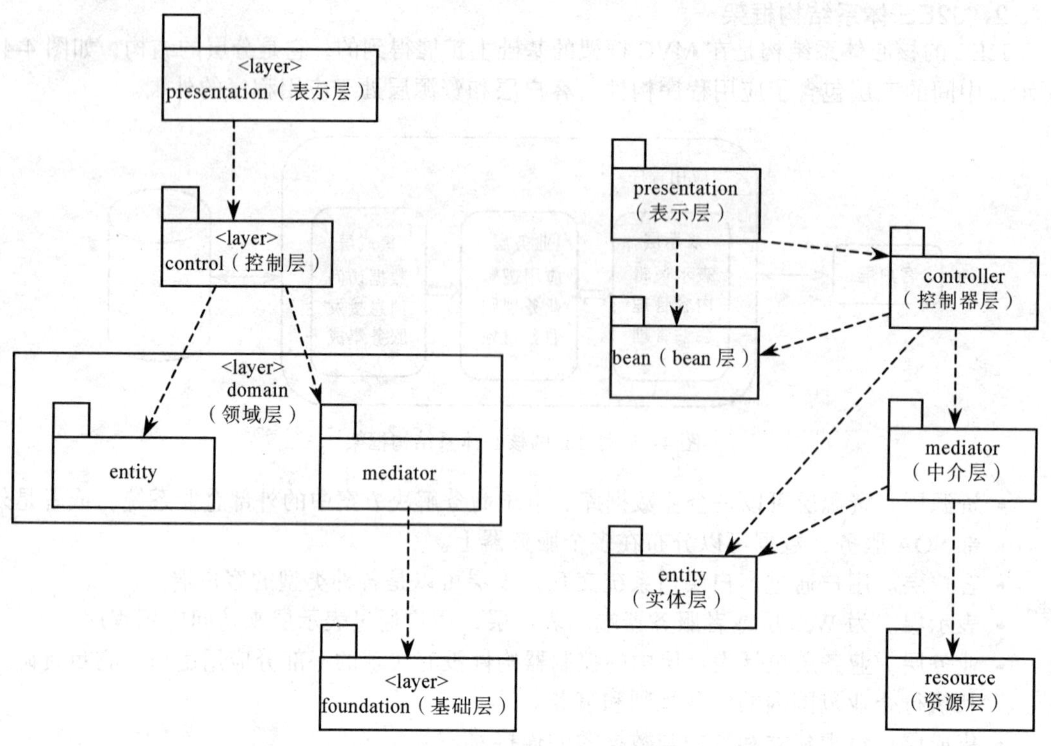

图 4-47　PCMEF 框架

图 4-48　PCBMER 框架

4.7　软件设计指导原则

高质量的设计具有创造一个高质量产品的特征：容易理解，容易现实，容易测试，容易修改，将需求正确地变为设计。其中，容易修改很重要，因为需求变更或者将来系统缺陷维护可能都要进行设计变更。为了评估某个设计表示的质量，应该建立高质量设计的技术标准。

高质量的设计具有如下特征：

1）软件的可扩充性。这是一个非常重要的问题，良好的扩充性能使你在以后的开发过程中事半功倍。

2）模块的独立性（即满足松耦合高内聚）。优秀软件应高内聚，低耦合。

3）异常处理。在设计中要包括异常处理的设计，以便系统面对异常情况时不至于使系统功能降低。

4）错误预防和错误处理。设计中除了设计异常情况，同时警惕每个模块中可能隐藏的错误，或者其他的模块、系统、接口引入的错误情况，设计中要对它们进行处理。

5）代码重用性设计。这是到目前为止最为流行的开发方法。对同样的代码写上多次会让人感到厌倦，谁都希望使代码行更简短、更有效。

6）友好的人机交互界面。为什么有同样或者相似功能的软件，用户对它们的评价却差异很大，其中很重要的原因就是好软件的界面设计更人性化。不要忽视这个问题，这是一门科学。在开始编写代码之前，把界面设计问题提到更重要的程度，并且进行多次讨论。友好的人机交互界面可产生更好的客户满意度，如果客户满意了，那么你就成功了！

Davis 对软件设计也提出了一些原则：

1）设计过程不应该视野狭隘。一个好的设计者应该考虑各种可选方案，根据需求、资源情况、设计概念来决定设计方案。

2）设计应该可以跟踪需求分析模型。应该确定一个方法来跟踪每个需求是如何通过设计来实现的。

3）设计资源是有限的，设计的重点应该尽可能放在创新和设计模型的集成上。

4）设计应该体现统一的风格。一个好的设计应该有统一的风格，当设计团队开始之前，应该制定统一的规则、公式等，模块的接口设计明确之后，就可以进行集成设计。

5）设计的结构应该尽可能满足变更的要求。

6）设计的结构应该能很好地处理异常情况，即使有非法的数据、事件、操作等都能够很好地处理。

7）设计不是编码，编码也不是设计。

8）设计质量评估应该在设计过程中进行，而不是事后进行。

9）设计评审的时候，应该关注一些概念性的错误，而不是更多地关注细节问题。软件设计评审是和设计本身一样重要的环节，它可以避免后期付出高代价。

设计之前的规范定义很重要，应该确定命名规则，例如，系统命名规则、模块命名规则、变量命名规则、数据库命名规则等。

同时在设计中要尽可能提倡复用性，包括功能的复用、界面的复用和文档的复用等，同时保证设计有利于测试。

4.8 概要设计文档

概要设计说明书格式规范是指在概要设计阶段制定概要设计报告所依据的标准，若在承接产品时用户提供了概要设计说明书，则按此标准检查是否在内容上满足要求，若未提供概要设计说明书则需按此标准建立系统设计说明书。下面提供一个模板供大家参考。

1. 导言

1.1 目的

说明文档的目的。

1.2 范围

说明文档覆盖的范围。

1.3 缩写说明

定义文档中所涉及的缩略语（若无则填写无）。

1.4 术语定义

定义文档内使用的特定术语（若无则填写无）。

1.5 引用标准

列出文档制定所依据、引用的标准（若无则填写无）。

1.6 参考资料

列出文档制定所参考的资料（若无则填写无）。

1.7 版本更新信息

记录文档版本修改的过程，具体版本更新记录如下表所示：

修改编号	修改日期	修改后版本	修改位置	修改内容概述

2. 概述

对系统定义和规格说明进行分析，并以此确定：

- 设计采用的标准和方法。
- 系统结构的考虑。
- 错误处理机制的考虑。

3. 规格说明分析

根据需求规格说明或产品规格说明对系统实现的功能进行分析归纳，以便进行系统概要设计。

4. 系统体系结构

根据已选用的软件、硬件以及网络环境构造系统的整体框架，划分系统模块，并对系统内各个模块之间的关系进行定义。确定已定义的对象及其组件在系统内如何传输、通信。如果本系统是用户最终投入使用的系统的一个子集，或是将要使用现有的一些其他相关系统，在此应对它们各自的功能和相互之间的关系给予具体的描述。

[可通过图形的方式表示系统体系结构]

5. 界面设计定义

设计用户的所有界面。

6. 接口定义

通常设计应考虑的接口包括：

（1）人机交互接口

人机交互接口应确定用户采用何种方式同系统交互，如键盘录入、鼠标操作、文件输入等，以及具体的数据格式，其中包括具体的用户界面的设计形式。尽早确定人机交互接口，有利于确定系统设计的其他方面。

用户界面的设计原则如下：

- 命令排序：最常用的放在前面，按习惯的工作步骤安排。
- 极小化：尽量少用键盘组合命令，减少用户击键次数。

- 广度和深度：由于人的记忆局限，层次不宜大于 3。
- 一致性：使用一致的术语、一致的步骤、一致的动作行为。
- 显示提示信息。
- 减少用户记忆内容。
- 存在删除操作时，应能恢复。
- 用户界面吸引人。

（2）网络接口

若本系统跨异种网络运行，则应确定网络接口或采用何种网络软件以使系统各部分间有效地联络、通信、交换信息等，从而使整个系统紧密有效地结合在一起。

（3）系统与外部接口

系统经常会与外部进行数据交换，此时应确定数据交换的时机、方式（如是批处理方式还是实时处理），数据交换的格式（如是采用数据包还是其他方式）等。

（4）系统内模块之间的接口

系统内部各模块之间也会进行数据交换，因此应确定数据交换的时机、方式等。

（5）数据库接口

系统内部的各种数据通常会以数据库的方式保存，因此在接口定义时应确定与数据库进行数据交换的数据格式、时机、方式等。

7. 模块设计

根据项目的实际需求情况，可将系统划分成若干模块，分别描述各模块的功能。这样可将复杂的系统简化、细化，有利于今后的设计和实现。划分各模块时，应尽量使其具有封闭性和独立性，具有低耦合性，减少各模块之间的关联，使其便于实现、调试、安装和维护。

7.1 模块功能

描述该模块在整个系统中所处的位置和所起的作用，以及和其他模块的相互关系，该模块要实现的功能，对外部输入数据外部触发机制的具体要求和约定。如果采用 OO 技术，可结合用例技术进行描述。

7.2 模块对象（组件）

对模块涉及的输入/输出、用户界面、对象或组件、对象或组件的关系以及功能实现流程进行定义。如果采用 OO 技术，可使用顺序图描述功能实现流程。

对象设计应包括：（类名）class name，（类描述）describe，（继承关系）hierarchy，（公共属性）public attribute，（公共操作）public operation，（私有属性）private attribute，（私有操作）private operation，（保护属性）protect attribute，（保护操作）protect operation。

组件设计应包括：组件属性，组件关联，组件操作，实现约束。

7.3 对象（组件）的触发机制

规定对象（组件）中各个操作在什么外部条件触发下被调用，以及调用后的结果。

7.4 对象（组件）的关键算法

如果对象（组件）中涉及关键算法，如采用何种算法加密、何种方法搜索等，需在此规定并相应地予以说明，至于其他具体操作的算法可在系统构造中去设计实现。

8. 故障检测和处理机制

8.1 故障检测机制

系统发生故障可以有多种检测机制，如自动向上层汇报、由上层定时检测、将故障写入错误文件等，在此应明确系统所采用的故障检测机制。

8.2 故障处理机制

故障发生后系统应如何处理，如只发送消息显示出错信息、写入一文件，或采取相应的措施，在这里应进行详尽的描述。

9. 数据库设计

9.1 数据库管理系统选型

明确指出选用的数据库管理系统类型、版本，以及服务器与数据库、客户机与数据库之间的接口。

9.2 设计 E-R 图

根据系统数据实体之间的关系设计数据库 E-R 图。

9.3 数据库表设计

基于数据库 E-R 图设计数据库物理表。

10. 系统开发平台

根据系统设计的结果确定系统开发所需的平台，包括硬件平台、操作系统以及开发工具等。

4.9 项目案例

项目案例名称：综合信息管理平台

项目案例文档：《综合信息管理平台概要设计说明书》

1. 导言

1.1 目的

该文档的目的是描述综合信息管理平台项目的概要设计，其主要内容包括：

- 系统功能简介；
- 系统结构设计；
- 系统接口设计；
- 数据设计；
- 模块设计；
- 界面设计。

本文档的预期读者是：

- 设计人员；
- 开发人员；
- 项目管理人员；
- 测试人员。

1.2 范围

该文档定义了系统的结构和单元接口，但未确定单元的实现方法，这部分内容将在详细设计/实现中确定。

1.3 术语定义

JSP Model2：Servlet/JSP 规范的 0.92 版本中描述的术语，定义了如何在同一个应用程序中联合使用 Servlet 和 JSP 的体系结构。

JavaBean：用 Java 语言实现的满足一定功能的类。

1.4 引用标准

[1]《企业文档格式标准》，北京长江软件有限公司。

[2]《软件概要设计报告格式标准》，北京长江软件有限公司软件工程过程化组织。

1.5 参考资料

[1]《实战 Struts》，Ted Husted，机械工业出版社。

[2]《软件重构》，清华大学出版社。

1.6 版本更新信息

本文档的更新记录如表 B-1 所示。

表 B-1 版本更新记录

修改编号	修改日期	修改后版本	修改位置	修改内容概述
001	2010-4-1	0.1	全部	初始发布版本

2. 系统分析

本系统可以实现企业员工的统一认证，记录员工从登录系统直至退出的全程访问、操作日志，并以方便、友好的界面方式提供对这些记录的查询功能，而且为满足日常统计及工作汇报的需要，综合信息管理平台的报表可以通过表格或图形的方式展现，并可根据日期等条件进行查询，统计出的报表能进行打印或者导出文件。

登录综合信息管理平台的用户分为两大类，分别为业务信息系统管理员和平台管理员。业务信息系统管理员是指有权限进入各信息系统进行操作的员工，平台管理员是指对综合信息管理平台进行相关设置、平台维护的人员。

业务信息系统管理员认证成功后登录业务信息系统管理员 Portal 界面，平台管理员认证成功后登录平台管理员 Portal 界面。

3. 总体逻辑框架结构

根据系统分析结果，该系统从结构上应满足：

- 基于浏览器进行显示，以方便用户使用；
- 采用 MVC 的三层体系结构，分化各个功能组件；
- 采用 JDBC 技术与数据库通信以便于数据库的转换；
- 采用标签技术完成动态页面的简单逻辑。

根据以上分析，本系统按照功能层次可划分为 Portal 层、展现层、后台核心组件层、接口层，具体逻辑框图如图 B-1 所示。

4. 总体设计

系统的总体结构设计遵循如下原则：

1）系统应具有良好的适应性。能适应用户对系统的软件环境、管理内容、模式和界面的要求；

2）系统应具有可靠性。采用成熟的技术方法和软件开发平台，以保证在以后的实际应用中安全、可靠；

3）系统应具有较好的安全性。应提供完善的安全机制和用户权限限制机制，确保数据的受限访问；

4）系统应具有良好的可维护性。系统应易于维护、安装；

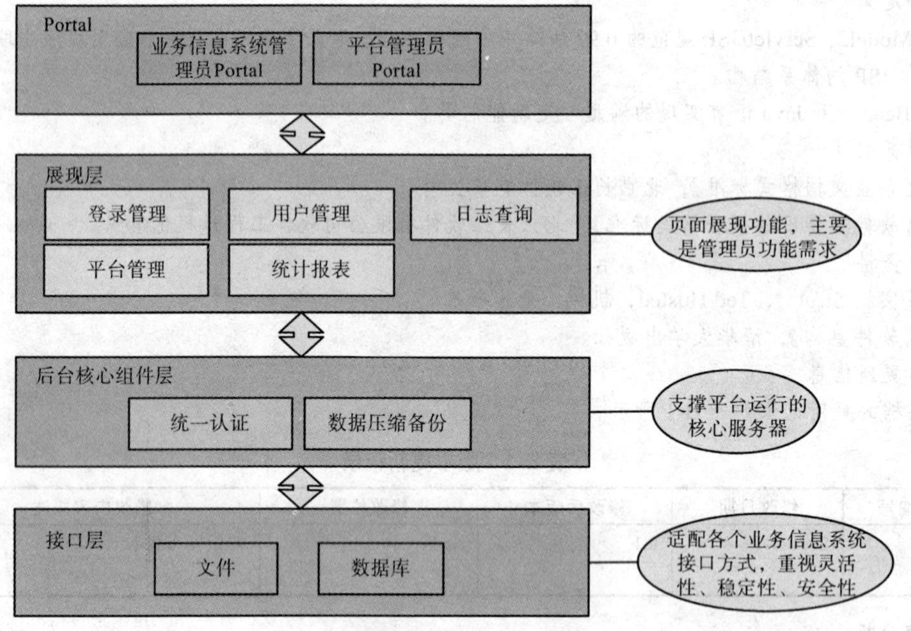

图 B-1　总体逻辑框架图

5）系统应具有良好的可扩展性。系统应适应未来信息化建设的要求，能方便地进行功能扩展，以建立完善的信息集成管理体系；

6）系统的设计开发应符合信息安全化建设的要求，以方便实现与其他设备以及各类应用系统的集成。

4.1 体系结构

目前软件项目中有多种体系结构模式，其中 Struts 是比较流行的一种，也是目前 Web 开发中较为成熟的一种框架。如果在 Web 应用开发中套用现成的 Struts 框架，可以简化每个开发阶段的工作，开发人员可以更有针对性地分析应用需求，不必重新设计框架，只需在 Struts 框架的基础上，设计 MVC 各个模块包含的具体组件，在编码过程中，可以充分利用 Struts 提供的各种实用类和标签库，简化编码工作。

Struts 框架可以方便迅速地将一个复杂的应用划分成模型、视图和控制器组件，而 Struts 的配置文件 struts-config.xml 可以灵活地组装这些组件，简化开发过程。

本系统的体系结构基本遵循了 Struts 体系的 MVC 框架规范，如图 B-2 所示。体系结构分为表示逻辑层、业务逻辑层和服务层。

其中：

- 表示逻辑层用于与企业信息系统的用户进行交互以及显示根据特定业务规则进行计算后的结果。本系统将完全采用基于 Web 的（B/S 架构）客户端，即用户可以直接通过浏览器来访问和使用本系统。
- 业务逻辑层负责平台的业务逻辑处理和表示逻辑生成，它相当于三层标准架构中的 Web 应用服务层，支持诸如响应客户请求以及查询等功能。并且由中间层进行逻辑处理，再将处理的结果反馈给客户或者发送到数据库中。
- 服务层提供底层的信息数据库，这里的数据库系统主要是关系数据库系统（RDMS）。

4.2 系统运行环境

系统运行的网络结构图以及硬件软件环境。

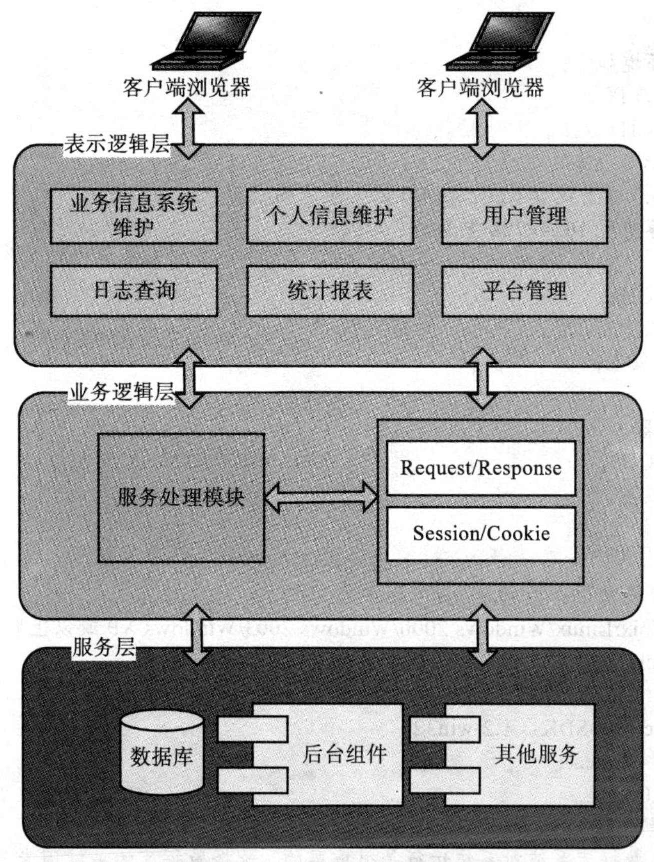

图 B-2 系统体系结构拓扑图

4.2.1 网络结构图

本系统的网络结构图如图 B-3 所示。

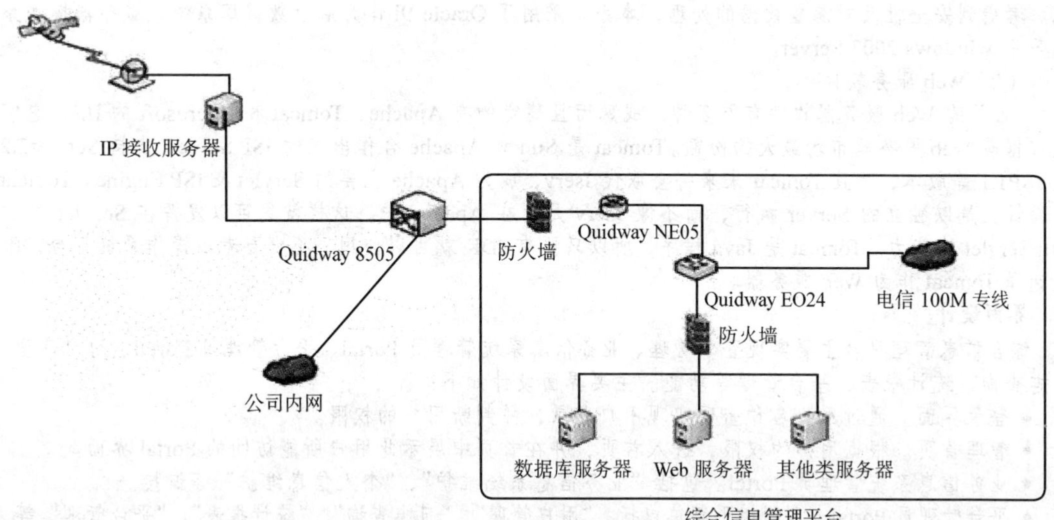

图 B-3 网络结构拓扑图

4.2.2 硬件环境

本系统的硬件环境如下：

1）客户机为普通PC。

- CPU：P4 1.8GHz以上；
- 内存：256MB以上；
- 能够运行IE5.0以上或者Netscape4.0以上版本的机器；
- 分辨率：推荐使用1024×768像素。

2）Web服务器。

- CPU：P4 2.0GHz；
- 内存：1GB以上；
- 硬盘：80GB以上；
- 网卡：千兆。

3）数据库服务器。

- CPU：P4 2.0GHz；
- 内存：1GB以上；
- 硬盘：80GB以上。

4.2.3 软件环境

本系统的软件环境如下：

- 操作系统：Unix/Linux/Windows 2000/Windows 2003/Windows XP或以上版本；
- 数据库：Oracle 9i；
- 开发工具包：JDK Version 1.5.2；
- 开发环境：Eclipse-SDK-3.1.2-win32；
- Web服务器：Tomcat；
- 浏览器：IE6.0以上。

（1）数据库及操作系统

选择一个合适的数据库系统对系统运行是很重要的，选择数据库的关键因素包括：考虑预计会有多少人同时访问数据库；正常工作时间的级别；用来访问数据库的应用程序的类型；运行数据库的服务器的硬件和操作系统类型；以及管理人员的专业技术水平。目前市场上适用于中小型企业的数据库产品有IBM DB2 、Microsoft SQL Server系列、 Oracle系列。所有这些产品都基于SQL语言。同时，它们还拥有精密复杂的安全控制以适应不同的商业需要。服务器操作系统使用Windows 2003 Server系统。考虑到安全性及对海量数据的处理，本系统采用了Oracle 9i作为后台数据库系统，服务器操作系统采用Windows 2003 Server。

（2）Web服务软件

目前的Web服务器软件有很多种，成熟而且稳定的有Apache、Tomcat和Microsoft的IIS，它们也占据着Web服务器市场最大的份额。Tomcat是Sun和Apache合作出来的JSP Server，支持Servlet2.2及JSP1.1等版本，而且Tomcat未来将会取代Jserv，成为Apache主要的Servlet & JSP Engine。Tomcat在设计上是以独立的Server执行，而不像Jserv是附在Apache中，这样就更可以发挥在Servlet中非HttpServlet的能力。Tomcat是Java程序，所以只要有JDK就可以使用，不需要考虑操作系统平台，因此选择Tomcat作为Web服务器。

5. 界面设计

综合信息管理平台主要实现登录管理、业务信息系统管理员Portal、平台管理员Portal、用户管理、日志查询、统计报表、平台管理等功能。主要界面设计如下：

- 登录界面。通过用户名和密码实现用户登录，并判断用户的权限。
- 管理首页。根据用户的权限，进入首页，并在首页中展示此用户所能访问的Portal界面。
- 业务信息系统管理员Portal。包括“业务信息系统维护”、“个人信息维护”等链接。
- 平台管理员Portal。左侧树形菜单包括 “用户管理”、“日志查询”、“统计报表”、“平台管理”等。
- 用户管理。包括“账号管理”、“账号组管理”、“权限管理”、“角色管理”等页面。
- 日志查询。以列表方式显示日志信息。

- 统计报表。包括“用户账号角色变更报表”、“异常时间登录操作报表”等页面。
- 平台管理。包括“业务信息系统管理”、“当前登录用户”等页面。

具体页面流设计如图B-4所示。

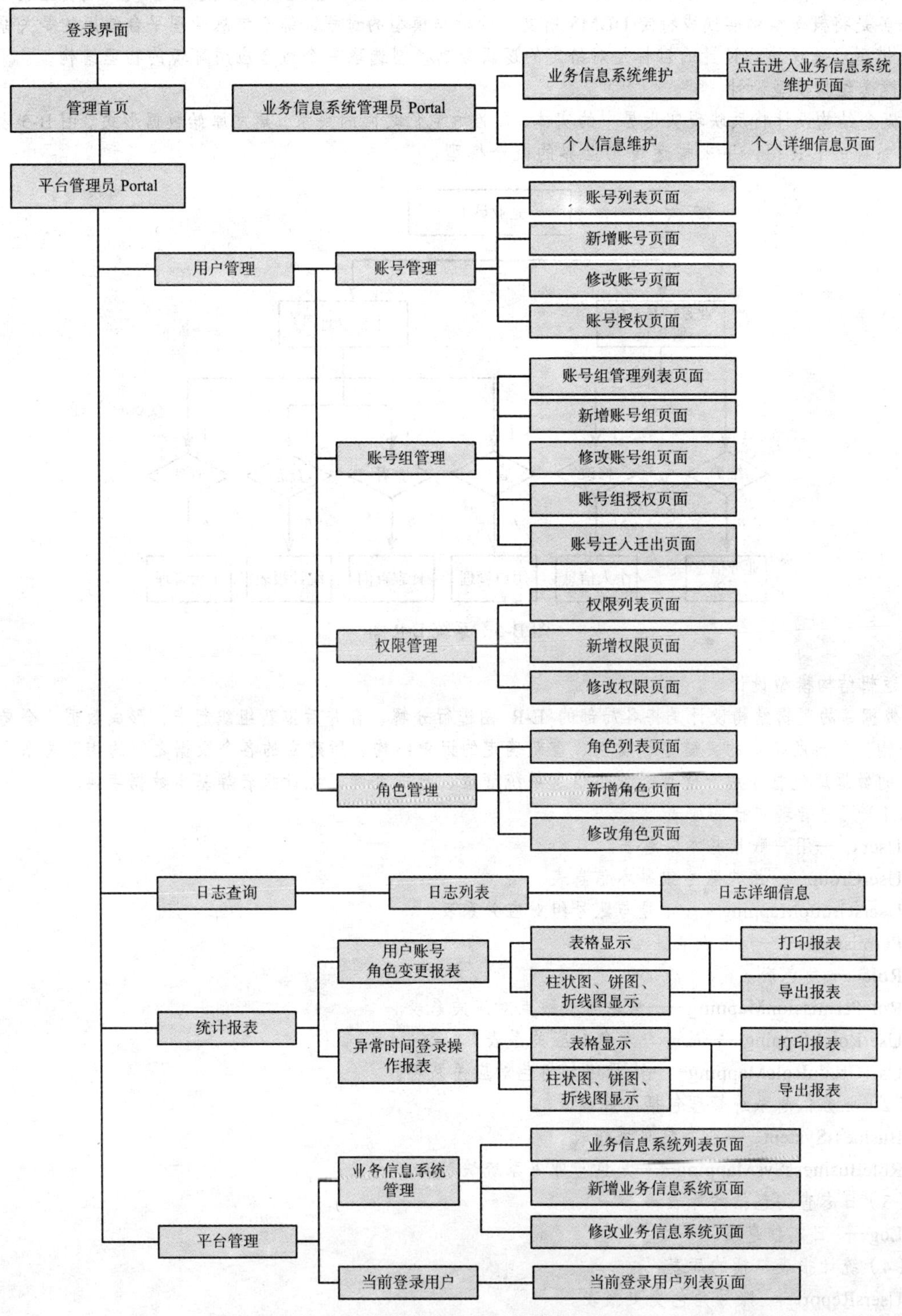

图B-4 综合信息管理平台页面流程图

6. 数据模型设计

数据库的设计分为三个阶段，概念结构设计阶段、逻辑结构设计阶段、物理结构设计阶段。概念结构设计的目标是产生反映系统信息需求的整体数据库概念结构，描述的工具是E-R图。逻辑结构设计的任务是将概念结构转换成特定DBMS所支持的数据模型的过程，综合信息管理平台使用的是关系型数据模型。物理结构设计的目标是对给定的逻辑数据模型选取一个适合应用环境的物理结构。

6.1 概念结构模型设计

概念结构设计将反映现实世界中的实体、属性和它们之间的关系，建立原始数据形式。图B-5表示了本系统的E-R图，用来描述现实世界的概念模型。

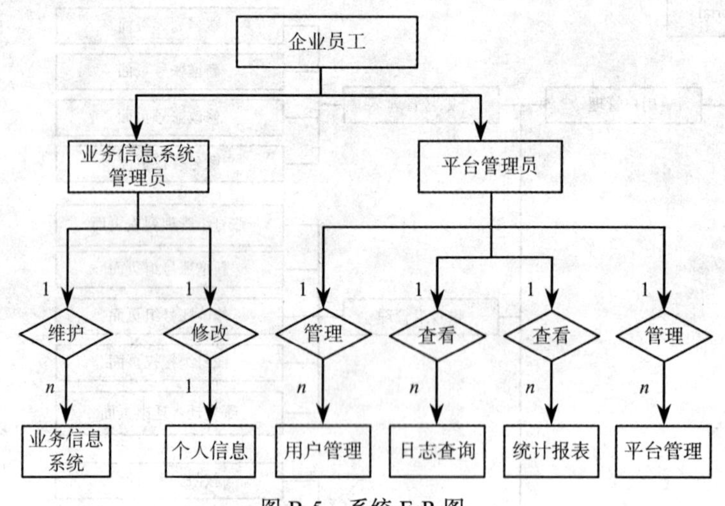

图B-5 系统E-R图

6.2 逻辑结构模型设计

数据库的逻辑结构设计是将各局部的E-R图进行分解、合并后重新组织起来，形成数据库全局逻辑结构，包括所确定的关键字和属性、重新确定的记录结构、所建立的各个数据之间的相互关系。本系统的数据库包括了用户管理、业务信息系统管理、日志查询、统计报表等基本数据字典。

（1）用户管理包括的库表

Users——用户账号基本信息表。

UserGroup——用户账号组基本信息表。

UsersGroupMapping——账号与账号组对应关系表。

Permissions——权限点表。

Role——角色表。

RolePermissionMapping——角色与权限点对应关系表。

UserRoleMapping——账号与角色对应关系表。

UserGroupRoleMapping——账号组与角色对应关系表。

（2）业务信息系统管理包括的库表

BusinessSystem——业务信息系统表。

RoleBusinessSysMapping——角色与业务系统映射表。

（3）日志查询包括的库表

Log——日志信息表。

（4）统计报表包括的库表

UsersReport——账号角色变更报表。

UsersLoginReport——异常时间登录操作报表。

以下表 B-2 至表 B-14 详细说明了数据库表的字段。

表 B-2 账号基本信息表（Users）

字 段 名	字段代码	字段类型	可否为空	备 注
编号	ID	NUMBER	N	
员工登录账号	USERNAME	VARCHAR2(32)	N	
员工真实姓名	REALNAME	VARCHAR2(32)	N	
员工登录密码	PASSWORD	VARCHAR2(64)	N	
邮件地址	EMAIL	VARCHAR2(64)	Y	
手机号码	MOBILE	VARCHAR2(16)	Y	
创建时间	CREATETIME	DATE	Y	
用户状态	STATUS	NUMBER	N	1 为可用，0 为不可用，9 为被删除
最后登录时间	LASTLOGINTIME	DATE	Y	
最后登录 IP	LASTLOGINIP	VARCHAR2(20)	Y	
登录次数	LOGINNUM	NUMBER(9)	Y	
修改时间	MODIFYTIME	DATE	Y	
修改人	MODIFYBY	VARCHAR2(32)	Y	

表 B-3 账号组基本信息表（UserGroup）

字 段 名	字段代码	字段类型	可否为空	备 注
编号	ID	NUMBER	N	
账号组名称	NAME	VARCHAR2(64)	N	
创建时间	CREATETIME	DATE	N	
描述信息	DESCRIPTION	VARCHAR2(512)	Y	
修改时间	MODIFYTIME	DATE	Y	
修改人	MODIFYBY	VARCHAR2(32)	Y	

表 B-4 账号与账号组对应关系表（UserGroupMapping）

字 段 名	字段代码	字段类型	可否为空	备 注
账号编号	USERID	VARCHAR2(3000)	Y	
账号组编号	USERGROUPID	VARCHAR2(64)	Y	

表 B-5 权限点表（Permissions）

字 段 名	字段代码	字段类型	可否为空	备 注
编号	ID	NUMBER	N	
权限点名称	NAME	VARCHAR2(64)	N	
创建时间	CREATETIME	DATE	N	
描述信息	DESCRIPTION	VARCHAR2(512)	Y	

表 B-6 角色信息表（Role）

字 段 名	字段代码	字段类型	可否为空	备 注
编号	ID	NUMBER	N	
角色名称	NAME	VARCHAR2(64)	N	
角色大类	ROLETYPE	NUMBER	N	1：业务信息系统管理员 2：平台管理员
创建时间	CREATETIME	DATE	N	
修改时间	MODIFYTIME	DATE	Y	

（续）

字　段　名	字段代码	字段类型	可否为空	备　注
修改人	MODIFYBY	VARCHAR2(32)	Y	
描述信息	DESCRIPTION	VARCHAR2(512)	Y	

表 B-7　角色与权限点对应关系表（RolePermissionMapping）

字　段　名	字段代码	字段类型	可否为空	备　注
权限编号	PID	VARCHAR2(3000)	Y	
角色编号	ROLEID	VARCHAR2(64)	Y	

表 B-8　账号与角色对应关系表（UserRoleMapping）

字　段　名	字段代码	字段类型	可否为空	备　注
账号编号	USERID	NUMBER	Y	
角色编号	ROLEID	NUMBER	Y	

表 B-9　账号组与角色对应关系表（UserGroupRoleMapping）

字　段　名	字段代码	字段类型	可否为空	备　注
账号组编号	USERGROUPID	NUMBER	Y	
角色编号	ROLEID	NUMBER	Y	

表 B-10　业务信息系统表（BusinessSystem）

字　段　名	字段代码	字段类型	可否为空	备　注
编号	ID	NUMBER	N	
业务系统名称	NAME	VARCHAR2(64)	N	
创建时间	CREATETIME	DATE	N	
认证 URL	URL	VARCHAR2(128)	Y	
认证 URL 参数	PARAMETER	VARCHAR2(128)	Y	

表 B-11　角色与业务系统映射表（RoleBusinessSysMapping）

字　段　名	字段代码	字段类型	可否为空	备　注
角色编号	ROLEID	NUMBER	Y	
业务系统编号	BUSINESSID	NUMBER	Y	

表 B-12　日志信息表（Log）

字　段　名	字段代码	字段类型	可否为空	备　注
编号	ID	NUMBER	N	
用户名称	USERNAME	VARCHAR2(64)	Y	
用户真实姓名	REALNAME	VARCHAR2(64)	Y	
登录 IP	LOGINIP	VARCHAR2(20)	Y	
操作类型	OPERATIONTYPE	NUMBER	Y	
操作时间	OPERATIONTIME	DATE		
目的 IP	DESTIP	VARCHAR2(20)		

表 B-13　账号角色变更报表（UsersReport）

字　段　名	字段代码	字段类型	可否为空	备　注
操作类型	OPERATIONTYPE	NUMBER	Y	
操作时间	OPERATIONTIME	DATE	Y	

（续）

字　段　名	字段代码	字段类型	可否为空	备　注
变更操作人	MODIFYBY	VARCHAR2(64)	Y	
变更对象	OPERATIONOBJ	VARCHAR2(64)	Y	
备注	COMMENT	VARCHAR2(1024)		

表 B-14　异常时间登录操作报表（UsersLoginReport）

字　段　名	字段代码	字段类型	可否为空	备　注
异常登录人员	LOGINNAME	VARCHAR2(64)	Y	
异常登录 IP	LOGINIP	VARCHAR2(20)	Y	
异常登录时间	LOGINTIME	DATE	Y	
异常登录原因	LOGINCAUSE	VARCHAR2(512)	Y	
备注	COMMENT	VARCHAR2(1024)	Y	

在确定了各个表主键字段的基础上，依据表与表相关字段之间的联系建立了各表之间的关系，如图 B-6 所示。

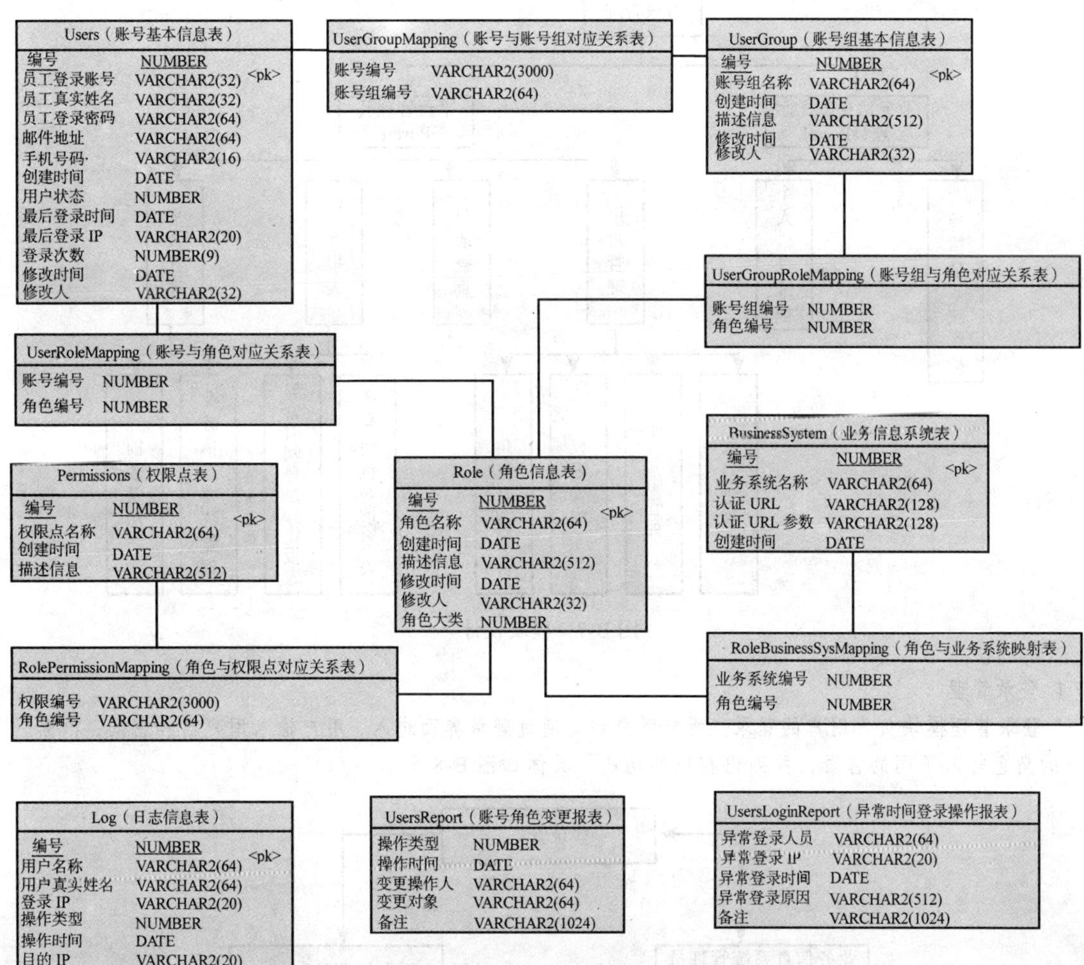

图 B-6　数据库关系图

6.3 物理结构模型设计

数据库的物理结构设计主要是对数据在内存中的安排进行设计，包括对索引区、缓冲区的设计；对使用的外存设备及外存空间的组织，包括索引区、数据块的组织与划分；设置访问数据的方式方法。

首先，在非系统卷（操作系统所在卷以外的其他卷）上安装 Oracle 数据库文件。

内存是影响 Oracle 性能的一个重要因素，为了确定 Oracle 系统最适宜的内存需求，可以从总的物理内存中减去 Windows 2003 Server 需要的内存以及其他一些内存需求后综合确定，理想的情况是给 Oracle 分配尽可能多的内存，而不产生页面调度。设置服务器的虚拟内存为 1GB。

7. 功能模块设计

根据页面流的设计，用户登录综合信息管理平台后，根据用户角色分为业务信息系统管理员 Portal 和平台管理员 Portal，业务信息系统管理员 Portal 分为业务信息系统维护、个人信息维护，平台管理员 Portal 分为用户管理、日志查询、统计报表、平台管理等模块，如图 B-7 所示。

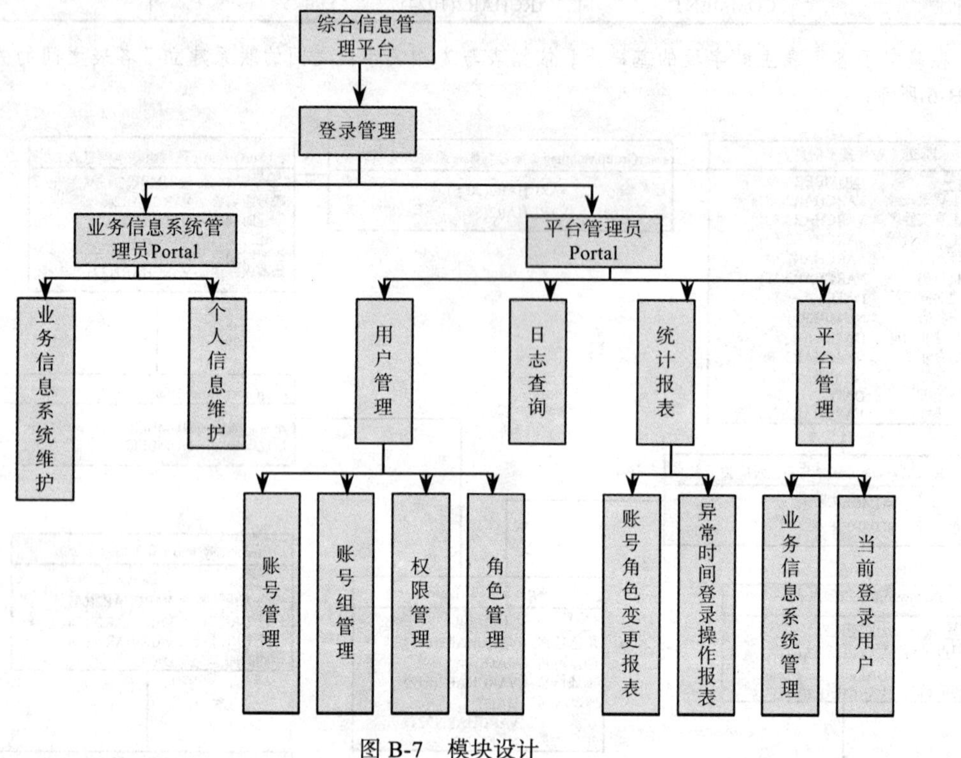

图 B-7 模块设计

7.1 登录管理

登录管理模块负责用户的登录。所有用户都是通过登录界面进入，用户输入用户名和密码，根据用户的角色转入不同的首页，并列出相应的功能。具体如图 B-8 所示。

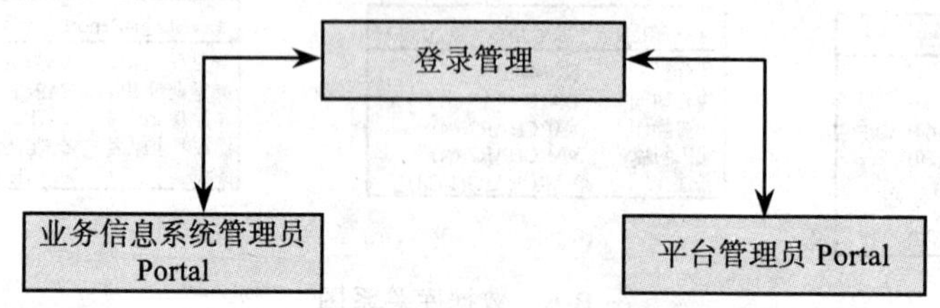

图 B-8 登录管理模块功能流程图

7.2 业务信息系统管理员 Portal

业务信息系统管理员在其 Portal 界面，可以显示个人信息进行维护和该用户所能维护的业务信息系统列表，点击某个业务信息系统，则可以进入该系统，在系统内部进行维护，在业务系统维护完成后，可以返回综合信息管理平台。具体如图 B-9 所示。

7.3 平台管理员 Portal

对于平台管理员的 Portal 界面，左侧树形菜单中可以显示该用户所能访问的功能模块。平台管理员 Portal 界面的功能模块有账号管理模块、账号组管理模块、权限管理模块、角色管理模块、日志查询模块、统计报表模块、业务信息系统管理模块、当前登录用户等。具体如图 B-10 所示。

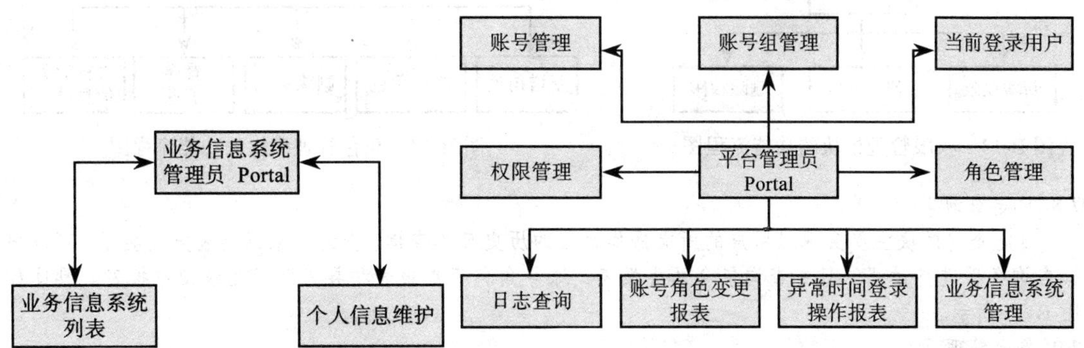

图 B-9 业务信息系统管理员 Portal 的功能流程图

图 B-10 平台管理员 Portal 的功能流程图

7.4 账号管理

账号管理是对所有用户账号的管理，包括对用户账号进行的增加、删除、修改、查询、授权等功能，以及提供账号的详细信息。具体如图 B-11 所示。

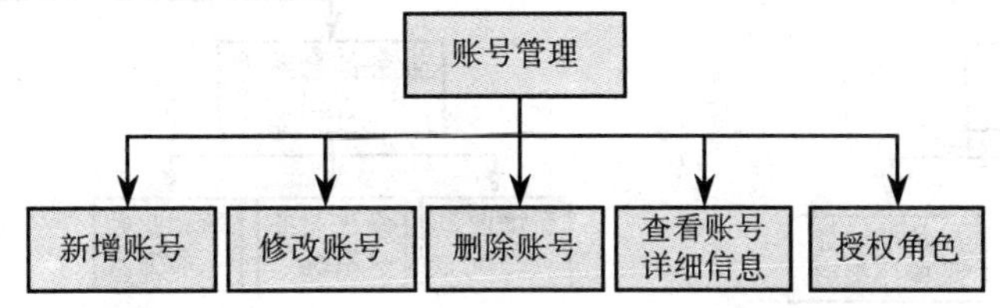

图 B-11 账号管理模块的功能流程图

7.5 账号组管理

账号组管理是对所有用户账号组的管理，包括对账号组进行的增加、删除、修改、查询、授权、账号迁入迁出等功能，以及提供账号组的详细信息。具体如图 B-12 所示。

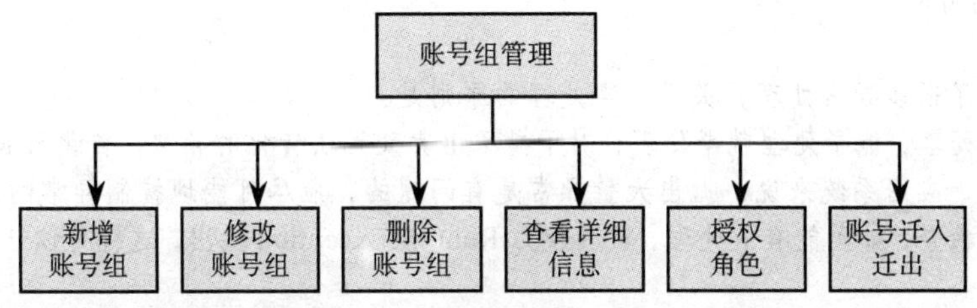

图 B-12 账号组管理模块的功能流程图

7.6 权限管理模块

权限管理是对所有功能模块权限点的管理，包括对权限点进行的增加、删除、修改、查询、等功能。具体如图 B-13 所示。

7.7 角色管理模块

角色管理是对所有平台角色信息的管理，包括对角色进行的增加、删除、修改、查询以及提供角色的详细信息等功能。具体如图 B-14 所示。

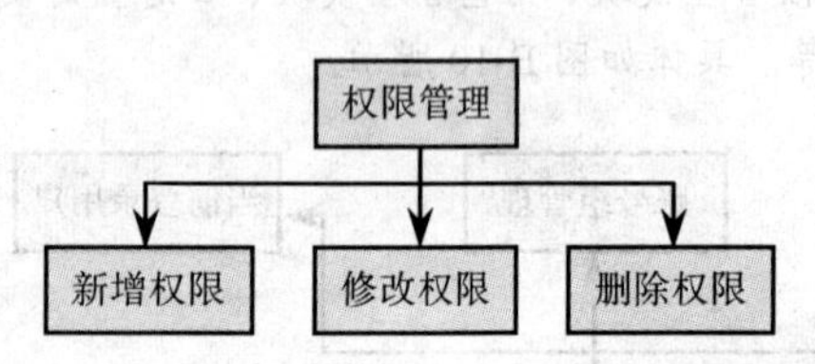

图 B-13 权限管理模块的功能流程图

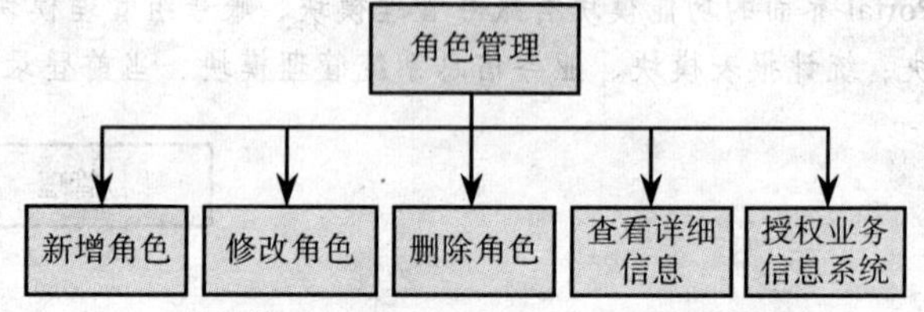

图 B-14 角色管理模块的功能流程图

7.8 日志查询

日志查询模块主要实现对用户的所有操作过程的历史日志查询。查询结果以列表方式显示，可以根据查询条件进行过滤。日志查询包含两类报表，账号角色变更报表和异常时间登录操作报表。具体如图 B-15 所示。

7.9 平台管理

平台管理包括业务信息系统管理模块、当前登录用户模块。业务信息系统管理是对所有业务信息系统的维护，包括对业务系统进行的增加、删除、修改、查询，以及提供业务信息系统的详细信息。当前登录用户模块主要显示当前登录综合信息管理平台的用户列表。具体如图 B-16 所示。

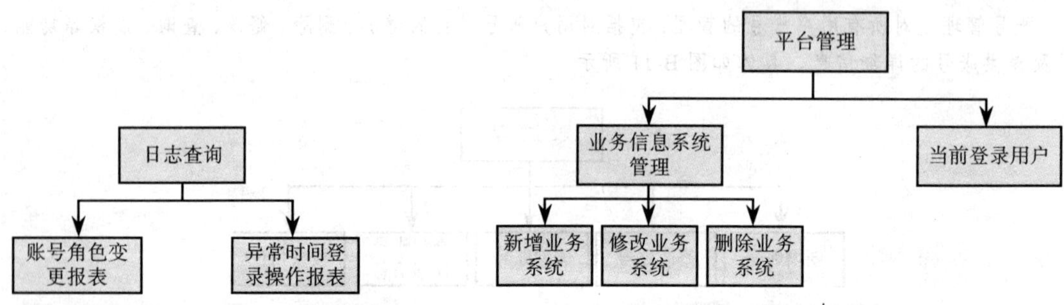

图 B-15 日志查询的功能流程图

图 B-16 平台管理的功能流程图

8. 性能优化设计

8.1 垃圾回收器

综合信息管理平台运行时同时启动一个守护线程，用于定期强制触发垃圾回收器，清除缓存中的垃圾，提高缓存利用率。

8.2 异常处理

本系统设计了很多异常处理，关于异常处理的原则是：

- 对于异常处理，能早处理就早处理，对于抛不出去又无法转化的异常，转化为 RuntimeException 处理。对于应用系统来说，抛出大量异常是有问题的，应尽可能地控制异常的发生。
- 对于异常检查，如不能有效处理，就转换为 RuntimeException 抛出，这样可以让上层的代码有选择的余地。
- 应用系统应该有自己的异常处理框架，这样当异常发生时，也能得到统一的处理风格。

4.10 小结

本章讲述了软件项目的概要设计过程，软件设计是软件项目开发过程的核心，是将需求规格说明转化为软件实现方案的过程。本章介绍了概要设计的方法，主要从结构化和面向对象两个角度介绍设计方法。设计模型主要包括数据设计、体系结构设计、接口设计、构件设计等。设计中提倡复用原则，应用框架可以提供很多好的复用基础，好的框架结构可以提高开发效率，提高产品的质量。

4.11 练习题

一、选择题

1. 内聚是从功能角度来度量模块内的联系，按照特定次序执行元素的模块属于（　　）方式。
   A．逻辑内聚　B．时间内聚　C．过程内聚　D．顺序内聚
2. 软件的结构化设计方法中，一般分为概要设计和详细设计两个阶段，其中概要设计主要是要建立（　　）。
   A．软件结构　B．软件流程　C．软件模型　D．软件模块
3. 概要设计是软件工程中很重要的技术活动，下列不是概要设计任务的是（　　）。
   A．设计软件系统结构　B．编写测试报告
   C．数据结构和数据库设计　D．编写概要设计文档
4. 软件结构图能描述软件系统的总体结构，它应在软件开发的（　　）阶段提出。
   A．需求分析　B．概要设计　C．详细设计　D．代码编写
5. 软件的（　　）设计也称为总体结构设计，其主要任务是建立软件的总体结构。
   A．概要　B．抽象　C．逻辑　D．规划
6. 数据字典是定义（　　）中的数据的工具。
   A．数据流图　B．系统流程图　C．程序流程图　D．软件结构图
7. 耦合是软件各个模块间连接的一种度量。一组模块都访问同一数据结构应属于（　　）方式。
   A．内容耦合　B．公共耦合　C．外部耦合　D．控制耦合
8. 面向数据流的软件设计方法中，一般是把数据流图中的数据流分为（　　）两种流，再将数据流图映射为软件结构。
   A．数据流与事务流　B．交换流和事务流
   C．信息流与控制流　D．交换流和数据流
9. （　　）是指让一些关系密切的软件元素在物理上彼此靠近。
   A．信息隐蔽　B．内聚　C．局部化　D．模块独立
10. 软件设计是一个将（　　）转换为软件表示的过程。
    A．代码设计　B．软件需求　C．详细设计　D．系统分析
11. 数据存储和数据流都是（　　），仅仅是所处的状态不同。
    A．分析结果　B．事件　C．动作　D．数据
12. 在结构化方法中，软件功能分解属于软件开发中的（　　）阶段的任务。

A．详细设计　　B．需求分析　　C．概要设计　　D．编程调试

13．数据字典是数据定义信息的集合，它所定义的对象都包含在（　　）。

A．数据流图　　B．程序框图　　C．软件结构　　D．方框图

14．模块本身的内聚是模块独立性的重要度量因素之一，在7类内聚中，具有最强内聚的一类是（　　）。

A．顺序性内聚　　B．过程性内聚　　C．逻辑性内聚　　D．功能性内聚

15．面向数据流的设计方法把（　　）映射成软件结构。

A．数据流　　B．系统结构　　C．控制结构　　D．信息流

16．数据流图和（　　）共同组成系统的逻辑模型。

A．HIPO图　　B．PDL　　C．数据字典　　D．层次图

17．下列关于软件设计准则的描述，错误的是（　　）。

A．提高模块的独立性

B．体现统一的风格

C．使模块的作用域在该模块的控制域外

D．结构应该尽可能满足变更的要求

二、填空题

1．数据字典包括（　　）、（　　）、数据存储和基本加工。

2．（　　）把已确定的软件需求转换成特定形式的设计表示，使其得以实现。

3．设计模型是从分析模型转化而来的，主要包括四类模型：（　　）、数据设计模型、接口设计模型、构件设计模型。

4．面向对象设计的主要特点是建立了四个非常重要的软件设计概念：抽象性、（　　）、功能独立性和模块化。

5．构件（模块）设计的最终目的是将数据模型、体系结构模型、接口模型变为（　　）。

三、判断题

1．软件设计是软件工程的重要阶段，是一个把软件需求转换为软件代码的过程。（　　）

2．软件设计说明书是软件概要设计的主要成果。（　　）

3．软件设计中设计复审和设计本身一样重要，其主要作用是避免后期付出高代价。（　　）

4．模式是针对特定问题的解决方案，好的模式采用成熟和成功的方法，比重新设计要好很多。框架是特定应用领域的数据结构模式。（　　）

第 5 章

软件项目的详细设计

上一章讲述了软件的概要设计，概要设计给出了项目的一个总体实现结构，在将概要设计变为代码的过程中可以增加一个阶段，即详细设计阶段，它是构件的详细设计过程，也是一个具体的设计过程。下面进入路线图的第三站——详细设计，如图 5-1 所示。

图 5-1　路线图——详细设计

5.1　关于详细设计的概念

类似建造一个房子，概要设计相当于建造房子的地基计划，这个地基计划定义了房子中各个房间的功能以及各个房间如何与其他房间和外部环境连接的结构要素。而详细设计相当于对如何建造各个房间的详细描述。

概要设计阶段是以比较抽象概括的方式提出了解决问题的办法；而详细设计阶段是将解决问题的办法具体化。详细设计也称为过程设计，主要是针对程序开发部分来说的，但这个阶段不是真正编写程序，而是设计出程序的详细规格说明。这种规格说明的作用非常类似于其他工程领域中工程师经常使用的工程蓝图，它们应该包含必要的细节，程序员可以根据它们写出实际的程序代码。

在实际项目进行过程中，详细设计这个过程可以省略，主要是看项目的具体情况和项目要求，可以有详细设计也可以直接按照概要设计进行编码，这个过程主要是保证编码的顺利进行，帮助扫清编码过程中的障碍，提高代码的质量和效率。可以根据项目的具体情况，将详细设计过程与概要设计过程合在一起，或者将详细设计过程与编码过程合在一起。尽管表面上看好像省掉了这个过程，其实逻辑上并没有省掉，它可能体现在概要设计中，或者体现在编码过程中。

5.2 详细设计的内容

详细设计是将概要设计的框架内容具体化、明细化，将概要设计转化为可以操作的软件模型，它是设计出程序的“蓝图”，以后程序员可以根据这个蓝图编写实际的程序代码。因此，详细设计的结果基本决定了最终的程序代码的质量。衡量程序的质量不仅要看逻辑是否正确，性能是否满足要求，更主要的是要看它是否容易阅读和理解。详细设计的目标不仅仅是逻辑上正确地实现了模块的功能，更重要的是设计出的处理过程应该尽可能简明易懂。详细设计的任务是为每一个构件确定使用的算法和数据结构。

详细设计首先要对系统的构件（模块）做概要性的说明，然后设计详细的算法、每个构件（模块）之间的关系以及如何实现算法等部分的描述。所以，详细设计主要包括构件（模块）描述、算法描述、数据描述。

- 构件（模块）描述。它描述构件（模块）的功能，以及需要解决的问题，这个构件（模块）在什么时候可以被调用，为什么需要这个构件（模块）。
- 算法描述。确定构件（模块）存在的必要性之后，就要确定实现这个构件（模块）的算法，描述构件（模块）中的每个算法，包括公式、边界和特殊条件，甚至包括参考资料、引用的出入等。
- 数据描述。详细设计应该描述构件（模块）内部的数据流。对于面向对象的构件（模块），主要描述对象之间的关系。

详细设计可以采用图形、表格或者文字描述等方式表达出来。伪代码是很重要的一个方法，它类似于结构化英语的表达，使用结构化语言和数据来表达，而不是将设计变为源代码的一行一行语句。通过这种方式可以感觉到哪个实现是好的，以免重新编写程序。

5.3 结构化的详细设计方法

结构化详细设计的概念最早由 E. W. Dijkstra 提出，主要针对模块级的设计，Dijkstra 等专家建议在进行详细设计时，采用一套有条件的逻辑构造，以便以此生成源代码。这个逻辑构造应该有很好的可读性，以便于他人阅读理解。

在需求分析、概要设计阶段采用了自顶向下、逐步细化的方法。在需求分析阶段，对问题进行了抽象，产生了模型和数据；在概要设计阶段，根据软件功能，对软件结构进行抽象，产生了软件功能结构图并对结构进行分解，获得软件系统的结构体系。在详细设计阶段，主要任务是设计程序的处理过程，在设计模块内部的处理过程时，仍然可以采用自顶向下、逐步细化的方法。

详细设计的目标是逻辑上要正确地实现模块的功能，而且设计出来的处理过程应该尽可能简明易懂。其设计主要包括控制结构，同时也包括算法和数据结构的设计，当然更细节的算法和数据结构的实现是通过编码完成的。所以，结构化的详细设计主要是面向数据结构的设计方法。

5.3.1 面向数据结构的设计

面向数据结构的设计是一种比较流行的详细设计方法，其核心是面向数据结构进行设计，以数据驱动作为特征，将问题分解为由顺序、选择、循环三种基本结构形式表示的分层次结构，并实现由数据结构到程序结构的映射和转换过程，如图 5-2、图 5-3 和图 5-4 所示，分别表示了顺序、选择、循环三种基本结构形式。“顺序”可以实现任何算法中的处理步骤，“选择”可以实现一些逻辑的并发处理中的选择处理，而“循环”允许重复。这三种构造方法是结构化编程的基本技术。

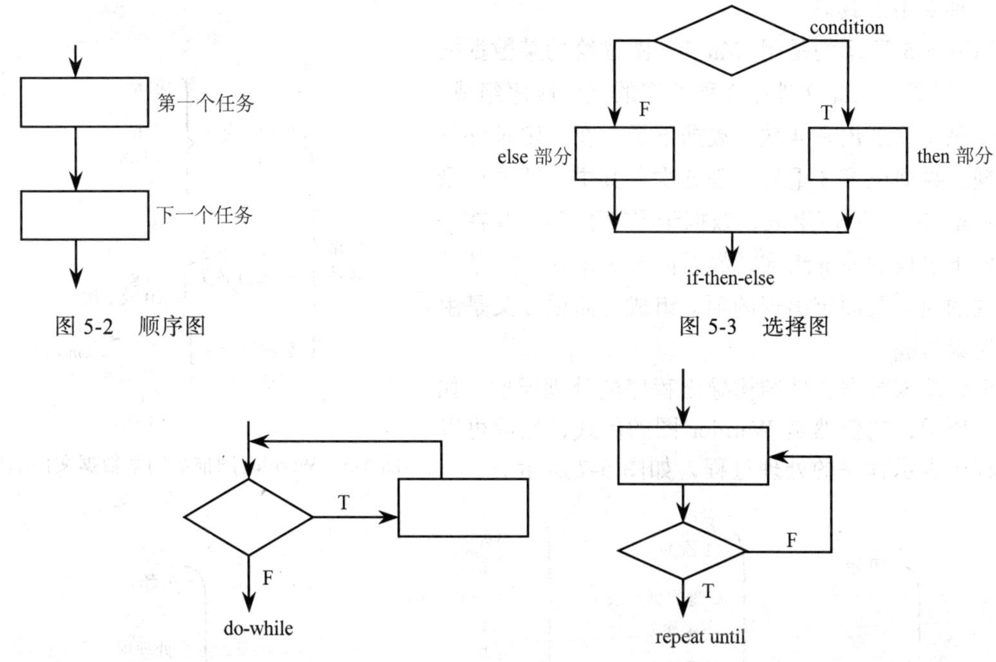

图 5-2 顺序图

图 5-3 选择图

图 5-4 循环结构图

面向数据结构的设计方法主要包括 Jackson 方法和 Warnier 方法。

1. Jackson 方法

Jackson 系统开发方法简称 JSD（Jackson System Development），是一种典型的面向数据结构的分析设计方法，它是由英国 MA Jackson 提出来的。Jackson 方法认为，内在数据结构是至关重要的，可以利用输入数据结构、输出数据结构导出程序结构，对于一般的数据处理系统，问题的结构可以用其所处理的数据结构来表示，而且具有层次结构的可维护性。层次数据组织常常和使用这些数据的程序相似，数据结构清晰指明了程序的结构。与程序结构一样，数据结构也有顺序、选择、循环三种。

Jackson 程序设计方法的步骤如下：

1）分析确定输入数据和输出数据的逻辑结构，采用 Jackson 图描述数据结构。

2）分析输入数据结构和输出数据结构中有对应关系的数据单元。

3）从描绘数据结构的 Jackson 图导出描绘程序结构的 Jackson 图。

4）列出所有操作和条件，并将它们分配到程序结构图的适当位置。

5）用伪代码表示程序。

2. Warnier 方法

Warnier 方法是由法国人 D. Warnier 提出的，它采用 Warnier 图表示数据结构和程序结构。

在 Warnier 图中，数据元素按从上到下的顺序出现，在数据元素的下方的括号中用数字来表示数据元素是选择出现还是重复出现。当用 Warnier 图表示程序结构时，在处理动作的上方画一条长横线用来表示该动作的"非"。Warnier 程序设计方法又称为逻辑构造程序方法。Warnier 方法和 Jackson 方法类似，也是从数据结构出发设计程序，Warnier 图是 Warnier 方法中的一种专用工具。

如图 5-5 所示的是用 Warnier 图描绘的某数据文件结构，该图表示此文件由 3 种类型的记录顺序组成，数据记录 1 重复出现 4 次，数据记录 2 在一定条件下才出现，数据记录 3 重复出现 *n* 次。其中，数据记录 1 由项 a、b、c 顺序组成，数据记录 2 由项 f 及在一定条件下出现的项 g 组成，数据记录 3 由在一定条件下出现的项 d 及固定出现的项 e 组成，而项 d 又是由 *m* 个元素组成。

可以从该数据文件结构导出程序的处理层次，如图 5-6 所示，它仍然是 Warnier 图的形式，然后可以用流程图表示程序的处理过程，如图 5-7 所示。

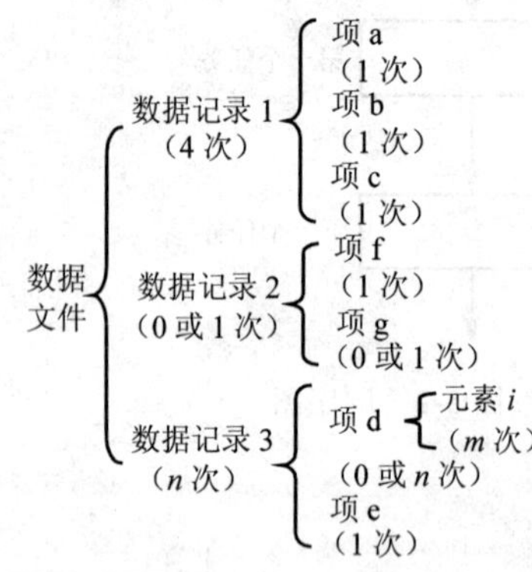

图 5-5 Warnier 图描绘的某数据文件结构

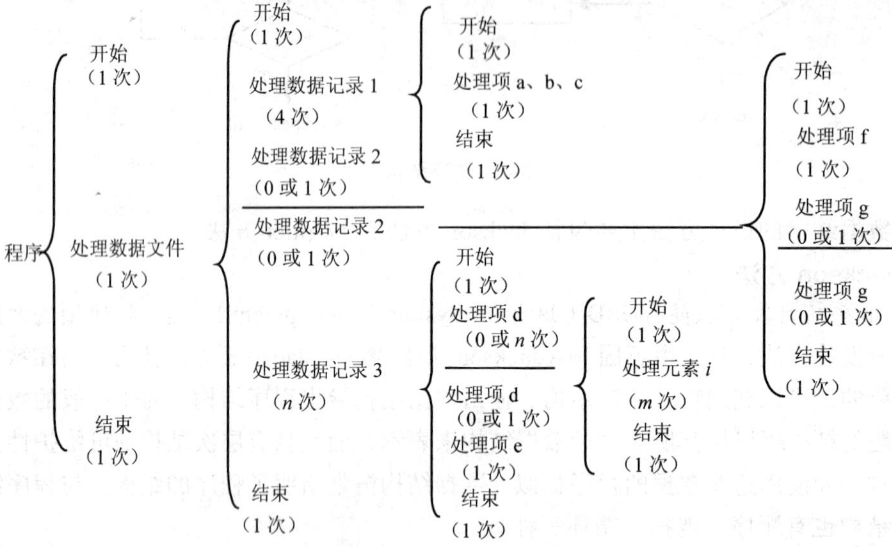

图 5-6 由数据文件结构导出程序处理层次

Warnier 结构程序设计方法的步骤如下：

1）分析和确定输入数据和输出数据的逻辑结构，用 Warnier 图表示出来。

2）由用 Warnier 图表示的数据结构导出用 Warnier 图表示的程序处理层次。

3）根据 Warnier 图所表示的程序处理层次导出程序流程图。

4）用伪代码描述程序过程。

任何领域或者任何技术复杂的程序都可以采用结构化的方式设计和编程，结构化编程可以减少程序的复杂性，增加可读性、可测试性、可维护性。

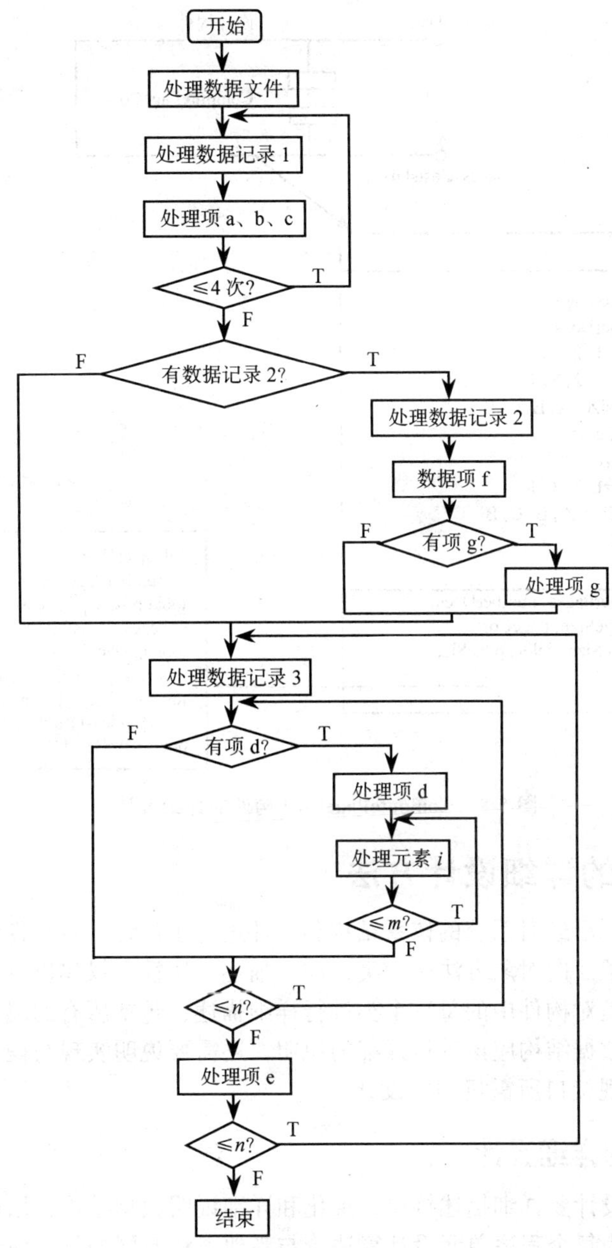

图 5-7 程序处理层次对应的流程图表示

5.3.2 结构化详细设计的例子

现在我们对第 4 章的图 4-18 中的 ComputePageCost 构件进行详细设计，结果如图 5-8 所示，其中 ComputePageCost 模块通过调用 getJobData 模块和数据库接口 accessCostDB 来访问数据，接着对 ComputePageCost 模块进一步细化，给出算法和接口的细节描述。其中，算法的细节可以由图中显示的伪代码或者活动图表示，接口被表示为一组输入和输出的数据对象或者数据项的集合，详细设计的过程可以一直做到很详细。

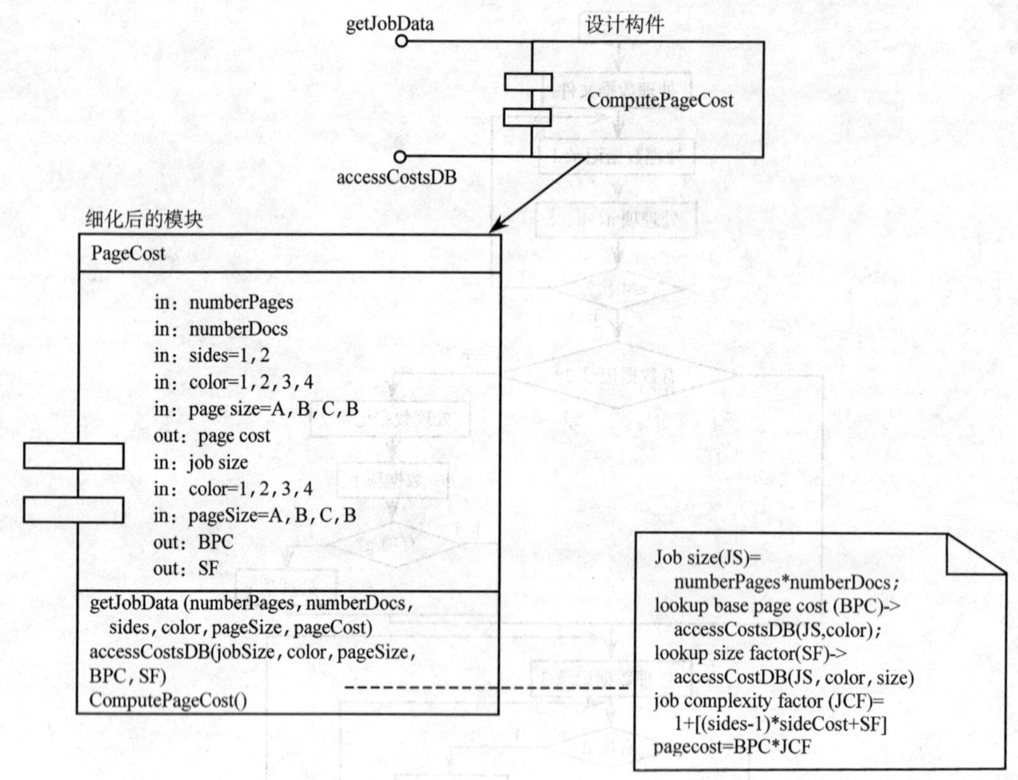

图 5-8　ComputePageCost 构件的详细设计

5.4　面向对象的详细设计方法

在概要设计阶段，已经对系统的体系结构和构件进行了设计，在构件设计过程中设计了所有的构件，即分解了面向对象方法中的类，同时描述了属性、操作以及相关的接口。面向对象的详细设计主要是对构件中的每一个类进行详细描述，包括所有的属性和与其实现相关的操作。每个属性的数据结构应该进行详细的说明，还需要说明实现与操作相关的处理逻辑的算法细节，说明实现接口所需机制的设计。

5.4.1　面向对象的详细设计

面向对象的详细设计要详细描述接口，细化和详细说明数据结构，用逐步求精和结构化编程等基本设计概念为每个程序单元设计算法。与其他方法不同的是，面向对象详细设计的步骤可以在任何时候重复进行，实际上在系统实现的过程中，在不同层次上重复设计步骤是必须的。为了确定何时需要重复设计，可以参考以下原则：假设一个操作的实现需要大量代码（例如大于 200 行代码），就应该将这个操作的功能作为一个新问题进行陈述，然后对这个新问题重复进行设计过程。

面向对象的详细设计从概要设计的对象和类开始，同时对它们进行完善和修改，以便包含更多的信息项，例如：

- 非功能需求，如性能、输入输出的约束等。
- 确定可以从其他项目中为本项目复用的构件。

- 计划为将来其他项目可以复用的构件。
- 用户界面的需求。
- 数据结构。

详细设计阶段可能包含更多的类和对象，概要设计是高层描述数据的组织，而详细设计是包含更多的数据结构信息。同时要说明每个对象的接口，规定每个操作的操作符号，以及对象的命名、每个对象的参数、方法的返回值。在很多情况下，可以通过顺序图获得这些信息。对象的接口是所有方法（操作）的名字的集合。

对象实现描述是对对象内部的详细描述，包括：

- 对象名字和引用类说明。
- 私有数据结构、数据项和类型。
- 每个方法的实现描述。

1. 算法和数据结构的设计

算法是设计对象中每个方法的实现规格，很多情况下，这个算法就是一个简单的计算或者过程序列。当然如果这个方法（操作）比较复杂时，这个算法实现可能需要模块化。在这里可以采用上面讲过的结构化详细设计技术。

数据结构的设计与算法是同时进行的，因为这个方法（操作）要对类的属性进行处理。方法（操作）对数据进行的处理有很多种，主要包括三类：对数据的维护操作（例如增、删、改等），对数据进行计算，监控对象事件。

2. 模块和接口

决定软件设计质量非常重要的一个方面是模块，所有模块最后组成了一个完整的程序。面向对象方法将对象定义为模块，当然也可以对这个对象中复杂的部分进行再模块化，同时我们还要定义对象之间的接口和对象的总体结构。模块和接口设计应当用类似编程语言的伪代码语言表达出来。

例如 4.5 节“家庭安全系统”例子中的 Sensor（传感器）对象，我们对它进行详细设计。这里我们利用伪代码的 PDL 语言表示，如图 5-9 所示。

已经定义了传感器的属性，还需要进一步定义每个操作的接口：

```
PROC read(sensor.id,sensor.status:out)
PROC set(alarm characteristics,hardware interface:IN)
PROC test(sensor.id,sensor.status, alarm characteristics:out)
```

下一步需要对这些操作进行逐步求精，这里我们只给出读操作（read 方法）的描述过程，如图 5-10 所示。

有了 read 的伪代码表示，在编写代码的时候可以据此翻译成相应的实现语言。其中 GET 和 CONVERT 是函数。

详细设计还要考虑系统的性能和空间要求等。

5.4.2 面向对象详细设计的例子

现在我们对图 4-19 中的 PrintJob 类构件进行详细设计，需要不断补充作为构件的 PrintJob 类的全部属性和操作，细化接口实现描述，对通信和协作也需要进行详细描述。结果如图 5-11 所示。computeJob 和 initiateJob 接口隐含着与其他构件的通信和协作。详细设计需要对每一个构件进行细化，细化一旦完成需要对每一个属性、每一个操作和每一个接口更一步细化。

```
PACKAGE Sensor IS
   TYPE sensor data
   PROC read,set,test
   PRIVATE
        PACKAGE BODY sensor IS
        PRIVATE
          Sensor.id IS STRING LENGTH(8)
          Sensor.status IS STRING LENGTH(8)
          Alarm characteristics DEFINED
            Threshold,signal type,signal level is
NUMERIC,
          Hardware interface DEFINED
            Type,A/D, characteristics,timing.data is
NUMERIC
END sensor
```

图 5-9 Sensor 对象的 PDL 表示

```
PROC read (sensor.id,sensor.status:out)
 Raw.signal IS STRING
 IF (haedware.interface.type="s"& alarm characteristics.signal.type="B")
 THEN
    GET(sensor.exception;sensor.status:=error)raw.signal
    CONVERT raw.signal TO internal.signal.level;
    IF internal.signal.level>threshold
       THEN sensor.status="event'
       ELSE sensor.status="no event'
    ENDIF
  ELSE{processing for other types of interfaces would be specified}
  ENDIF
  RETURN sensor.id,sensor.status
END read
```

图 5-10 read 方法的 PDL 表示

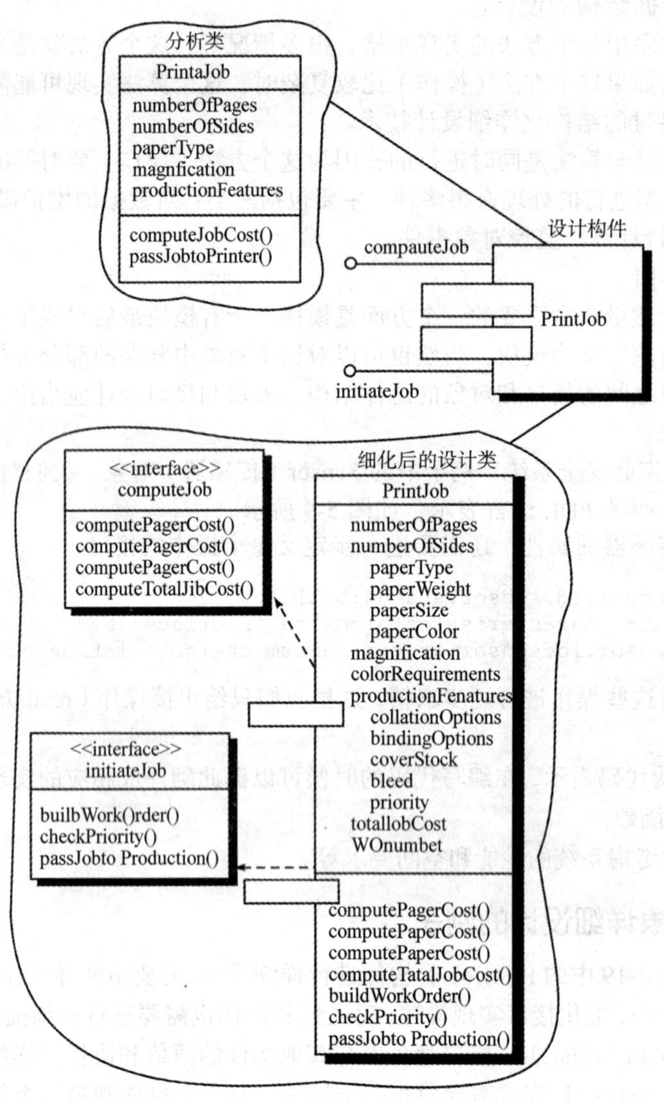

图 5-11 详细设计的例子

5.5 表达详细设计的工具

表达详细设计的工具主要包括图形工具（程序流程图）、表格工具（判定表）、语言工具（PDL）等。

5.5.1 图形符号的设计方式

在说明一个问题的时候，一个图形的作用可以相当于千条语句的作用。流程图是很重要的一种图形符号，一个方框表示一个处理过程，菱形代表一个逻辑判断，箭头代表控制流。程序流程图是开发人员最熟悉的算法表达工具，它直观、清晰、容易掌握。例如前面图 5-2、图 5-3 和图 5-4 代表了三种结构，“顺序”关系用两个方框通过一个箭线连接来表示；“选择”关系通过一个菱形的判断表示，如果条件为真则执行 then 部分，如果为假则执行 else 部分；循环可以用两种方式表示，do-while 先测试条件，如果为真就一直循环执行任务，repeat until 先执行循环任务，然后判断条件，直到这个条件为假就可以结束循环任务。

例如图 5-12 就是一个查看报表模块的详细设计流程图。

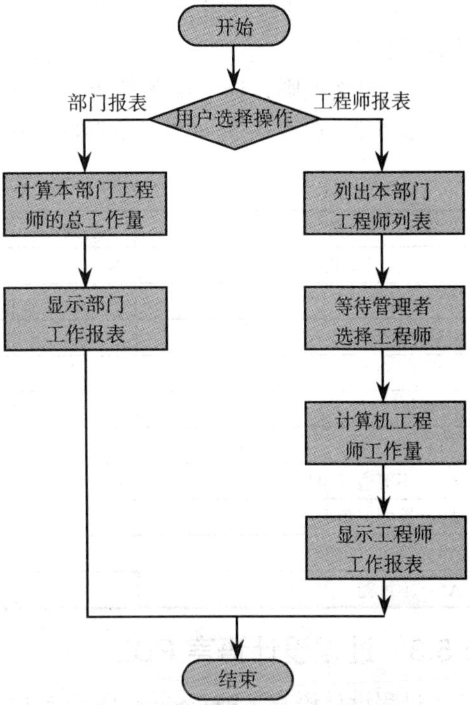

图 5-12 查看报表模块详细设计流程图

5.5.2 表格的设计方式

在很多软件中，一个模块需要对一些条件和基于这些条件的任务进行复杂的组合，而决策表提供了将条件及其相关的任务组合为表格的一种表达方式。表 5-1 就是一个决策表，其中的左上区域列出了所有的条件，左下区域列出了基于这些条件组合对应的任务，右边区域是根据条件组合而对应的任务矩阵表，矩阵的每个列可以对应于应用系统中的一个处理规则。

表 5-1 决策表

条件	规则 1	规则 2	规则 3	规则 4	规则 5	……	规则 n
条件 1	√	√		√	√		
条件 2		√	√		√		
条件 3			√	√	√		
条件 4	√	√	√				
任务							
任务 1					√		
任务 2		√					
任务 3	√		√				
任务 4			√				
任务 5		√		√			
任务 6					√		

编制一个决策表的步骤如下：

1）列出与一个特定的模块相关的所有活动。

2）列出这个模块执行过程的所有条件（或者决策）。

3）将特定的条件组合与相应的活动组合在一起，删除不必要的条件组合，或者编制可行的条件组合。

4）定义规则，即一组条件组合对象完成什么活动。

表 5-2 就是关于一个三角形的应用系统的决策表。

表 5-2 三角形的应用系统的决策表

条 件	规则 1	规则 2	规则 3	规则 4	规则 5	规则 6
C1：a、b、c 构成三角形	N	Y	Y	Y	Y	Y
C2：a=b?		Y	Y	N	Y	N
C3：a=c?		Y	Y	Y	N	N
C4：b=c?		Y	N	Y	N	N
任务						
A1：非三角形	X					
A2：不等边三角形						X
A3：等腰三角形					X	
A4：等边三角形		X				
A5：不可能			X	X		

5.5.3 过程设计语言 PDL

过程设计语言（Procedure Design Language，PDL）也称为结构化英语，它于 1975 年由 Caine 与 Gordon 首先提出来，到目前为止已经推出多种 PDL 语言。PDL 具有“非纯粹”编程语言的特点，它是一种混合语言，采用一种语言（例如英语）的词汇，同时采用类似另外一种语言（例如，结构化程序语言）的语法。第一眼看伪代码很像一种程序语言，但是伪代码是不能直接编译的，它体现了设计的程序的框架或者代表了一个程序流程图。PDL 有如下特点：

- 使用一些固定关键词的语法结构表达了结构化构造、数据描述、模块的特征。
- 自然语言的自由语法描述了处理过程。
- 数据声明包括简单的和复杂的数据结构。
- 使用支持各种模式的接口描述的子程序定义或者调用技术。

（1）PDL 语言的特点

- 使用一些固定关键词的语法结构表达了结构化构件、数据描述模块的特征。
- 处理部分采用自然语言描述。
- 可以说明简单和复杂的数据结构。
- 子程序的定义与调用规则不受具体接口方式的影响。

（2）PDL 描述选择结构

利用 PDL 描述的 IF 结构如下：

```
IF<条件>
一条或者多条语句
```

```
ELSEIF <条件>
一条或者多条语句
……
ELSEIF <条件>
一条或者多条语句
ELSE
一条或者多条语句
ENDIF
```

(3) PDL 描述循环结构

对于 3 种循环结构，利用 PDL 描述如下：

- WHILE 循环结构：

```
DO WHILE <条件描述>
一条或数条语句
ENDWHILE
```

- UNTIL 循环结构：

```
REPEAT UNTIL <条件描述>
一条或数条语句
ENDREP
```

- FOR 循环结构：

```
DOFOR <循环变量>=<循环变量取值范围，表达式或者序列>
一条或数条语句
ENDFOR
```

(4) 子过程

```
Procedure  <子过程名>  <属性表>
  INTERFACE <参数表>
  一条或者数条语句
  END
```

属性表明了子过程的引用特性和利用的过程语言的特征。

(5) 输入、输出

```
READ/WRITE TO <设备> <I/o 表>
```

例如，下面是一个文本处理系统采用 PDL 进行的详细设计：

```
INITIAL:
  Get parameter for indent,skip_line,margin.
  Set left margin to parameter for indent.
  Set temporary line pointer to left margin for all but paragraph;  for paragraph,
set it to paragraph indent.
LINE_BREAKS:
  If not (DOUBLE_SPACE or SINGLE_SPACE),break line,flush line buffer and set
line pointer to temporatory line pointer.
  If 0 lines left on page,eject page and print page header.
INDIVIDUAL CASES:
  INDENT,BREAK: do nothing.
  SKIP_LINE:  skip parameter lines or eject.
```

```
PARAGRAPH:  advance 1 line;if <2 lines on page,eject.
MARGIN:  right_margin=parameter.
DOUBLE_SPACE: interline_space=2.
SINGLE_SPACE: interline_space=1.
PAGE: eject page,print page header.
```

伪代码作为详细设计的工具，缺点在于不如其他图形工具直观，描述复杂的条件组合与动作间的对应关系不够明了。

5.6　详细设计文档

详细设计文档是指在详细设计过程中制定详细设计报告所依据的标准。一般说，详细设计规格说明没有统一的标准，有的是以伪代码的方式体现，最后可能与源代码合为一体，有的可能是一些文档格式的。下面的详细设计规格说明文档模板可以作为参照。

1.　导言

1.1　目的

说明文档的目的。

1.2　范围

说明文档覆盖的范围。

1.3　缩写说明

定义文档中所涉及的缩略语（若无则填写无）。

1.4　术语定义

定义文档内使用的特定术语（若无则填写无）。

1.5　引用标准

列出文档制定所依据、引用的标准（若无则填写无）。

1.6　参考资料

列出文档制定所参考的资料（若无则填写无）。

1.7　版本更新信息

记录文档版本修改的过程，具体版本更新记录如下表所示：

修改编号	修改日期	修改后版本	修改位置	修改内容概述

2.　系统设计概述

本节描述的主要内容包括：

- 简要描述系统的整体结构（文字和框图相结合）。
- 模块划分和分布（如果采用 OO 技术，则可用构件图和包图表示）。
- 系统采用的技术和实现方法。

3.　详细设计概述

本节以模块为单位，简要描述以下内容：

- 模块用途。
- 模块功能。

- 特别约定。

4. 详细设计

本节以模块为单位，详细描述以下内容：

- 模块的定义。
- 模块的关联。
- 输入/输出数据说明，包括变量描述（重要的变量及其用途），以及约束或限制条件。
- 实现描述/算法说明，包括：说明本模块的实现流程，包括条件分支和异常处理；模块的应用逻辑；模块的数据逻辑。

这部分可以通过流程图或者伪代码的方式实现。

5. 程序提交清单

程序提交清单以模块为单位分别进行描述，格式如下表所示：

模　块	文 件 名	文 件 类 别	用　途

5.7 项目案例

项目案例名称：综合信息管理平台

项目案例文档：《综合信息管理平台详细设计说明书》

1. 导言

1.1 目的

本文档的目的是描述综合信息管理平台项目的详细设计，其主要内容包括：

- 系统功能简介。
- 系统详细设计简述。
- 各个模块的三层划分。
- 最小模块组件的伪代码。

本文档的预期读者是：

- 设计人员。
- 开发人员。
- 项目管理人员。
- 测试人员。

1.2 范围

该文档定义了系统的各个模块和模块接口，但未确定单元的具体实现，这部分内容将在实现中确定。

1.3 引用标准

[1]《企业文档格式标准》V1.1，北京长江软件有限公司。

[2]《软件详细设计报告格式标准》V1.1，北京长江软件有限公司软件工程过程化组织。

1.4 参考资料

[1]《实战 Structs》，Ted Husted，机械工业出版社。

1.5 版本更新信息

本文档版本更新记录如表 C-1 所示：

表 C-1 版本更新记录

修改编号	修改日期	修改后版本	修改位置	修改内容概述
000	2010-4-13	0.1	全部	初始发布版本

2. 系统设计概述

根据综合信息管理平台的概要设计，系统分为登录管理、账号管理、账号组权限管理、角色管理、日志查询、统计报表、平台管理、业务信息系统维护、个人信息维护等模块，它们的关系如图 C-1 所示，以下将分小节对各个部分分别进行详细设计。

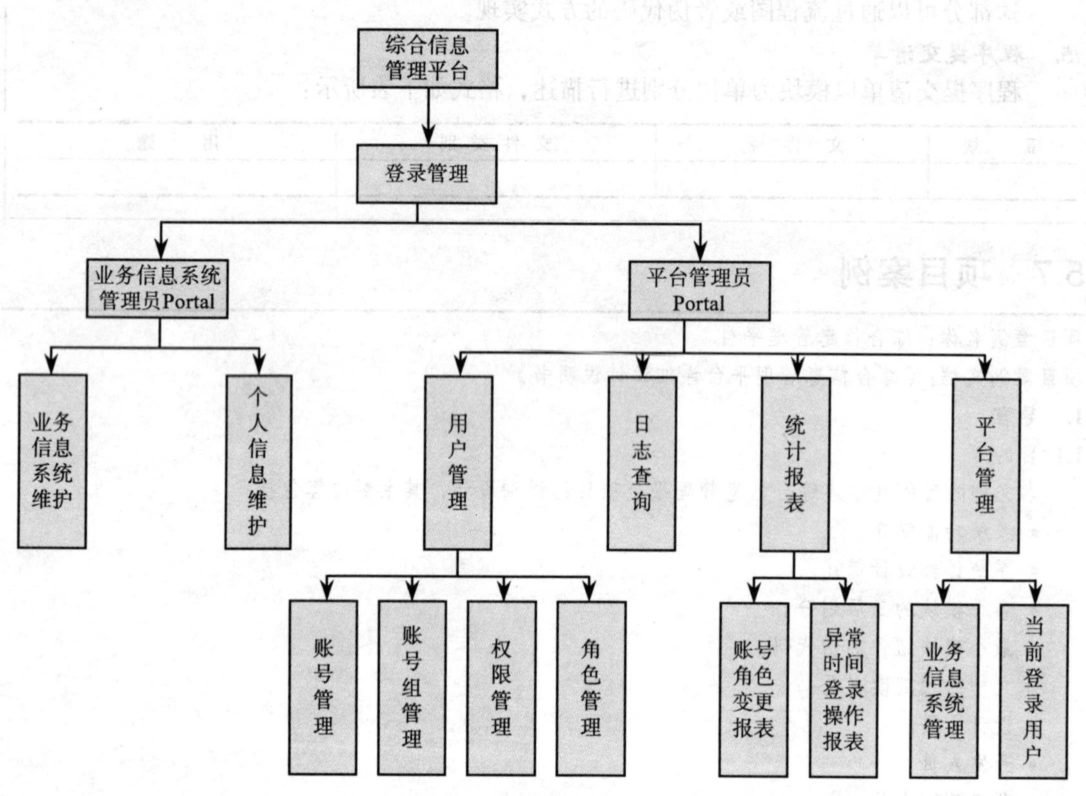

图 C-1 模块设计图

3. 详细设计概述

由于本系统采用了基于 Struts 体系结构的设计，即采用 MVC 的三层设计模式，采用面向对象的 Java 语言以及 JSP 脚本语言，所以基本采用面向对象的设计方法。在整个开发过程中，尽可能采用复用的原则，例如采用标签库，统一数据库的基本操作，统一结果显示等。

本文档的详细设计主要是按照 Struts 的 MVC 的三个层次分别描述视图层、控制层和模型层模块的伪代码，为下一步的编码提供基础。

4. 登录管理模块

登录管理模块负责用户的登录。系统框架可分成三层结构，即视图层、控制层和模型层，具体如表 C-2 所示。

表 C-2 登录管理的三层模块

视 图	控 制 器		模 型
login.jsp main.jsp	LoginForm	LoginAction	DB.java Constants.java User.java

4.1 视图层

根据上述的功能介绍，视图页面设计如表 C-3 所示。

表 C-3 登录管理模块的页面设计

界 面	JSP	功 能 描 述
登录界面	login.jsp	登录的主页面
主页面	main.jsp	管理主页面
页面中部	center.jsp	复用页面：页面中心部分
页面上端	top.jsp	复用页面：页面上部分
页面左端	left.jsp	复用页面：页面左部分
页面下端	bottom.jsp	复用页面：页面下部分

根据界面流的设计可以确定各个界面的访问入口以及界面之间的切换关系，页面流程如图 C-2 所示。

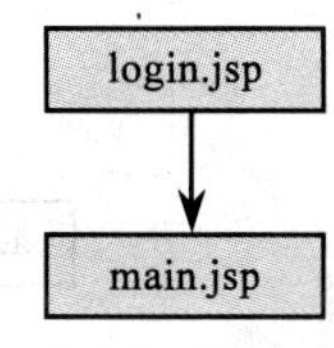

图 C-2 登录管理的页面流程图

4.2 控制层

登录管理的控制层主要是设计用户的登录事件（Action）的流程控制。表 C-4 列出了每个 Action 的入口（即调用 Action 的组件）、传递 Action 的 ActionForm 以及出口（即 Action 将请求转发到目标组件）。

表 C-4 登录管理的控制层设计

事 件	Action	入 口	ActionForm	出 口
用户登录	LoginAction	login.jsp	LoginForm	main.jsp

4.3 模型层

登录管理的模型组件负责完成用户信息的数据库操作的业务逻辑模型，建立封装了用户信息的 bean，这个 bean 主要验证用户相关信息是否存在，并判断其权限。模型组件如表 C-5 所示。

表 C-5 登录管理的模型组件

模 型 组 件	描 述
DB.java	封装数据库操作的 bean
UserBean.java	封装用户信息的 bean

5. 账号管理模块

账号管理模块负责用户账号的维护，可以分成三层结构，即视图层、控制层和模型层，具体如表 C-6 所示。

表 C-6 账号管理的三层模块

视 图	控 制 器		模 型
userlist.jsp adduser.jsp updateuser.jsp	UserForm RoleForm	UserAction	DB.java Constants.java User.java

（续）

视　图	控　制　器	模　型
userdetail.jsp authrole.jsp		Role.java

5.1 视图层

根据上述的功能介绍，总结出账号管理功能的页面设计如表C-7所示。

表C-7　账号管理模块的页面设计

界　面	JSP	功能描述
账号管理首页	userlist.jsp	账号管理列表页面
新增账号页面	adduser.jsp	增加账号的页面
修改账号页面	updateuser.jsp	修改账号的页面
账号详细信息页面	userdetail.jsp	账号详细信息页面
授权角色页面	authrole.jsp	为账号分配角色的页面

账号管理模块各个表示页面之间的关系如图C-3所示。

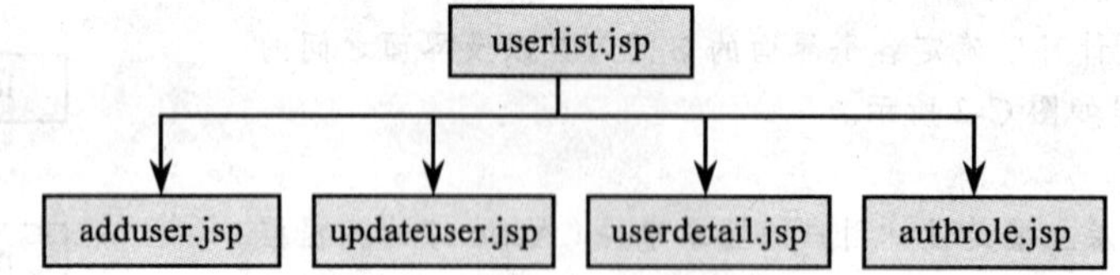

图C-3　账号管理模块的页面流程图

5.2 控制层

账号管理的控制层主要负责进入增加账号页面、修改账号页面、账号详细信息页面、授权角色页面等事件的流程控制。表C-8列出了账号管理控制层每个Action的入口（即调用Action的组件，在此模块中共用一个Action，不同功能使用不同方法实现）、传递Action的ActionForm以及出口（即Action将请求转发到目标组件）。

表C-8　账号管理的控制层设计

事　件	Action	入　口	ActionForm	出　口
进入账号管理列表页面	UserAction method=userlist	main.jsp	UserForm	userlist.jsp
进入增加账号页面	UserAction method=adduser	userlist.jsp	UserForm	adduser.jsp
进入修改账号页面	UserAction method=updateuser	userlist.jsp	UserForm	updateuser.jsp
进入授权角色页面	UserAction method=authrole	userlist.jsp	RoleForm	authrole.jsp
删除账号	UserAction method=deluser	userlist.jsp	UserForm	userlist.jsp
进入账号详细信息页面	UserAction method=userdetail	userlist.jsp	UserForm	userdetail.jsp

5.3 模型层

账号管理业务逻辑层设计主要包括建立封装了账号信息的 bean——User.java，建立封装了角色信息的 bean——Role.java，完成将账号和对应角色关系存放数据库的操作，同时也提供了数据维护的操作等逻辑。模型组件见表 C-9。

表 C-9 账号管理的模型组件

模型组件	描述
DB.java	封装数据库操作的 bean
User.java	封装账号信息的 bean
Role.java	封装角色信息的 bean

6. 账号组管理模块

账号组管理模块负责用户账号组的维护，可以分成三层结构，即视图层、控制层和模型层，具体如表 C-10 所示。

表 C-10 账号组管理的三层模块

视图	控制器		模型
usergrouplist.jsp addusergroup.jsp updateusergroup.jsp usergroupdetail.jsp authrolegroup.jsp changeuser.jsp	UserGroupForm RoleForm UserForm	UserGroupAction	DB.java Constants.java UserGroup.java Role.java User.java

6.1 视图层

根据上述的功能介绍，总结出账号组管理功能的页面如表 C-11 所示。

表 C-11 账号组管理模块的页面设计

界面	JSP	功能描述
账号组管理首页	usergrouplist.jsp	账号组管理列表页面
新增账号组页面	addusergroup.jsp	增加账号组的页面
修改账号组页面	updateusergroup.jsp	修改账号组的页面
账号详细信息页面	usergroupdetail.jsp	账号组详细信息页面
授权角色页面	authrolegroup.jsp	为账号组分配角色的页面
账号迁入迁出页面	changeuser.jsp	账号从账号组中迁入迁出的页面

账号组管理模块各个界面的基本流程图如图 C-4 所示。

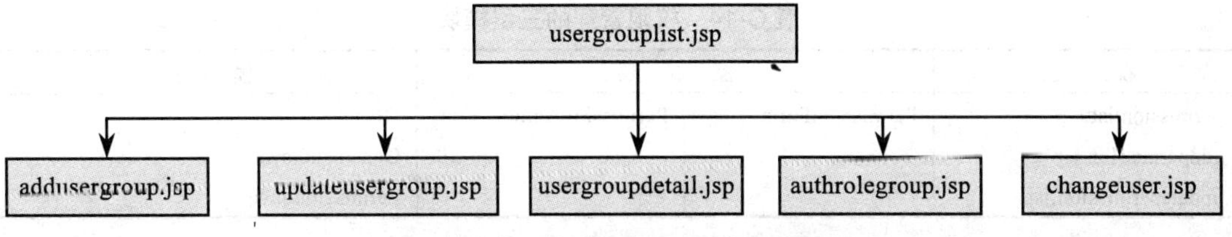

图 C-4 账号组管理模块的页面流程图

6.2 控制层

账号组管理的控制层主要负责进入增加账号组页面、修改账号组页面、账号组详细信息页面、授权角色页面、账号迁入迁出等事件的流程控制。表 C-12 列出了账号组管理控制层每个 Action 的入口（即调用 Action 的组件，在此模块中共用一个 Action，不同功能使用不同方法实现）、传递 Action 的 ActionForm 以及出口（即 Action 将请求转发到目标组件）。

表 C-12 账号组管理的控制层设计

事 件	Action	入 口	ActionForm	出 口
进入账号组管理列表页面	UserGroupAction method=usergrouplist	main.jsp	UserGroupForm	usergrouplist.jsp
进入增加账号组页面	UserGroupAction method=addusergroup	usergrouplist.jsp	UserGroupForm	addusergroup.jsp
进入修改账号组页面	UserGroupAction method=updateusergroup	usergrouplist.jsp	UserGroupForm	updateusergroup.jsp
进入授权角色页面	UserGroupAction method=authrolegroup	usergrouplist.jsp	RoleForm	authrolegroup.jsp
删除账号组	UserGroupAction method=delusergroup	usergrouplist.jsp	UserGroupForm	usergrouplist.jsp
进入账号组详细信息页面	UserGroupAction method=usergroupdetail	usergrouplist.jsp	UserGroupForm	usergroupdetail.jsp
账号迁入迁出页面	UserGroupAction method=changeuser	usergrouplist.jsp	UserForm	changeuser.jsp

6.3 模型层

账号组管理的业务逻辑主要是完成账号组维护，并完成相应数据库的操作。账号组管理的模型层主要是建立封装了账号组信息的 bean、账号信息的 bean、角色信息的 bean，以及封装了数据库操作的组件，模型组件见表 C-13。

表 C-13 账号组管理的模型组件

模 型 组 件	描 述
DB.java	封装数据库操作的 bean
UserGroup.java	封装账号组信息的 bean
User.java	封装账号信息的 bean
Role.java	封装角色信息的 bean

7. 权限管理模块

权限管理模块负责所有功能模块权限点的维护，可以分成三层结构，即视图层、控制层和模型层，具体如表 C-14 所示。

表 C-14 权限管理的三层模块

视 图	控 制 器		模 型
permissionlist.jsp addpermission.jsp updatepermission.jsp	PermissionForm	PermissionAction	DB.java Constants.java Permission.java

7.1 视图层

根据上述的功能介绍，总结出权限管理功能的页面如表 C-15 所示。

表 C-15 权限模块的页面设计

界 面	JSP	功能描述
权限管理首页	permissionlist.jsp	权限管理列表页面
新增权限页面	addpermission.jsp	增加权限的页面
修改权限页面	updatepermission.jsp	修改权限的页面

权限管理模块的各个页面流程如图 C-5 所示。

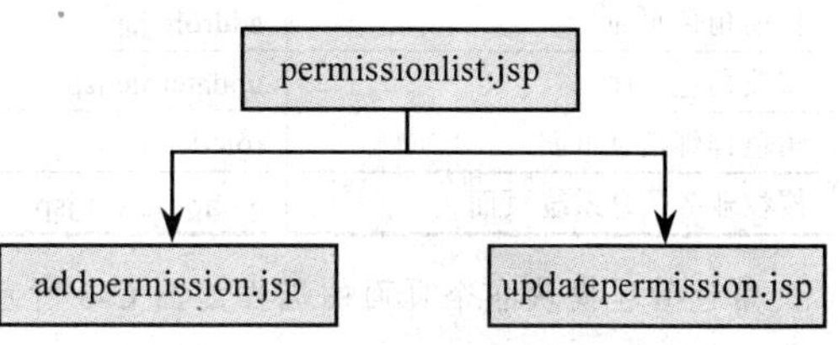

图 C-5 权限管理模块的页面流程图

7.2 控制层

权限管理的控制层主要负责进入权限列表页面、进入增加权限页面、进入修改权限页面等事件的流程控制。表 C-16 列出了权限管理控制层每个 Action 的入口（即调用 Action 的组件，在此模块中共用一个 Action，不同功能使用不同方法实现）、传递 Action 的 ActionForm 以及出口（即 Action 将请求转发到目标组件）。

表 C-16 权限管理的控制层设计

事 件	Action	入 口	ActionForm	出 口
进入权限管理列表页面	PermissionAction method=permissionlist	main.jsp	PermissionForm	permissionlist.jsp
进入增加权限页面	PermissionAction method=addpermission	permissionlist.jsp	PermissionForm	addpermission.jsp
进入修改权限页面	PermissionAction method=updatepermission	permissionlist.jsp	PermissionForm	updatepermission.jsp
删除权限	PermissionAction method=delpermission	permissionlist.jsp		permissionlist.jsp

7.3 模型层

权限管理的业务逻辑主要是完成权限点信息的维护，并完成相应数据库的操作。权限管理的模型层主要是建立封装了权限信息的 bean，以及封装了数据库操作的组件。模型组件见表 C-17。

表 C-17 权限管理的模型组件

模型组件	描 述
DB.java	封装数据库操作的 bean
Permission.java	封装权限信息的 bean

8. 角色管理模块

角色管理模块负责平台角色信息的维护，可以分成三层结构，即视图层、控制层和模型层，具体如表 C-18 所示。

表 C-18 角色管理的三层模块

视 图	控 制 器		模 型
rolelist.jsp addrole.jsp updaterole.jsp roledetail.jsp authbusiness.jsp	RoleForm RoleBusinessForm	RoleAction	DB.java Constants.java Role.java Business.java Permission.java

8.1 视图层

根据上述的功能介绍，角色管理功能的页面如表 C-19 所示。

表 C-19 角色模块的页面设计

界 面	JSP	功能描述
角色管理首页	rolelist.jsp	权限管理列表页面
新增角色页面	addrole.jsp	增加权限的页面
修改角色页面	updaterole.jsp	修改权限的页面
角色详细信息页面	roledetail.jsp	查看角色详细信息页面
授权业务信息系统页面	authbusiness.jsp	授权业务信息系统页面

角色管理模块各个页面的流程如图 C-6 所示。

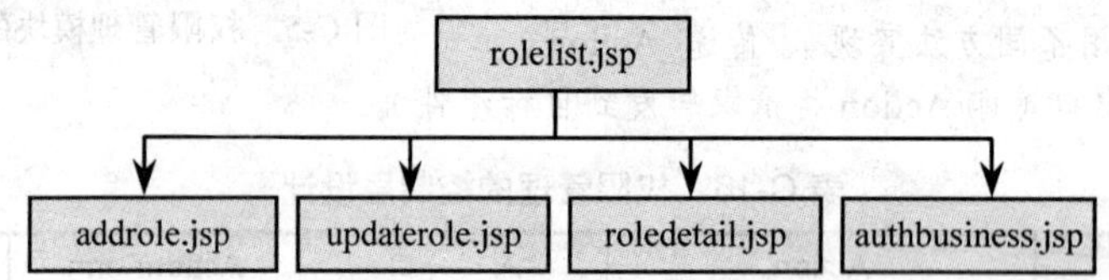

图 C-6 角色管理模块的页面流程图

8.2 控制层

角色管理的控制层主要负责进入角色管理列表页面、进入增加角色页面、进入修改角色页面、进入删除角色页面、进入授权业务信息系统页面事件的流程控制。表 C-20 列出了角色管理控制层每个 Action 的入口（即调用 Action 的组件，在此模块中共用一个 Action，不同功能使用不同方法实现）、传递 Action 的 ActionForm 以及出口（即 Action 将请求转发到目标组件）。

表 C-20 角色管理的控制层设计

事 件	Action	入 口	ActionForm	出 口
进入角色管理列表页面	RoleAction method=rolelist	main.jsp	RoleForm	rolelist.jsp
进入增加角色页面	RoleAction method=addrole	rolelist.jsp	RoleForm	addrole.jsp
进入修改角色页面	RoleAction method=updaterole	rolelist.jsp	RoleForm	updaterole.jsp
进入删除角色页面	RoleAction method=delrole	rolelist.jsp		rolelist.jsp
进入授权业务信息系统页面	RoleAction method=authbusiness	rolelist.jsp	RoleBusinessForm	authbusiness.jsp

8.3 模型层

角色管理的业务逻辑主要是完成角色信息的维护，并完成相应数据库的操作。角色管理的模型层主要是建立封装了角色信息的 bean、封装了权限信息的 bean，以及封装了数据库操作的组件。模型组件见表 C-21。

表 C-21 角色管理的模型组件

模型组件	描 述
DB.java	封装数据库操作的 bean

（续）

模型组件	描　述
Role.java	封装角色信息的 bean
Permission.java	封装权限信息的 bean
Business.java	封装业务信息系统的 bean

9. 日志查询模块

日志查询模块主要实现对用户的所有操作过程的历史日志查询。系统框架可以分成三层结构，即视图层、控制层和模型层，具体如表 C-22 所示。

表 C-22　日志查询的三层模块

视　图	控制器		模　型
logquery.jsp	LogForm	LogQueryAction	Log.java

9.1 视图层

根据上述的功能介绍，总结出日志查询功能的页面如表 C-23 所示。

表 C-23　日志查询的页面设计

界　面	JSP	功能描述
日志查询首页	logquery.jsp	日志查询列表页面

日志查询的页面流程如图 C-7 所示。

9.2 控制层

日志查询的控制层主要负责进入日志查询界面的流程控制，根据过滤条件进行查询。表 C-24 列出了日志查询控制层的 Action 的入口（即调用 Action 的组件，在此模块中共用一个 Action，不同功能使用不同方法实现）、传递 Action 的 ActionForm 以及出口（即 Action 将请求转发到目标组件）。

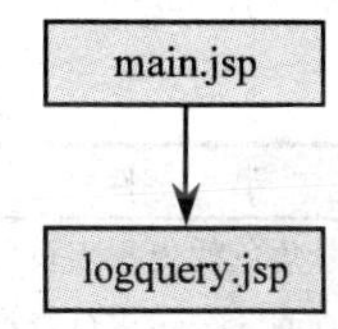

图 C-7　日志查询的页面流程图

表 C-24　日志查询的控制层设计

事　件	Action	入　口	ActionForm	出　口
进入日志查询页面 点击“查询”按钮进行查询	LogQueryAction method=logquery	main.jsp	LogForm	logquery.jsp

9.3 模型层

日志查询的业务逻辑主要是完成日志信息的查询。日志查询的模型层主要是建立封装了日志信息的 bean，以及封装了数据库操作的组件。模型组件见表 C-25。

表 C-25　日志查询的模型组件

模型组件	描　述
DB.java	封装数据库操作的 bean
Log.java	封装日志信息的 bean

10. 统计报表模块

统计报表模块主要实现两类报表：账号角色变更报表，异常时间登录操作报表。系统框架可以分成三层结构，即视图层、控制层和模型层，具体如表 C-26 所示。

表 C-26 统计报表的三层模块

视　图	控　制　器		模　型
userrolemodify.jsp	UserRoleModifyForm	UserRoleModifyAction	UserRoleModify.java
userloginreport.jsp	UserLoginReportForm	UserLoginReportAction	UserLoginReport.java

10.1 视图层

根据上述的功能介绍，统计报表的页面实现如表 C-27 所示。

表 C-27 统计报表的页面设计

界　面	JSP	功能描述
账号角色变更报表页面	userrolemodify.jsp	账号角色变更报表页面
异常时间登录操作报表页面	userloginreport.jsp	异常时间登录操作报表页面

页面流程如图 C-8 所示。

10.2 控制层

统计报表的控制层主要负责进入该报表界面的流程控制，根据过滤条件进行查询。表 C-28 列出了控制层的 Action 的入口（即调用 Action 的组件，在此模块中共用一个 Action，不同功能使用不同方法实现）、传递 Action 的 ActionForm 以及出口（即 Action 将请求转发到目标组件）。

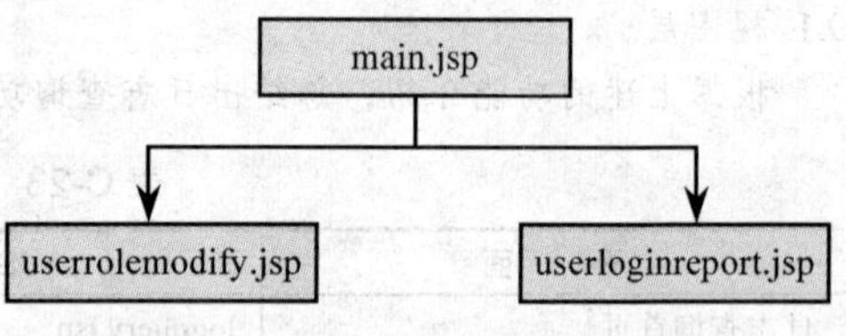

图 C-8 统计报表的页面流程图

表 C-28 统计报表的控制层设计

事　件	Action	入　口	ActionForm	出　口
进入账号角色变更报表页面 点击“查询”按钮进行查询	UserRoleModifyAction method= userrolemodify	main.jsp	UserRoleModifyForm	userrolemodify.jsp
进入异常时间登录操作报表页面 点击“查询”按钮进行查询	UserLoginReportAction method=userloginreport	main.jsp	UserLoginReportForm	userloginreport.jsp

10.3 模型层

统计报表的业务逻辑主要是完成账号角色变更信息的统计查询、完成异常时间段登录综合信息管理平台的用户操作进行统计。统计报表的模型层主要是建立封装了账号角色变更信息的 bean、异常时间段登录平台操作信息的 bean，以及封装了数据库操作的组件。模型组件见表 C-29。

表 C-29 统计报表的模型组件

模型组件	描　述
DB.java	封装数据库操作的 bean
UserRoleModify.java	封装账号角色变更信息的 bean
UserLoginReport.java	封装异常时间段登录平台操作信息的 bean

11. 平台管理模块

平台管理模块主要实现业务信息系统管理、当前登录用户查看等功能，可以分成三层结构，即视图层、控制层和模型层，具体如表 C-30 所示。

表 C-30 平台管理的三层模块

视　图	控　制　器		模　型
businesslist.jsp	BusinessForm	BusinessAction	Business.java

（续）

视　图	控　制　器		模　型
addbusiness.jsp updatebusiness.jsp businessdetail.jsp loginuserlist.jsp	LoginUserForm	LoginUserAction	LoginUser.java

11.1 视图层

根据上述的功能介绍，平台管理功能的页面实现如表 C-31 所示。

表 C-31　平台管理模块的页面设计

界　面	JSP	功能描述
业务信息系统管理首页	businesslist.jsp	业务信息系统列表页面
新增业务信息系统页面	addbusiness.jsp	增加业务信息系统的页面
修改业务信息系统页面	updatebusiness.jsp	修改业务信息系统的页面
详细信息页面	businessdetail.jsp	查看业务信息系统详细信息页面
当前登录用户页面	loginuserlist.jsp	当前登录平台的用户列表页面

平台管理模块各个页面的流程如图 C-9 所示。

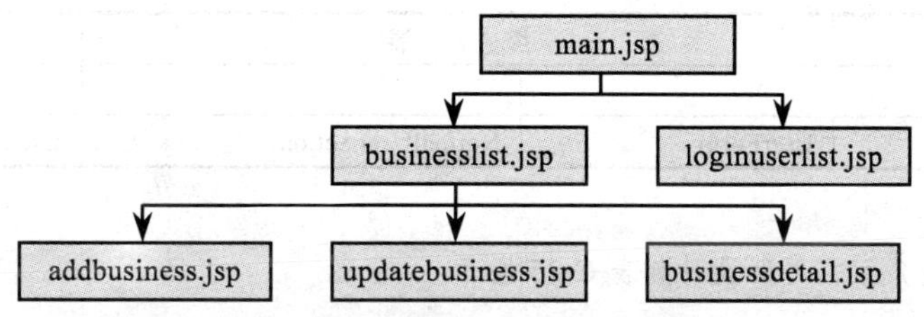

图 C-9　平台管理模块的页面流程图

11.2 控制层

平台管理的控制层主要负责进入业务信息系统管理模块、当前登录用户模块。业务信息系统管理的控制层主要负责进入业务信息系统列表页面、进入增加业务信息系统页面、进入修改业务信息系统页面、进入业务信息系统详细信息界面等事件的流程控制；当前登录用户的控制层主要负责进入该页面的流程控制。表 C-32 列出了每个 Action 的入口（即调用 Action 的组件，在此模块中共用一个 Action，不同功能使用不同方法实现）、传递 Action 的 ActionForm 以及出口（即 Action 将请求转发到目标组件）。

表 C-32　平台管理的控制层设计

事　件	Action	入　口	ActionForm	出　口
进入业务信息系统管理列表页面	BusinessAction method=businesslist	main.jsp	BusinessForm	businesslist.jsp
进入增加业务信息系统页面	BusinessAction method=addbusiness	businesslist.jsp	BusinessForm	addbusiness.jsp
进入修改业务信息系统页面	BusinessAction method=updatebusiness	businesslist.jsp	BusinessForm	updatebusiness.jsp
删除业务信息系统	BusinessAction method=delbusiness	businesslist.jsp		businesslist.jsp
进入当前登录用户页面	LoginUserAction method=loginuserlist	main.jsp	LoginUserForm	loginuserlist.jsp

11.3 模型层

平台管理的业务逻辑主要是完成业务信息系统维护、查看当前登录用户，并完成相应数据库的操作。平台管理的模型层主要是建立封装了业务信息系统相应信息的bean、登录平台的用户信息的bean，以及封装了数据库操作的组件。模型组件见表C-33。

表C-33 平台管理的模型组件

模型组件	描　述
DB.java	封装数据库操作的 bean
Business.java	封装业务信息系统的 bean
LoginUser.java	封装登录平台的用户信息的 bean

12 业务信息系统管理员 Portal

业务信息系统管理员在其Portal界面，可以显示该用户所能维护的业务信息系统列表，点击某个业务信息系统，则可以进入该系统，在系统内部进行维护，在业务系统维护完成后，可以返回综合信息管理平台；另外，该用户可以对个人信息进行维护。业务信息系统维护模块由具体访问的业务信息系统提供链接页面，点击链接页面进入具体系统内部操作；个人信息维护主要实现登录平台的用户对个人信息的维护。具体如表C-34所示。

表C-34 业务信息系统管理员 Portal 的三层模块

视　图	控　制　器		模　型
link.jsp			
normaluser.jsp	UserForm	NormalUserAction	User.java

12.1 视图层

根据上述的功能介绍，页面设计如表C-35所示。

表C-35 业务信息系统管理员 Portal 页面设计

界　面	JSP	功能描述
主页面	main.jsp	登录后的主页面
业务信息系统链接页面	link.jsp	业务信息系统链接页面
个人基本信息	normaluser.jsp	维护个人基本情况页面

页面流程图如图C-10所示。

12.2 控制层

业务信息系统管理员 Portal 的控制层主要是设计维护业务信息系统、维护个人信息的流程控制（Action）。表C-36列出了每个Action的入口（即调用Action的组件）、传递Action的ActionForm以及出口（即Action将请求转发到目标组件）。

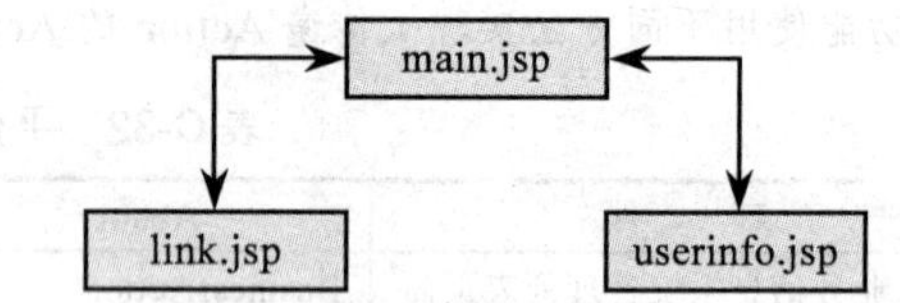

图C-10 业务信息系统管理员 Portal 的页面流程图

表C-36 业务信息系统管理员 Portal 的控制层设计

事　件	Action	入　口	ActionForm	出　口
业务信息系统维护		main.jsp		link.jsp
个人信息维护	NormalUserAction	main.jsp	UserForm	normaluser.jsp

12.3 模型层

模型组件负责完成用户信息的数据库操作的业务逻辑模型，建立封装了用户信息的bean，这个bean

主要完成验证用户相关信息是否存在，并判断其权限。模型组件见表 C-37。

表 C-37 业务信息系统管理员 Portal 的模型组件

模型组件	描　　述
DB.java	封装数据库操作的 bean
User.java	封装用户信息的 bean

5.8 小结

详细设计是将概要设计的内容具体化、明细化，将概要设计转化为可以操作的软件模型，是编码之前的一个设计环节，视具体情况这个过程可以省略。本章讲述了详细设计的内容、方法以及具体的表示形式。

5.9 练习题

一、选择题

1. （　　）是数据说明、可执行语句等程序对象的集合，它是单独命名的，而且可以通过名字来访问。

   A．模块化　　B．抽象　　C．精化　　D．模块

2. 面向数据结构的设计方法是进行（　　）的一种方法。

   A．系统设计　　B．详细设计　　C．软件设计　　D．编码

3. Jackson 设计方法是由 Jackson 所提出的，它是一种面向（　　）的软件设计方法。

   A．对象　　B．数据流　　C．数据结构　　D．控制结构

4. 数据元素组成数据的方式的基本类型是（　　）。

   A．顺序的　　B．选择的　　C．循环的　　D．以上全部

5. 程序流程图中的箭头代表的是（　　）。

   A．数据流　　B．控制流　　C．调用关系　　D．组成关系

6. 伪码又称为过程设计语言 PDL，一种典型的 PDL 是仿照（　　）编写的。

   A．FORTRAN　　B．汇编语言　　C．PASCAL 语言　　D．COBOL 语言

7. 伪码作为详细设计的工具，缺点在于（　　）。

   A．每个符号对应于源程序的一行代码，对于提高系统的可理解性作用很小

   B．不如其他图形工具直观，描述复杂的条件组合与动作间的对应关系不够明了

   C．容易使程序员不受任何约束，随意转移控制

   D．不支持逐步求精，使程序员不去考虑系统的全局结构

8. 结构化程序流程图中一般包括 3 种基本结构，下述结构中（　　）不属于其基本结构。

   A．顺序结构　　B．条件结构　　C．选择结构　　D．嵌套结构

9. 软件设计模块化的目的是（　　）。

   A．提高易读性　　B．降低复杂性　　C．增加内聚性　　D．降低耦合性

二、填空题

1. PDL 又称（　　），它是一种非形式化的比较灵活的语言。
2. 软件的详细设计可采用图形、（　　）和过程设计语言等形式的描述工具表示模块的处理

过程。

3．软件的详细设计需要设计人员对每个设计模块进行描述，确定所使用的（　　）、接口细节和输入、输出数据等。

4．结构化设计方法与结构化分析方法一样，采用（　　）技术。结构化设计方法与结构化分析方法相结合，依数据流图设计程序的结构。

5．软件中详细设计一般是在（　　）基础上才能实施，它们一起构成了软件设计的全部内容。

6．在 Warnier 方法中，采用（　　）表示数据结构和程序结构。

7．面向数据结构的设计方法主要包括（　　）和（　　）。

三、判断题

1．Jackson 方法的原理与 Warnier 方法的原理类似，也是从数据结构出发设计程序，但后者的逻辑要求更严格。(　　)

2．软件的详细设计也称模块设计，它要求设计人员为每一个程序模块确定所使用的算法、数据结构、接口细节和输入输出数据等。(　　)

3．伪代码可以被直接编译，它体现了设计的程序的框架或者代表了一个程序流程图。(　　)

第 6 章

■ 软件项目的编码

项目的概要设计和详细设计完成以后，需要考虑如何将设计变为代码。这需要通过编码过程来完成，编码是将软件设计的结果翻译成用某种程序设计语言书写的程序，是软件工程的一个实施阶段。本章进入路线图的第四站——编码，如图 6-1 所示。

图 6-1　路线图——编码

6.1　编码概述

编码是软件设计的自然结果，因此，程序的质量主要取决于软件设计质量，但是所选用的程序设计语言的特点和编程风格，也会对程序的可靠性、可读性、可测试性和可维护性产生深远影响。软件开发的最终目标是产生能够在计算机上执行的程序代码，在系统分析和设计阶段产生的文档不能在计算机上执行，只有编码阶段才能够产生可以在计算机上执行的代码，能够将软件的需求真正付诸实现，所以这个阶段也称为软件实现阶段。

实现设计（编写代码，简称编码或者编程）有很多选择，因为有很多种实现语言、工具，但是一般来说，在设计中会直接或者间接地确定实现语言。编码有很多创造性的成分，在实现设计的时候有更大的灵活性。

编码过程的一个主要标准是编程与设计的对应性和统一性。如果编码没有按照设计的要求进行，设计就没有意义了。设计过程中的算法、功能、接口、数据结构都应该在编码过程中体现。需求发生变更的时候，设计也要对应地发生变更，同时代码也应该一致地发生变更，这可以通过配置管理来控制。

6.2　编码方法

由于程序语言的发展很迅速，尤其是面向对象语言和数据库语言的强大功能以及类库、构件库和中间件的出现，不但使得编程工作的效率大大提高，而且也大大提高了代码的质量。

软件结构包括两部分：一部分为软件的模块结构，另一部分是软件的数据结构。在结构化编程方法中，这两部分是分开的；而在面向对象的方法中，这两部分是结合在一起的。

6.2.1 结构化编程

模块是数据说明、可执行语句等程序对象的集合。它是单独命名的，而且可以通过名字来访问。

1. 控制结构

一般来说，一个软件系统通常由很多模块组成，结构化程序设计中的函数和子程序都是模块。大模块可以进一步分解为小模块，我们称不能再分解的模块为原子模块。如果一个软件系统的全部实际工作都由原子模块来完成，而其他所有非原子模块仅仅执行控制或者协调功能，这样的系统就是完全因子分解系统。完全因子分解系统是最好的系统，也是我们努力的目标。模块结构表明了程序各个部件的组织情况，通常分树状结构或者网状结构。

（1）树状结构

如图6-2所示是典型的树状结构，在树状结构中，位于最上面的根部是顶层模块，是程序的主模块，与其联系的有若干下属模块，各个模块还可以进一步引出更下一层的下属模块。整个结构只有一个顶层，上层模块调用下层模块，同一层模块之间不互相调用。

（2）网状结构

如图6-3所示是典型的网状结构，在网状结构中，任意两个模块之间都可以有调用关系，不存在上层模块和下属模块的关系，任何两个模块之间都是平等的，没有从属关系。

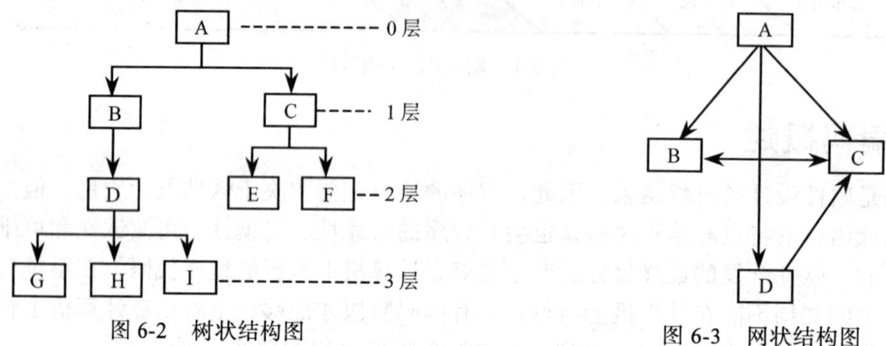

图6-2 树状结构图

图6-3 网状结构图

程序模块的主要控制结构在概要设计和详细设计中已经确定，在编码过程中要继承设计中确定的结构，程序结构要反映设计中的控制结构。在编码过程中要尽量避免程序的无规则跳转，编写的代码尽量让读者可以很容易地自上而下阅读。例如，下面程序的多次跳转让程序的流程很乱：

```
        GetMoney=min;
        If (age<70) goto A;
        GetMoney=max;
        goto C;
        If (age<60) goto B;
        If (age<50) goto C;
A:      If (age<60) goto B;
        GetMoney= GetMoney *2+bonus;
        goto C;
B:      If (age<50) goto C;
        GetMoney= GetMoney *2;
C:      Next Statement
```

我们重新整理这些代码实现同样的功能，如下所示，代码的可读性很好，控制结构很友好：

```
If (age<50) GetMoney=min;
Elseif  (age<60) GetMoney= GetMoney *2;
Elseif  (age<70) GetMoney= GetMoney *2+bonus;
Else GetMoney=max;
```

我们知道模块化是一个好的设计属性，代码的模块化越好，程序的可维护性就越好，复用性也越强，所以，在编写代码的时候，使代码更通用是一个好习惯。但是也不要为了更通用而影响代码的性能和可读性。

在编码过程中还要考虑程序的耦合性和内聚性，注意参数的命名和参数说明，以便展示模块之间的关联关系。例如编写一个计算收入税的模块，你可能使用另外的模块提供的毛利和扣除额的参数值，在注释程序时最好写为：

```
Estimate IncomeTax  Based on values of GROSS_INC and DEDUCTS.
```

另外，程序中每个模块的输入和返回参数最好明确地说明，以免为测试和维护带来不便。模块之间的关系应该很透明。

2．算法

在设计的时候可以对模块的实现算法进行说明和描述，但是在编码实现这些算法时可以有很大的灵活性，当然还要受到编程语言和硬件的限制。例如，在实现代码的时候要考虑性能和效率的问题，第一反应可能认为代码运行速度越快越好，但是代码速度快可能隐含带来更大的成本：

- 写运行速度更快的代码，技术要复杂一些，需要花费更多的时间。
- 在测试的时候，复杂技术需要更多的测试案例，需要花费更多的测试时间。
- 读者可能需要花费更多的时间阅读代码。
- 修改代码的时间也加长了。

所以，需要平衡执行时间与设计的质量、标准、需求之间的关系，尤其避免为了速度而牺牲程序的清晰性和正确性。如果速度真的很重要，那要学会如何优化代码，否则可能适得其反。例如如果程序中有一个三维数组，你为了增加效率而用一个一维数组的计算代替三维数组的位置索引，这样你的代码是 index=3*i+2*j+k；其实，编译器计算数组的索引位置是在注册表中进行的，所以速度是很快的，如果使用这种额外的计算索引的方法，计算的速度反倒慢了。

3．数据结构

数据结构是数据的各个元素之间逻辑关系的一种表示，数据与程序是密不可分的，如果采用的数据结构不同，底层的处理算法也不同。数据结构设计应确定数据的组织、存取方式，相关程度，以及信息的不同处理方式。数据结构的组织方法和复杂程度可以灵活多样，但是典型的数据结构种类是有限的，图 6-4 所示是典型的数据结构。

标量是所有数据结构中最简单的一种，标量项即单个的数据元素，例如一个整数、实数、字符串等。可以通过名字对它们进行存取。如果将多个标量项按照某种先后顺序组织在一起，可以形成线性结构，可以用链表或者顺序向量来存储线性结构的数据。如果对线性结构上的操作进行限制，可形成栈和队列两种数据结构。当然，可以将顺序向量扩展到二维、三维、…、*n* 维，然后可以形成 *n* 维向量空间。

同时，基本的数据结构可以构成其他的数据结构，例如用包含标量项、向量或者 *n* 维空间的多重链表建立分层的树状结构和网状结构，利用它们又可以实现多种集合的存储。

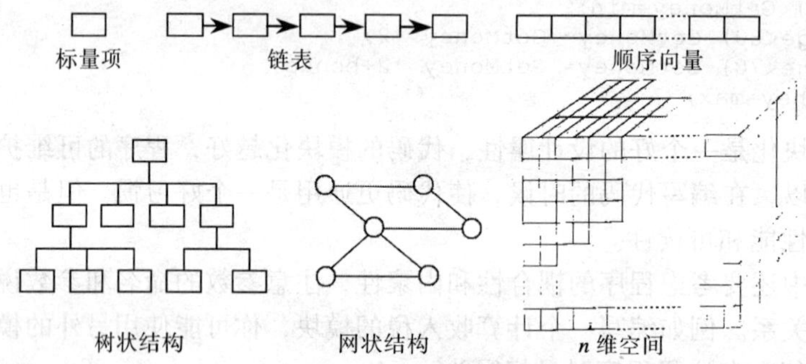

图 6-4 典型的数据结构

在编码过程中，为了对数据进行很好的处理，需要对数据的格式和存储进行安排，程序中如何通过数据结构来组织程序的技术有很多，原则就是尽可能保持程序的简单，这里简单说明一下。

在详细设计的时候可能对数据结构已经做了说明，但是这些数据结构的说明更多是对模块之间的接口关系以及模块的总体流程的描述。程序中如何处理数据直接影响到数据结构的选择，选择数据结构的时候应尽可能保持程序的简单明了。例如在计算个人所得税的程序中，计算税率的要求如下：

- 收入低于 10 000 元部分，扣税 10%；
- 收入的 10 000 元到 20 000 元部分，扣税 12%；
- 收入的 20 000 元到 30 000 元部分，扣税 15%；
- 收入的 30 000 元到 40 000 元部分，扣税 18%；
- 收入超过 40 000 元部分，扣税 20%。

可以现实这个模块如下：

```
tax=0;
if (taxable_income==0) goto EXIT;
if (taxable_income>10000) goto tax= tax +1000;
else
{
      tax= tax +0.1* taxable_income;
      goto EXIT;
}
if (taxable_income>20000) goto tax= tax +1200;
else
{
      tax= tax +0.12*( taxable_income-10000);
      goto EXIT;
}
if (taxable_income>30000) goto tax= tax +1500;
else
{
      tax= tax +0.15*( taxable_income-20000);
      goto EXIT;
}
if (taxable_income<40000)
{
      tax= tax +0.18*( taxable_income-30000);
```

```
        goto EXIT;
    }
    else
        tax= tax +1800+0. 2*( taxable_income-40000);
        goto EXIT ;
    EXIT;
```

但是，我们可以通过设计一个税率表，如表 6-1 所示，使每一个级别的收入对应一个税收基数和一个税率。

表 6-1 税率表

收入（bracket）	基数（base）	税率（percent）
0 ~ 10 000	0	10%
10 000 ~ 20 000	1000	12%
20 000 ~ 30 000	2200	15%
30 000 ~ 40 000	3700	18%
40 000 以上	5500	20%

通过使用这个表，我们可以简化程序算法如下：

```
tax=0;
for (int i=2;level=1;i<=5;i++)
    if (taxable_income>bracket[i])
        level=level+1;
tax=base[level]+percent[level]*(taxable_income- bracket[level]);
```

这样，通过修改数据结构使程序简单化了，而且程序也更容易明白，更容易测试和维护。

数据结构可以决定程序结构，上面计算个人所得税的例子中，数据结果影响了程序的组织和流程。有的时候，数据结构也可以影响编程语言的选择。例如 LISP 语言被设计为一个列表处理器，它在处理列表方面比其他语言有更大的吸引力；Ada 语言在处理非正常状态时比其他语言更强。

在定义一个递归数据结构的时候，首先定义一个初始元素，然后按照初始元素循环生成数据结构。例如一个有根的树结构是由结点和线组成的图形，它满足下面的条件：

- 只有一个结点，设为根结点；
- 如果连接根结点的线被删除后，结果会产生很多非相交的图形，每个图形有一个根结点。

例如图 6-5 就是一个有根的树结构，图 6-6 就是删除根之后分解出的几个有根的树结构，分解后的每个树结构的根是连接原来树结构根的结点，所以这个有根的树结构是由根和子树结构组成的，这是一个递归的定义。

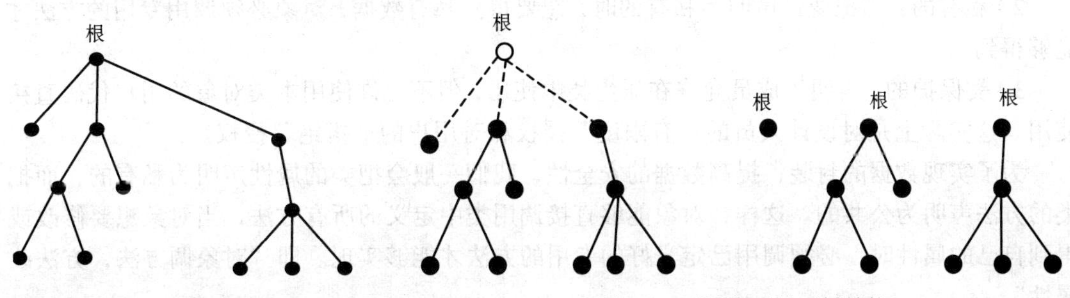

图 6-5 有根的树结构　　图 6-6 删除根后的子树结构

Pascal 语言能很好地处理这种递归过程，所以通过使用 Pascal 编程语言可以减少处理这种数据结构的负担。

6.2.2 面向对象编程

如果在需求和设计阶段采用了面向对象的方法，则编程过程就是面向对象的编程（OOP）过程，OOP 是对需求分析和设计的发展和实现。这里涉及具体的面向对象实现方法，例如选择程序设计语言、类的实现、方法的实现、用户接口的实现、准备测试数据等，C++和 Java 语言是面向对象编程语言的代表。要明白面向对象程序设计语言（如 C++、Java、Visual Basic、Visual C++）的基本机制，这类面向对象设计的书有很多，大家可以参考。

为了更好地理解类或者对象的实质概念，我们先看一个例子："什么是人类？"首先我们来看看人类所具有的一些特征，这个特征包括属性（一些参数，数值）以及方法（一些行为，他能干什么）。每个人都有身高、体重、年龄、血型等属性，还具有会劳动、会直立行走、会用自己的头脑去创造工具等方法。人之所以能区别于其他类型的动物，是因为每个人都具有人这个群体的属性与方法。"人类"只是一个抽象的概念，这仅仅是一个概念，是不存在的实体。但是所有具备"人类"这个群体的属性与方法的对象都叫人。这个对象"人"是实际存在的实体。每个人都是人这个群体的一个对象。熊猫为什么不是人？因为它不具备人这个群体的属性与方法，熊猫不会直立行走，不会使用工具等，所以说熊猫不是人。

由此可见，类描述了一组有相同特性（属性）和相同行为（方法）的对象。在程序中，类实际上就是数据类型，例如整数、小数等。整数也有一组特性和行为。面向过程的语言与面向对象的语言的区别就在于，面向过程的语言不允许程序员自己定义数据类型，而只能使用程序中内置的数据类型，而为了模拟真实世界，为了更好地解决问题，我们往往需要创建解决问题所必需的数据类型，面向对象编程为我们提供了解决方案。

因此，面向对象编程语言最大的特色就是可以编写自己所需的数据类型，以更好地解决问题。必须搞清楚类、对象、属性、方法之间的关系。人这个类是什么也做不了的，因为"人类"只是一个抽象的概念，并不是实实在在的"东西"，而这个"东西"就是所谓的对象。只有人这个"对象"才能去工作。而类呢？类是对象的描述，对象从类中产生出来，此时，对象具有类所描述的所有属性以及方法。

类是属性与方法的集合，而这些属性与方法可以被声明为私有的（private）、公共的（public）或受保护（protected）的，它们描述了对类成员的访问控制。下面我分别介绍：

1）公共的：把变量声明为公共类型之后，就可以通过对象来直接访问，一切都是公开的。

2）私有的：当把变量声明为私有的时，想要得到私有数据，对象必须调用专用的方法才能够得到。

3）受保护的：表明该成员允许在派生类中使用，但不允许使用本类对象的用户代码直接使用。这实际上是对设计人员的"有限度"授权和对用户的"拒绝"授权。

为了实现数据的封装，提高数据的安全性，我们一般会把类的属性声明为私有的，而把类的方法声明为公共的。这样，对象能够直接调用类中定义的所有方法，当对象想要修改或得到自己的属性时，必须调用已定义好的专用的方法才能够实现。即"对象调方法，方法改属性"。

6.3 编码策略

在软件编码过程中，可以采用几种编码策略，例如自顶向下、自底向上、自顶向下和自底向上相结合及线程方法等。

6.3.1 自顶向下的开发策略

自顶向下的开发，即从模块的最高层次开始逐步向下编码，在面向对象的系统中，首先开发实现执行的那个类，在实现该类的时候，开始编写 main()、init()等方法，这时需要编写桩程序。

6.3.2 自底向上的开发策略

自底向上进行编码时，编码开始于类继承的底层。先编码的类快完成的时候，需要编写驱动类，即调用这些即将编完的底层类的类，以便测试编写好的底层类，测试完成后就转向高一层的类，而高一层的类就成了调用原始类或者已定义类的类。这个过程不断重复，直到所有类被实现。

6.3.3 自顶向下和自底向上相结合的开发策略

自顶向下和自底向上相结合的开发策略是常用的方法。顶层模块一般是系统的总体界面、初始化、配置等，可以先现实，然后看到系统的全貌和交互部分后，开始实现底层的基础模块，它们是上层模块经常调用的基础操作，而且经常是重用部分。

6.3.4 线程模式的开发策略

线程是执行关键功能的最小模块集合，它们可以来自设计层次的不同层，通过跨层次的交互来实现一定的功能。线程可以并行开发、独立编写和测试。采用线程开发方法，可以并行地开发系统的关键构件。一个线程完成测试后，其他完成的模块可以加入进来。

在编写代码的时候，还要注意以下事项：

- 确定编码标准或者指南。
- 从其他项目中是否可以获得复用代码。
- 编写本项目代码的时候，尽可能考虑到将来其他项目复用本模块。
- 将详细设计作为代码的初始框架，经过几次从设计到编码的反复。
- 程序中增加说明解释文档（例如注释）。
- 设计的属性可以在代码中体现出来。
- 编码语言尽可能适用设计的要求。

编码过程中还有一项重要的工作是进行代码复查（code review），这有助于尽早发现程序中的错误，而且让别人看自己的程序更容易发现错误。代码复查可以改善开发过程，也有助于有经验的开发人员将知识传播给经验比较欠缺的人，并帮助更多的人理解软件系统中更多的部分，而且它对于编写清晰代码也很重要，因为自己认为很清晰的代码别人不一定也这样认为。代码复查可以让更多的人提出更好的建议，集思广益，共同进步。

Beck 的极限编程（eXtreme Programming，XP）模式中的一个最佳实践是成对编程（pair programming），它将代码复查的积极性发挥到了极致，它要求所有的编程任务都由两名开发人员在同一台机器上进行，这样可以在开发过程中随时代码复查工作。

6.4 编码语言与编码标准和规范

编码阶段的任务是将软件的详细设计转换为用程序设计语言实现的程序代码，编码语言的工程特性对软件项目的成功与否也有重要影响。在从设计到代码的实现中，程序标准和规范可以发挥一定的作用，开发人员可以保持代码模块与设计模块的一致性，从而使得设计的修改与代码的修改保持同步。

6.4.1 编码语言

编码语言就是用于编写计算机程序的语言，也是一种实现性的计算机软件语言。自 20 世纪 60 年代以来，人们已经设计和实现了很多编码语言，可以将编码语言分为四类：

1）第一代语言——从属于机器的语言。机器语言是由机器指令代码组成的语言，不同的机器有不同的机器语言，它们都是二进制代码的形式，而且所有的地址分配都是以绝对地址的形式处理的。

2）第二代语言——汇编语言。

汇编语言比机器语言直观，它的每一条指令与相应的机器指令有对应关系，同时又增加了一些其他功能，例如宏、符号地址等。存储空间的安排可以由机器解决，减少了程序员的工作量，也减少了出错率。

3）第三代语言——高级程序设计语言。高级程序设计语言从 20 世纪 50 年代开始出现，并已被多数人所熟悉，典型的高级程序设计语言有 BASIC、FORTRAN、PASCAL、C、C++、Ada、COBOL 等。

4）第四代语言（4GL）。20 世纪 80 年代出现了“第四代语言”的说法，虽然，第二代和第三代语言提高了编程语言的抽象级别，但是仍然需要具体规定十分详细的算法过程，第四代语言将语言的抽象层次提高到了一个新的高度。20 世纪 90 年代，大量基于数据库管理系统的 4GL 商品化软件在应用软件开发领域获得广泛应用，成为面向数据库应用开发的主流工具，Oracle 应用开发环境、Informix-4GL、SQL Windows、Power Builder 等都是有代表性的工具。

6.4.2 编码标准和规范

如果一个团队在开发软件时，每个人都有自己的一套方式，甚至有的人有几套方式。这样，当几个人在一起工作的时候，最终的结果就只能是一片混乱。所以就需要一套规则，大家都按规则来办事，问题就会少得多。好的规则就叫做规范，规范是由一些大师根据经验总结出来的，又经过长时间的历练，不断地加以补充修正，可以说都是精华，按照规范来工作，对于提高软件质量和工作效率自然大有帮助。

标准是建立起来并必须遵守的规则，而规范是建议的最佳做法，推荐的更好方式。标准没有例外情况，是结构严谨的，而规范相对来说要求松一些。我们统称标准规范。

制定一套好的标准和规范，然后要求大家按照标准规范执行项目，这样就会减少问题的出现，而且可以提高软件质量和工作效率。

代码的标准和规范可以帮助开发人员组织自己的想法，同时避免错误。标准中以文档形式说明了如何更清晰地编写代码和使代码易读。标准可以摆脱对个人的依赖，使得不用跟踪编程人员在做什么，而且对定位错误和变更管理很有作用，因为它对程序的描述很清晰，程序每部分完成什么功能都有很清晰的说明。

另一方面，标准和规范对企业也很重要。一个人完成编码工作之后，可能是其他人对软件进行测试或者维护，因此将开发人员的代码规范化和标准化是很重要的，这样可以保证其他人在修改代码的时候，会比较容易读懂代码。编写一个计算机可以理解的代码很容易，但是只有编写出人类容易理解的代码才是优秀的程序员。

以下分别是程序的头注释、函数头注释和程序注释的模板的例子。

例 6-1　程序头的注释模板：

```
/*****************************************************************
** 文件名：
** Copyright (c) 2003-2008  xxx公司技术开发部
** 创建人：
** 日  期：
** 修改人：
** 日  期：
** 描  述：
**
** 版  本：
**-------------------------------------------------------------------------------
```

例 6-2　函数头的注释模板：

```
/*****************************************************************
** 函数名：
** 输  入： a,b,c
**     a---
**     b---
**     c---
** 输  出： x---
**      x 为 1，表示...
**      x 为 0，表示...
** 功能描述：
** 全局变量：
** 调用模块：
** 作    者：
** 日    期：
** 修    改：
** 日    期：
** 版    本：
*****************************************************************/
```

例 6-3　程序中的注释模板：

```
/*------------------------------------------------------------*/
/* 注释内容                                   */
/*------------------------------------------------------------*/
```

很多软件人员不喜欢看别人的代码，或者不愿意修改别人的代码，原因之一就是每个人的编码标准和风格不一样，所以感觉看别人的代码是很痛苦的事情。一个软件项目做到半截的时候别人一般都不愿意接手，因为别人完成的代码对自己来说可能是黑盒子，花时间读别人的代码可能比自己编写这些代码花费的时间还长。而对于加工到半截的元器件，换另外的人接手是很容易的事情，因为加工工艺是标准的。

软件开发要实现工程化，软件行业需要更多的复用，没有统一的标准（工艺）是不行的。首先要了解团队的标准，然后了解企业标准，最后我们希望实现行业的标准统一。很多公司制定统一的编码标准，项目开始的时候向项目组的所有人培训编码标准和相关文档标准。作为一个开发团队，没有一套规范大家就会各自为政，为了提高代码的质量，不仅需要有很好的程序设计风格，而且需要大家遵守一致的编程规范。程序设计风格包括程序内部文字描述规范化、数据结构的详细说明、清晰的语句结构、遵守统一编程规范等。编程规范包括命名规范、界面规范、提示与帮助信息规范、热键定义规范等。

下面是一个项目组要求在程序开头描述程序的功能以及与其他程序的接口的例子：

```
*********************************************************************************
*
*    模块功能：寻找两条直线的交点
*    模块名称：FindDpt
*    代码编写者：张某某
*    版本：1.1（2006.10.12）
*
*
*    过程调用： Call  FindDPT(A1,B1,C1,A2,B2,C2,XS,YS,Flag)
*
*    输入参数：两条直线的输入格式为 A1*X+B1*Y+C1=0 和 A2*X+B2*Y+C2=0
*    输入的系数是：A1,B1,C1,A2,B2,C2
*
*    输出参数：
*    如果两条直线平行，Flag=0，否则 Flag= 1 ，并且两条直线的交点是（XS,YS）
*
*
*********************************************************************************
```

这个模块的注释告知读者程序完成什么功能，并对程序实现方法做了概要介绍。对于需要重用这个模块的人，这个注释已经足够了。对维护程序的人来说这个注释也有很大的帮助。

标准化不是特殊的个人风格，因此当项目尝试遵守公用的标准时，会有以下好处：

- 程序员可以了解任何代码，弄清程序的状况。
- 新人可以很快适应环境。
- 防止新人出于节省时间的需要，自创一套风格并养成不良习惯。
- 防止新人重复犯同样的错误。
- 在一致的环境下，人们可以减少犯错的机会。

当然我们也可以谈一下标准的缺点（任何事情都有两面性）。首先如果制定标准的人不是专家，标准可能很蹩脚，在一定时间内可能降低了一部分创造力；另外，标准强迫遵守太多的格式，所以很多人忽视标准。

许多的项目经验证明采用好的编程标准可以使项目更加顺利地完成。对一个标准细节的大部分争论主要是源自自负思想。所以不要有自负思想，记住，任何项目的成功都取决于团队的合作努力。

一般说来，代码的标准和规范有如下几个方面：头文件、程序注释、变量、程序风格、目录等。下面我们以 C++语言为例来说明上述几方面。

（1）变量名说明

变量名是编程的核心，只有全面理解系统的编程员才能给出适合系统的名字。如果名字是合适的，程序组合才能自然，关联关系才能清晰，含义才能不言而喻，同时才能符合一般人的想法。例如表 6-2 就是一组变量名说明的例子。

表 6-2 变量名说明

项	命名规则	举例
类	分隔字母大写，其他字母小写 第一个字母大写 不要使用下划线“_”	class NameOneTwo class Name

类库	为了避免冲突，类库的名字最好具有唯一前缀，这个前缀通常是 2 个字母，但是长些更好	class JjLinkList
		{
		}

方法	采用类名同样的规则	class NameOneTwo
		{
		public:
		int DoIt();
		void HandleError();
		}

类的属性	属性的名字以“m”开头
	m 后面采用与类名同样的规则
	m 一直领先于其他修饰语，例如指针修饰语“p”
		class NameOneTwo
		{
		public:
		int VarAbc();
		int ErrorNumber();
		private:
		int mVarAbc;
		int mErrorNumber;
		String* mpName;
		}

方法的参数	一定要确定哪些变量需要传递
	可以采用类似类名的名字，不要与类名冲突
		class NameOneTwo
		{
		public:
		int StartYourEngines(
		Engine& someEngine,
		Engine& anotherEngine);
		}

堆栈变量名字	全部采用小写字母，用“_”作为分隔符	int
		NameOneTwo::HandleError(int errorNumber)
		{
		int error= OsErr();
		Time time_of_error;
		ErrorProcessor error_processor;
		}

指针变量	大多数情况下，指针以“p”开头，紧靠指针类型一方，不是变量一方。用“*”标识	String* pName= new String; String* pName, name, address; // 说明：只有 pName 是指针

（续）

项	命名规则	举例

引用变量和返回引用	引用应该用“r”开头	`class Test`
		`{`
		`public:`
		` void DoSomething(StatusInfo& rStatus);`
		` StatusInfo& rStatus();`
		` const StatusInfo& Status() const;`
		`private:`
		` StatusInfo& mrStatus;`
		`}`

全局变量	全局变量用“g”开头	`Logger gLog;`
全局常量	所有全局常量应该是一个完整的语句，用“_”作为分隔符	`Logger* gpLog;` `const int A_GLOBAL_CONSTANT= 5;`

静态变量	静态变量用“s”开头	`class Test`
		`  {`
		`  public:`
		`  private:`
		`     static StatusInfo msStatus;`
		`  }`

类型的名字	基于本地类型的定义尽可能用 typedef，类型定义的名字应该采用与“类”相同的命名规则，用“Type”作为后缀	`typedef uint16  ModuleType;` `typedef uint32  SystemType;`

枚举命名	全部大写，用“_”作为分隔符，如果 enum 没有嵌套在一个类中，要保证标签前使用不同的名字，以防止名字冲突	`enum PinStateType`
		`  {`
		`     PIN_OFF,`
		`     PIN_ON`
		`  }`
		
		`enum { STATE_ERR,  STATE_OPEN, STATE_`
		`RUNNING, STATE_DYING};`

定义类型或者宏	定义类型和宏都是大写的，用“_”作为分隔符	`#define MAX(a,b) blah` `#define IS_ERR(err) blah`

（2）头文件

头文件就如同描述一个故事的时候首先概述主要描述谁、什么、哪里、什么时间、如何做和为什么做等，它应该在每个程序的开头位置，是对程序的介绍，包括：

- 模块的名字是什么。
- 谁完成的这个模块。
- 在设计中这个模块的位置。
- 模块是何时编写、修改的。
- 模块的重要性。
- 模块中的数据结构、算法和控制等。

例如，某开发团队要求每个程序的开头为版权声明，然后是按时间逆序排列的开发人员的姓名、时间、工作内容：

```
/**
 * @author Copyright (c) 2000 by XXX ,Inc. All Rights Reserved.
 * @creator: Casey (Aug 31,2006)
```

```
 * @modify : Brad (Sep 1, 2006)
 *          add comment
 * @modify : Tom (Sep 2, 2006)
 *          change deposit to 'double'
 */
```

（3）程序注释

程序注释可以让别人比较容易地阅读程序，帮助读者理解在头文件中描述的“蓝图”是如何通过程序实现的。除了对每一行程序进行程序注释外，还可以将程序分为很多部分，每一部分实现一个主要意图。当代码修改后，这些注释也应该同时修改。例 6-4 就是一个职位查询程序的部分代码，用户输入职位名称、发布时间、截止时间后，按符合条件查询的方式查出相应的职位。这个功能的难点是如何动态地生成查询时的 SQL 语句，例 6-4 中显示了动态生成 SQL 语句的代码及解释。

例 6-4 职位查询代码：

```
<%
//下面的代码是分析生成职位查询的 SQL 语句的
session.setAttribute("jno","null");

//首先得到职位名称、发布时间、截止时间
String jobname=request.getParameter("jobname");
String startdate=request.getParameter("startdate");
String finishdate=request.getParameter("finishdate");

int total=0;//用 total 来记录三项中有多少项为空
String where="";//用于记录 SQL 语句中是否出现关键字 WHERE
String sql[]={"","",""};//用一个有 3 个元素的数组 sql[]来记录关于它们的 SQL 语句的部分

//计算 total 和 sql[]数组中各项的值
if(jobname!=null)
{
     if(!jobname.equals(""))
     {
          total++;
          sql[0]=" jname='"+jobname3+"' ";
     }
}
if(startdate!=null)
{
     if(!startdate.equals(""))
     {
          total++;
          sql[1]=" sdate='"+startdate+"' ";
     }
}
if(finishdate!=null)
{
     if(!finishdate.equals(""))
     {
          total++;
          sql[2]=" fdate='"+finishdate+"' ";
     }
}
```

```
//给出 where 的值
if(total==0)
     where="";
else
     where="WHERE";

//得出没有查询条件的情况下的 SQL 语句
String sql_sentence="SELECT * FROM joblist "+where;
boolean and=false;

//通过 sql[]的值得出 SQL 语句中条件查询的部分
for(int i=0;i<3;i++)
{
     if(!sql[i].equals(""))
     {
          if(and) sql_sentence=sql_sentence+"AND";
          sql_sentence=sql_sentence+sql[i];
          and=true;
     }
}
%>
```

（4）目录

在开发过程中目录结构也应该通过标准化和规范化确定下来，例如下面是一个项目组对开发过程中的目录要求：

java——存放 Java 项目文件，控制其子目录下所有的 Java 代码。
  com——存放通用的标准，以防止出现问题。
    QTDsoft——公司产品的唯一标识。
      components——包括所有模块。
        productcatalog——产品目录模块。
          business——产品目录模块中的 Business 对象类。
          database——产品目录模块中的数据库操作对象类。
          transaction——产品目录模块中的 MTS/COM 或 JMS/EJB 对象。
        其他组件
      ……
      kernel——被多个模块使用核心服务程序模块。
        Admin——管理模块。
          ……（子目录与产品目录模块）
        ……
        Util – 与 utility 对象相关的服务。
          ……（子目录与产品目录模块）
        ……

（5）编码约定

很多编码约定对于程序的维护和扩展很关键，让程序更容易理解是非常重要的。可以参看本章案例说明中的例子。

6.5 关于重构理念和重用原则

本节简单说明重构和重用的作用。

6.5.1 重构理念

重构（refactoring）是对软件的一种内部调整，目的是在不改变软件基本功能和性能（可察行为）的前提下，提高其可理解性，降低维修成本。从某种角度看，重构很像是整理代码，但是还不只如此，因为重构需要一定的准则和技术。重构应该随时随地进行，而且在如下三个时机更不要错过：

- 添加功能的时候。
- 修改错误的时候。
- 复查代码的时候。

重构与设计可以互补。初学编程的人往往一开始就埋头编程，然后很快发现预先设计（upfront design）可以节省返工的成本，于是又加强预先设计。

软件开发过程与一般的加工工业中的机械加工不很一致，机械加工中的设计如同画工程图，施工可以完全按照图纸进行，这种施工是一种低级劳动。但是软件是可塑性很强的，它完全是思想产品，正如 Alistair Cockburn 说的“软件设计可以让我们思考更快些，但是其中充满着小漏洞”。

软件中的预先设计可以避免很多变更问题。有一种观点认为重构可以替代预先设计，这个预先设计可以看成是代码的重构，就是预先设计不做什么设计，只是按照需求开始编写一些代码，然后让代码试着运行，而将来再重构这些代码。如果没有重构就必须保证设计是准确无误的，这样压力很大。因为将来修改设计，成本会很高，因此需要把更多的时间和精力放在设计上，避免以后修改。但是，如果选择重构的理念，问题的重点就可以转移了，你仍然要做预先设计，只不过不是正确无误的解决方案，而是一个足够合理的解决方案。在实现这个初始解决方案的时候，你对问题的理解也会逐步加深，可能会发现最佳的解决方案和最初的解决方案不同，但是只要使用重构技术，就可以解决这个问题。

重构使软件设计朝简单化发展。如果没有重构，我们会力求得到灵活的解决方案，需要考虑需求的变化。这是因为变更设计的代价很高，所以我们应开发一个灵活的、足够坚固的解决方案，以便能够应对将来的需求变化。但是，这样做的成本是难以估算的，灵活的解决方案比简单的解决方案复杂得多，最终的软件也更难维护，如果在所有可能出现变化的地方都建立了灵活性，这个系统的复杂度和维护难度会大大提高，如果最后发现所有的这些灵活性都毫无必要，那才是最大的悲哀。有了重构，可以通过一条不同的途径来应对变化带来的风险。重构可以带来简单的设计，同时又不损失灵活性，也降低了设计过程的难度，减轻了设计过程的压力。

6.5.2 重用原则

在完成一个程序的过程中，可能会花一部分时间读别人的代码，一方面看是否可以复用，另一方面看是否可以在此基础上进行修改以适应新的需求。

在编写代码的时候应该有复用的理念，首先看看能否复用别的项目中的程序，同时，考虑自己的代码能否给同项目组的别人或者别的项目复用。

复用有两种类型，一种是生产者复用，一种是消费者复用。生产者复用是开发的模块，可以为本项目后续复用。消费者复用是使用其他项目开发的模块。很多企业有领域范围的复用或者企业范围的复用计划。

如果你是复用的消费者，下面4项主要属性可以帮助检查将要复用的模块：

1）这个模块的功能和提供的数据与你的要求是否相符。

2）如果需要进行很小的修改，这个模块的修改量是否比重新开发一个模块的工作量少。

3）这个模块是否有很好的文档说明，这样你可以很快理解这个模块，而不是一行一行地仔细了解它的实现过程。

4）这个模块是否有完整的测试记录和修改记录，这样可以确定它基本没有缺陷。

如果你是复用的生产者，需要记住如下几点：

1）让模块更具有通用性，在系统调用这个模块的地方尽可能使用参数和预先定义条件。

2）减少模块的依赖关系。

3）模块的接口更加通用，而且进行很好的定义。

4）包含模块中发现的缺陷和解决的缺陷的信息记录。

5）采用清晰的命名规则。

6）数据结构和算法要文档化。

7）将通信和控制错误的部分尽可能分开，以便于维护。

6.6 编码文档

编码阶段的产品是按照代码标准和规范编写的源代码，必要的时候进行部署。编码提交的文档包括：

- 代码标准和规范。
- 源代码。

6.7 项目案例

项目案例名称：综合信息管理平台

项目案例文档：《综合信息管理平台编码规范及其代码说明》

1. 导言

1.1 目的

该文档的目的是描述综合信息管理平台项目的编码规范和对代码的说明，其主要内容包括：

- 编码规范；
- 命名规范；
- 注释规范；
- 语句规范；
- 声明规范；
- 目录设置；
- 代码说明。

本文档的预期读者是：

- 开发人员；
- 项目管理人员；

- 质量保证人员。

1.2 范围

该文档定义了本项目的代码编写规范，以及部分代码描述和相关代码的说明。

1.3 术语定义

class（类）：Java 程序中的一个程序单位，可以生成很多实例。

packages（包）：由很多类组成的工作包。

1.4 引用标准

[1]《企业文档格式标准》，北京长江软件有限公司。

[2]《Java 语言编写规范》，北京长江软件有限公司软件工程过程化组织。

1.5 参考资料

[1]《实战 Structs》，Ted Hustes，机械工业出版社。

[2]《软件重构》，清华大学出版社。

1.6 版本更新信息

本文档的更新记录如表 D-1 所示。

表 D-1 版本更新记录

修改编号	修改日期	修改后版本	修改位置	修改内容概述
000	2010-7-9	0.1	全部	初始发布版本

2. 编码书写格式规范

严格要求编码书写格式是为了使程序整齐美观、易于阅读、风格统一，程序员对规范书写的必要性要有明确认识。建议源程序使用 Eclipse 工具开发，格式规范预先在工具中设置。

2.1 缩进排版

4 个空格作为缩进排版的一个单位。

2.2 行长度

尽量避免一行的长度超过 80 个字符，用于文档中的例子应该使用更短的行长，长度一般不超过 70 个字符。

2.3 断行规则

当一个表达式无法容纳在一行内时，可以依据如下一般规则断开：

- 在一个逗号后面断开；
- 在一个操作符前面断开；
- 尽量选择较高运算级别处断开，而非较低运算级别处断开（见下面的例子）；
- 新的一行应该与上一行同一级别表达式的开头处对齐；
- 如果以上规则导致代码混乱或者使代码都堆挤在右边，那就代之以缩进 8 个空格。

以下是两个断开算术表达式的例子。前者属于在更高级别处断开，因为断开处位于括号表达式的外边。

```
longName1 = longName2 * (longName3 + longName4 - longName5)
+ 4 * longname6; //推荐
longName1 = longName2 * (longName3 + longName4
-longName5) + 4 * longname6; //避免
```

以下是两个缩进方法声明的例子，前者是常规情形，后者若使用常规的缩进方式将会使第二行和第三行移得很靠右，所以代之以缩进 8 个空格。

```
//规范的缩进
        someMethod ( int anArg, Object anotherArg, String yetAnotherArg,
                                    Object andStillAnother){
```

```
        ......
    }
    //以 8 个空格来缩进，以避免非常纵深的缩进
    private static synchronized horkingLongMethodName(int anArg,
            Object anotherArg, String yetAnotherArg,
            Object andStillAnother) {
        ......
    }
```

if语句的换行通常使用8个空格的规则，因为常规缩进（4个空格）会使语句体看起来比较费劲。比如：

```
//不可取的缩进方法
if ( ( condition1 && condition2)
    || (condition3 && condition4)
    || ( condition5 && condition6)) {
    doSomethingAboutIt();
}
//可取的缩进方法一
if ( ( condition1 && condition2)
        || ( condition3 && conditin4 )
            || ! (condition5  && condition6)) {
        doSomethingAboutIt();
}
//可取的缩进方法二
if ((condition1 && condition2) || (conditin3 && condition4)
        || ! ( condition5 && condition6 )) {
    doSomethingAboutIt();
}
```

三种可取的三元运算符的缩进格式：

```
alpha = ( aLongBooleanExpression) ? beta : gamma;
alpha = ( aLongBooleanExpression) ? beta
                                  : gamma;
alpha = ( aLongBooleanExpression)
        ? beta
        : gamma;
```

2.4 空行

空行将逻辑相关的代码段分隔开，以提高可读性。 下列情况应该总是使用两个空行：

- 一个源文件的两个片段（section）之间；
- 类声明和接口声明之间。

下列情况应该总是使用一个空行：

- 两个方法之间；
- 方法内的局部变量和方法的第一条语句之间；
- 块注释或单行注释之前；
- 一个方法内的两个逻辑段之间。

3. 命名规范

命名规范使程序更易读，从而更易于理解。它们也可以提供一些有关标识符功能的信息，以助于理解代码。

3.1 包（Package）

一个唯一包名的前缀总是全部小写的 ASCII 字母并且是一个顶级域名，通常是 com、edu、gov、

mil、net、org，或 1981 年 ISO 3166 标准所指定的标识国家的英文双字符代码。包名的后续部分根据不同机构各自内部的命名规范而不尽相同。这类命名规范可能以特定目录名的组成来区分部门（department）、项目（project）、机器（machine）或注册名（login names）。如：

```
com.sun.eng
com.apple.quicktime.v2
edu.cmu.cs.bovik.cheese
```

3.2 类（Classe）

类名是个一名词，采用大小写混合的方式，每个单词的首字母大写。尽量使类名简洁而富于描述性。使用完整单词，避免缩写词（除非该缩写词被更广泛使用，像 URL、HTML）。

3.3 接口（Interface）

大小写规则与类名相似。

3.4 方法（Method）

方法名是一个动词，采用大小写混合的方式，第一个单词的首字母小写，其后单词的首字母大写。

3.5 变量（Variable）

采用大小写混合的方式，第一个单词的首字母小写，其后单词的首字母大写。变量名不应以下划线或美元符号开头，尽管这在语法上是允许的。变量名应简短且富于描述性。变量名应该易于记忆，且能够指出其用途。尽量避免单个字符的变量名，除非是一次性的临时变量。临时变量通常取名为 i、j、k、m、n（它们一般用于整型）和 c、d、e（它们一般用于字符型）。

3.6 实例变量（Instance Variable）

大小写规则和变量名相似，除了前面需要一个下划线，如：int _employeeId。

3.7 常量（Constant）

类常量和 ANSI 常量的声明，应该全部大写，单词间用下划线隔开。

4. 声明规范

程序中定义的数据类型，在计算机中都要为其开辟一定数量的存储单元，为了不造成资源的不必要浪费，所以按需定义数据的类型，声明包、类以及接口。

4.1 每行声明变量的数量

推荐一行一个声明，因为这样有利于写注释。例如：

```
int level; // indentation level
int size; // size of table
```

要优于：

```
int level, size;
```

不要将不同类型变量的声明放在同一行，例如：

```
int foo, fooarray[]; //WRONG!
```

注意：上面的例子中，在类型和标识符之间放了一个空格。空格可使用制表符替代。

4.2 初始化

尽量在声明局部变量的同时初始化，唯一不这么做的理由是变量的初始值依赖于某些先前发生的计算。

4.3 布局

只在代码块的开始处声明变量（一个块是指任何被包含在大括号“{”和“}”中间的代码）。不要在首次用到该变量时才声明它，这会把注意力不集中的程序员搞糊涂，同时会妨碍代码在该作用域内的可移植性。

```
void myMethod(){
        int int1=0;//beginning of method block

        if(condition){
            int int2=0;//beginning of "if" block
            .....
        }
}
```

该规则的一个例外是for循环的索引变量：

```
for (int i = 0; i < maxLoops; i++) { ... }
```

4.4 包的声明

在多数Java源文件中，第一个非注释行是包语句。我们的综合信息管理平台包的声明采用如下规范：

```
package cn.com.zmanager;
```

4.5 类和接口的声明

当编写类和接口时，应该遵守以下格式规则：

- 在方法名与其参数列表之前的左括号“(”间不要有空格；
- 左大括号“{”位于声明语句同行的末尾；
- 右大括号“}”另起一行，与相应的声明语句对齐，除非是一个空语句，这种情况下“}”应紧跟在“{”之后；
- 方法与方法之间以空行分隔。

5. 语句规范

规范的语句可以改善程序的可读性，让程序员尽快而彻底地理解新的代码。

5.1 简单语句

每行至多包含一条语句，例如：

```
argv++; //推荐
argc--; //推荐
argv++; argc--; //避免
```

5.2 复合语句

复合语句是包含在大括号中的语句序列，形如“{ 语句 }”。复合语句遵循如下原则：

- 被括其中的语句应该比复合语句缩进一个层次；
- 左大括号“{”应位于复合语句起始行的行尾，右大括号“}”应另起一行并与复合语句首行对齐。
- 大括号可以用于所有语句，包括单个语句，只要这些语句是诸如if-else或for控制结构的一部分，这样便于添加语句而无须担心由于忘了加括号而引入bug。

6. 注释规范

Java程序有两类注释：实现注释（implementation comment）和文档注释（document comment）。实现注释使用/*...*/和//界定。文档注释是Java独有的，并由/**...*/界定。文档注释可以通过javadoc工具转换成HTML文件，描述Java的类、接口、构造器、方法以及字段（field）。一个注释对应一个类、接口或成员。若你想给出有关类、接口、变量或方法的信息，而这些信息又不适合写在文档中，则可使用实现块注释或紧跟在声明后面的单行注释（关于块注释及单行注释的信息见下面的小节）。例如，有关一个类实现的细节，应放入紧跟在类声明后面的实现块注释中，而不是放在文档注释中。

注释应用来给出代码的总括，并提供代码自身没有提供的附加信息。

在注释里，对设计决策中重要的或者不是显而易见的地方进行说明是可以的，但应避免重复提供代码中已清晰表达出来的信息。

6.1 注释的方法

程序可以有四种实现注释的风格：块注释、单行注释、尾端注释和行末注释。

（1）块注释

块注释通常用于提供对文件、方法、数据结构和算法的描述。块注释通常置于每个文件的开始处以及每个方法之前，它们也可以用于其他地方，比如方法内部。在功能和方法内部的块注释应该和它们所描述的代码具有一样的缩进格式。块注释之首应该有一个空行，用于把块注释和代码分割开来，比如：

```
/*
* Here is a block comment.
*/
  public class Example { ...
```

注意顶层（top-level）的类和接口是不缩进的，而其成员是缩进的。描述类和接口的文档注释的第一行（/**）不需缩进，随后的文档注释每行都缩进 1 格（使星号纵向对齐）。成员，包括构造函数在内，其文档注释的第一行缩进 4 格，随后每行都缩进 5 格。

（2）单行注释

短注释可以显示在一行内，并与其后的代码具有一样的缩进层级。如果一个注释不能在一行内写完，就该采用块注释。单行注释之前应该有一个空行。以下是一个 Java 代码中单行注释的例子：

```
if (condition) {

/* Handle the condition. */
......

}
```

（3）尾端注释

极短的注释可以与它们所要描述的代码位于同一行，但是应该有足够的空白来分开代码和注释。若有多个短注释出现于大段代码中，它们应该具有相同的缩进。以下是一个 Java 代码中尾端注释的例子：

```
if(input==2){
        return TRUE;/*特殊处理*/
    }else{
        return isMine(input);/*调用函数 isMine */
}
```

（4）行末注释

注释界定符“//”可以注释掉整行或者一行中的一部分，它一般不用于连续多行的注释文本，然而可以用来注释掉连续多行的代码段。

注意：

- 频繁的注释有时反映出代码质量低。当你觉得被迫要加注释的时候，考虑一下重写代码使其更清晰。
- 注释不应写在用星号或其他字符画出来的大框里，不应包括诸如制表符和回退符之类的特殊字符。

6.2 开头注释

所有的源文件都应该在开头有一个类似 C 语言风格的注释，其中列出文件名、版本信息、日期、作者以及文件描述等。我们的综合信息管理平台采用的头注释统一为：

```
/**
 *文件名：LoginAction.java
 *@author 郑伟
```

```
*版本：1.0
*描述：登录操作类
*创建时间：2009-10-11 上午 10:49:30
*文件描述：
*修改者：
*修改日期：
*修改描述：
*/
```

6.3 类和接口的注释

- 类/接口文档注释（/**……*/）：该注释中所需包含的信息。
- 类/接口实现注释（/*……*/）：如果有必要的话，该注释应包含任何有关整个类或接口的信息，而这些信息又不适合作为类/接口文档注释。

7. 代码范例

下面以登录管理模块代码为例描述。

（1）视图层

平台登录页面（login.jsp）：

```
<HTML>
<HEAD>
    <TITLE>综合信息管理平台</TITLE>
    <META http-equiv="Content-Type" content="text/html; charset=gb2312">
</HEAD>
<BODY>
<TABLE style="MARGIN-TOP: 10px" width=700 align=center border=0>
  <TBODY>
  <TR>
    <TD align=middle><IMG SRC="images/logo.jpg" BORDER=0 ></TD>
  </TR>
  <TR>
    <TD align=middle><IMG height=3 src="images/white.gif" width=10></TD>
  </TR>
  </TBODY>
</TABLE>
<TABLE width=800 align=center border=0>
  <TBODY>
  <TR>
    <TD width=99> </TD>
    <TD>
      <TABLE height=107 cellSpacing=0 cellPadding=0 width=636 border=0>
        <FORM name=FromLogin action="login.do" method=post>
        <TBODY>
        <TR>
          <TD background="images/202.jpg" colSpan=2>
          <IMG height=107 src="images/201.gif" width=21>
          </TD>
          <TD vAlign=top background="images/202.jpg">
            <TABLE style="MARGIN-TOP: 25px" cellSpacing=0 cellPadding=0
            width="100%" border=0>
              <TBODY>
              <TR>
               <TD width=210 height=24>用户名：<INPUT class=input2
                  style="WIDTH: 140px" maxLength=20 name=username></TD>
                <TD></TD></TR>
              <TR>
```

```
            <TD height=24>密  码: <INPUT class=input2 style="WIDTH: 140px"
              type=password maxLength=20 name=password></TD>
            <TD><INPUT type=image height=17 width=38
              src="images/button.gif" value=登录
        name=image></TD></TR></TBODY></TABLE></TD>
       <TD vAlign=top background="images/202.jpg">
        <TABLE cellSpacing=0 cellPadding=0 width="100%" border=0>
          <TBODY>
          <TR>
            <TD></TD>
            <TD align=middle>
            <A href="login.do?username=guest"><IMG
              height=66 src="images/b012.gif" width=47 border=0
              name=Image11></A> </TD>
            <TD align=middle>
            <A href="regist.do"><IMG height=66
              src="images/b022.gif" width=58 border=0 name=Image12></A>
            </TD>
            </TR></TBODY>
        </TABLE>
       </TD>
       <TD vAlign=top align=right width=25 background=images/202.jpg>
       <IMG height=107 src="images/203.jpg"  width=19></TD>
       </TR></FORM></TBODY></TABLE></TD></TR></TBODY></TABLE>
<DIV align=center>**版权所有</DIV>
</BODY>
</HTML>
```

（2）控制层

登录管理控制层共有 1 个 Action 文件和 1 个 ActionForm 文件，下面以 LoginForm、LoginAction 为例描述。

1）LoginForm 代码示例：

```
import org.apache.struts.action.ActionForm;

public class LoginForm extends ActionForm{
     private String username = null;     //用户名
     private String password = null;     //密码

     public LoginForm(){}
     public void setUsername(String username) {
          this.username = username;
     }

     public String getUsername() {
          return username;
     }

     public void setPassword(String password) {
          this.password = password;
     }

     public String getPassword() {
          return password;
     }

}
```

2）LoginAction 代码示例：

```
import javax.sql.DataSource;
import java.sql.Connection;
import javax.servlet.ServletContext;
import javax.servlet.http.HttpServletRequest;
import javax.servlet.http.HttpServletResponse;
import javax.servlet.http.HttpSession;
import org.apache.struts.action.Action;
import org.apache.struts.action.ActionForm;
import org.apache.struts.action.ActionForward;
import org.apache.struts.action.ActionMapping;
import org.apache.struts.action.ActionMessage;
import org.apache.struts.action.ActionMessages;


public final class LoginAction extends Action{
    public ActionForward execute(
        ActionMapping mapping,
        ActionForm form,
        HttpServletRequest request,
        HttpServletResponse response) throws Exception {

        LoginForm userform = (LoginForm ) form;
        String name = userform.getUsername();
        String password = userform.getPassword();

        ServletContext context = servlet.getServletContext();
        DataSource dataSource = (DataSource)context.getAttribute(Constants.
DATASOU RCE_KEY);

        DB db = new DB(dataSource);
        HttpSession session = request.getSession();
        session.setMaxInactiveInterval(365*24*3600);
        // 验证用户名
        if (name == null || "".equals(name.trim())) {
            req.setAttribute(Global.ALERT_MESSAGE, "用户名不能为空！");
            return new ActionRouter("LoginAction-page");
        }
        // 验证密码
        if (password == null || "".equals(password.trim())) {
            req.setAttribute(Global.ALERT_MESSAGE, "密码不能为空！");
            return new ActionRouter("LoginAction-page");
        }
        // 验证登录用户
        ......
        // 获取管理的业务信息系统
        ......
        // 保存登录用户信息、设置 session 监听、设置权限控制点
        boolean portalFlag = saveUserInfo(req, servlet, dbresult, result);
        //当前登录用户不存在
        if(!portalFlag && req.getAttribute(Global.ALERT_MESSAGE) != null){
            return new ActionRouter("LoginAction-page");
        }
        db.close();
        if (portalFlag) {
```

```
                return new ActionRouter("normal-index-page");
            } else {
                return new ActionRouter("default_index-page");
            }

        }

    }
```

（3）模型层

登录管理模型层以 User.java 部分方法为例。

```
import java.sql.ResultSet;
import java.util.Vector;


public class User {

     /**
      * 方法:   checkUserLogin()
      * 描述:   检查登录账号是否合法
      * @param  LoginForm
      * @return  数据集
      * @throws Exception
      */
     public static DataStore checkUserLogin (LoginForm loginform) throws
SystemException {

          ......
     }
     /**
      * 方法:   getBusinessSystem()
      * 描述:   获取管理的业务信息系统
      * @param  LoginForm
      * @return  数据集
      * @throws Exception
      */
     public static DataStore getBusinessSystem
(LoginForm loginform) throws SystemException {
          ......
     }

}
```

8. 目录规范

开发环境是 Eclipse，开发之后需要部署到 Tomcat 服务器环境上，所以开发环境的目录结构与运行环境的目录结构是一致的，只是在部署的运行环境中，可以不设置源代码的目录。开发目录如图 D-1 所示。

编码过程应该按照详细设计的规划进行，在伪代码的基础上，按照编码标准和规范进行分模块编码。开发环境是 Eclipse，首先开发人员在开发过程中按照开发的目录将相应的文件存放在指定的目标下，然后进行调试，如果调试完成，代码评审通过后，放入基线库，再从基线库将代码放入运行（Tomcat）环境中。

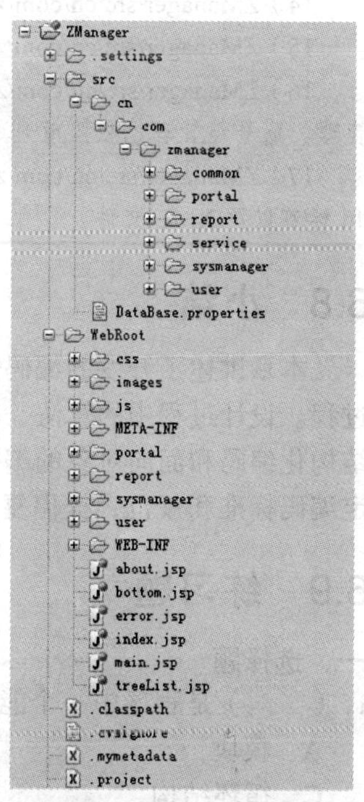

图 D-1 综合信息管理平台项目的开发目录

各个目录的说明如下：

1）ZManager/src/cn/com/zmanager 目录中存放所有的 Java 公用的模块。

2）ZManager/src/cn/com/zmanager/common 目录存放项目开发所需的公共类。

3）ZManager/src/cn/com/zmanager/portal 目录存放业务信息系统管理员 Portal Java 类。

4）ZManager/src/cn/com/zmanager/report 目录存放统计报表 Java 类。

5）ZManager/src/cn/com/zmanager/service 目录存放项目所需的监听服务 Java 类。

6）ZManager/src/cn/com/zmanager/sysmanager 目录存放平台管理 Java 类。

7）ZManager/src/cn/com/zmanager/user 目录存放账号管理 Java 类。该目录包含账号管理、账号组管理、权限管理、角色管理 Java 类，具体目录如图 D-2 所示。

其中，ZManager/src/cn/com/zmanager/permission 目录存放权限管理 Java 类，ZManager/src/cn/com/zmanager/role 目录存放角色管理 Java 类，ZManager/src/cn/com/zmanager/user 目录存放账号管理 Java 类，ZManager/src/cn/com/zmanager/usergroup 目录存放账号组管理 Java 类。

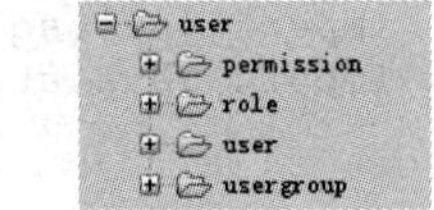

图 D-2 账号管理目录

8）ZManager/src/cn/com/zmanager/DataBase.properties 目录存放数据库及其他相关参数配置信息。

9）ZManager/src/cn/com/zmanager/WebRoot 目录存放所有的 JSP 页面。

10）ZManager/src/cn/com/zmanager/WebRoot/css 目录存放项目所需的样式表。

11）ZManager/src/cn/com/zmanager/WebRoot/images 目录存放项目所需的所有图片。

12）ZManager/src/cn/com/zmanager/WebRoot/js 目录存放项目所需的 Javascript 脚本。

13）ZManager/src/cn/com/zmanager/WebRoot/portal 目录存放业务信息系统管理员 Portal 的 JSP 页面。

14）ZManager/src/cn/com/zmanager/WebRoot/report 目录存放统计报表的 JSP 页面。

15）ZManager/src/cn/com/zmanager/WebRoot/sysmanager 目录存放平台管理的 JSP 页面。

16）ZManager/src/cn/com/zmanager/WebRoot/user 目录存放账号管理的 JSP 页面。该目录包含账号管理、账号组管理、权限管理、角色管理 JSP 页面，目录结构与图 D-2 相同。

17）ZManager/src/cn/com/zmanager/WebRoot/WEB-INF 目录存放项目编译后的 class 文件、lib 包、tld 标签以及 XML 文件。

6.8 小结

本章讲述了开发的编码过程。编程是按照设计要求进行的，即按照设计完成软件的实现过程。设计过程中的算法、功能、接口、数据结构都应该在编码过程中体现。本章主要介绍结构化编码和面向对象的编码方法、编码策略和编码语言的选择等，编码过程中首先应该确定编码标准和规范，提倡复用原则。

6.9 练习题

一、选择题

1.（　　）是程序中一个能逻辑分开的部分，也就是离散的程序单位。

A．模块　　B．复合语句

C．循环结构　　D．数据块

2．结构化程序设计要求程序由顺序、循环和（　　）三种结构组成。

A．分支　　B．单入口

C．单出口　　D．随意跳转

3．软件调试的目的是（　　）。

A．发现错误　　B．改正错误

C．改善软件的性能　　D．挖掘软件的潜能

二、填空题

1．在软件编码过程中，可以采用自顶向下、自底向上、自顶向下和自底向上相结合以及（　　）等几种编码策略。

2．可以将程序设计语言分为（　　）、（　　）、（　　）和（　　）四类。

三、判断题

在树状结构中，位于最上面的根部是顶层模块。（　　）

第 7 章

■　软件项目的测试

软件测试是在软件投入运行使用之前对软件需求、软件设计和软件程序进行检查和复审，以期发现其中的错误。软件测试可以分为两个阶段，编码和单元测试阶段的测试属于第一阶段，之后还要对软件系统进行各种综合测试（即俗称的测试阶段），此为第二阶段。本章讲述的软件测试包含了各个阶段的测试技术和过程。下面进入路线图的第五站——测试，如图 7-1 所示。

图 7-1　路线图——测试过程

7.1　软件测试概述

软件测试是从软件工程中演化出来的一个分支，有着非常广泛的内容，并且随着软件产业的发展已经变得越来越重要。业界关于软件测试的研究一直在进行，然而国内在该领域的研究却相当薄弱。目前，测试科学在本质、方法和技术上还不成熟。

软件危机曾经是软件界甚至整个计算机界最热门的话题。为了解决软件危机，软件从业人员、专家和学者做出了大量的努力。现在人们已经逐步认识到：所谓软件危机其实是一种状况，那就是软件中有错误，正是这些错误导致了软件开发在成本、进度和质量上的失控。有错是软件的属性，而且是无法改变的，因为软件是由人来完成的，所有由人做的工作都不会是完美无缺的。问题在于我们如何避免错误的产生和消除已经产生的错误，使程序中的错误密度达到尽可能低的程度。

软件系统的开发过程包括了一系列开发活动，而软件又是人脑高度智力化的体现，所以在开发过程中人为的错误就有机会引入到软件产品中来。软件与生俱来就可能存在缺陷。为了防止和减少这些可能存在的缺陷，进行软件测试是必要的，测试是有效的排错和防止缺陷与故障的手段。很多软件开发企业花费在测试上的费用是总项目费用的 30%～40%，或者更多，类似飞行控制等软件的测试费用更是占项目其他费用的 3～5 倍。

软件测试是对软件需求分析、设计、编码实现的审查，它是保证软件质量的关键步骤。软件测试是根据软件开发各个阶段的规格说明和程序的内部结构而精心设计一批测试用例（即输入数据及其预期的输出结果），并利用这些测试用例运行程序以及发现错误的过程，即执行测试步骤。

测试应该尽早进行，因为软件的质量是在开发过程中形成的，缺陷是在不知不觉中引入的。测试的目的就是设计测试用例，通过这些测试用例来发现缺陷和排除缺陷。

众所周知，软件测试行业在国内的发展远远比软件开发甚至项目管理缓慢，很多国内的企业甚至国外的中小企业，一直把缩短软件测试周期当成是缩短整个项目周期的一个办法。这种重开发轻测试的观念在短期内是看不出其严重后果的，但是随着软件企业的发展，软件规模和复杂度的增长，人们越来越认识到，软件测试是必不可缺的，甚至是关系到项目成败的关键一环。统计表明，开发较大规模的软件，有 40%以上的精力是耗费在测试上的，即使是富有经验的程序员，也难免在编码中产生错误，何况有的错误在设计甚至需求分析阶段早已埋下。无论是早期潜伏下来的错误还是编码中新引入的错误，若不及时排除，轻者降低软件的可靠性，重者导致整个系统的失败。为防患于未然，强调软件测试的重要性是必要的。

软件测试工程师的工作就是利用测试工具按照测试方案和流程对产品进行功能和性能测试，甚至根据需要编写不同的测试工具，设计和维护测试系统，对测试方案可能出现的问题进行分析和评估。执行测试用例后，需要跟踪故障，以确保开发的产品适合需求。

7.2 软件测试方法概论

软件测试的过程与软件开发的过程是相反的，在早期开发过程中，软件工程师试图从一个抽象的概念构建一个实实在在的系统。在测试过程中，软件工程师试图通过设计测试用例来“破坏”这个构建好的系统。所以开发是构造的过程，测试是“破坏”的过程。

而测试的破坏性主要体现在：

- 测试是为了发现缺陷而执行程序的过程。
- 好的测试方案是尽可能发现迄今为止尚未发现的错误。
- 成功的测试是发现了至今为止未发现的错误。

我们测试的目的是：在最小的成本和最短的时间内，通过设计合适的测试用例，系统地发现不同类别的错误。所以，测试可以证明软件有错误，而不能证明软件没有错误。

既然测试的目的是为了发现缺陷，所以测试的实质是尽可能覆盖所有的情况，衡量测试的一个非常重要的指标是覆盖率：

覆盖率=（至少被执行一次的项数）/（总项数）

对于软件测试技术，可以从不同的角度加以分类：从是否需要执行被测软件的角度可分为静态测试和动态测试；从测试是否针对系统的内部结构和具体实现算法的角度可分为白盒测试和黑盒测试，以至于发展到灰盒测试；从软件阶段划分可以有单元测试、集成测试、确认测试、系统测试、验收测试、上线测试；按测试的次数可以分为首次测试和回归（重复测试）测试。

我们在这里将测试的大类分为静态测试和动态测试，动态测试包括为白盒测试、黑盒测试、灰盒测试。静态测试是对被测程序进行特性分析的一些方法的总称，这种方法的主要特性是不利用计算机运行被测程序，而是采用其他手段达到检测的目的。动态测试是实际运行被测程序，输入相应的测试用例，判定执行结果是否符合要求，从而检验程序的正确性、可靠性和有效性。

7.3 静态测试

最开始软件测试的概念只是通过运行软件来发现缺陷的质量活动，随着测试理论的发展，走查、检查、评审等静态的质量活动也进入到了软件测试的范畴。

静态测试是一种不通过执行程序来进行测试的技术。它检查软件的表示和描述是否一致，主要覆盖程序的编程格式、程序语法，检查独立语句的结构和使用。静态测试主要包括代码检查、静态结构分析、代码质量度量，可以通过人工进行，也可以借助工具自动进行。例如语法分析器就是一个静态分析工具。静态测试也包括对软件项目文档的审核，对被测软件文档的一致性、完整性和准确性进行检查，审核文档的内容和质量，从而发现文档的错误，消除文档中存在的一些不一致的问题。

7.3.1 文档审查

软件产品由可以运行的程序、数据、文档组成，文档是软件的一个重要组成部分，在软件的整个生命周期中有很多文档，各个阶段中以文档作为前阶段工作的成果和后阶段工作的依据。文档包括开发文档、用户文档、管理文档等。开发文档如软件需求规格说明书、概要设计说明书、详细设计说明书等，管理文档如项目开发计划、测试计划、测试报告等，用户文档如用户手册、操作手册等。所以对软件文档的审查也是静态测试的一部分，文档审查测试方法主要是以表 7-1 所示的检查单的形式进行，过程如图 7-2 所示。

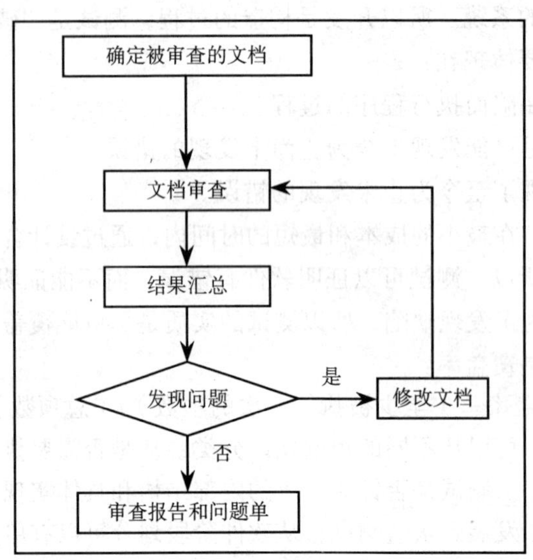

图 7-2 文档审查过程

表 7-1　文档审查检查单

项目名称				
文档名称				
审查内容			结　论	说明
一、完整性				
是否有软件计划书			□是　□否　□不适用	
是否有软件需求规格说明书			□是　□否　□不适用	
是否有软件概要设计说明书			□是　□否　□不适用	
是否有软件详细设计说明书			□是　□否　□不适用	
是否有软件测试用例设计			□是　□否　□不适用	
是否有软件测试报告			□是　□否　□不适用	
是否有软件用户手册			□是　□否　□不适用	
任务书	是否明确了运行环境要求		□满足　□基本满足　□不满足	
	是否明确了功能、性能、输入、输出、数据处理、接口等技术要求		□满足　□基本满足　□不满足	
	设计约束的描述是否完整		□满足　□基本满足　□不满足	
	是否描述了可靠性、安全性和维护性要求		□满足　□基本满足　□不满足	
	是否明确了进度和控制节点		□满足　□基本满足　□不满足	
软件需求规格说明书	是否描述了功能需求、性能需求、接口需求、软件质量特性等方面的全部工程需求		□满足　□基本满足　□不满足	
	是否描述了需求可追踪性		□满足　□基本满足　□不满足	
	是否描述了合格性需求		□满足　□基本满足　□不满足	
	是否描述了交付准备		□满足　□基本满足　□不满足	
详细设计说明书	是否描述了软件部件的过程设计、部件及单元划分、部件间数据流图与控制流图、单元的详细流程图与算法解释等		□满足　□基本满足　□不满足	
	是否描述了数据文件		□满足　□基本满足　□不满足	
用户手册	是否描述了软件所有功能的操作过程、系统和用户输入、预期输出		□满足　□基本满足　□不满足	
	是否描述了出错信息及其处理		□满足　□基本满足　□不满足	
二、一致性				
概要设计说明书是否能覆盖软件需求规格说明书的需求，内容是否一致，是否进行了追溯			□满足　□基本满足　□不满足	
详细设计说明书内容及其程序流程图是否与概要设计说明书内容一致			□满足　□基本满足　□不满足	
用户手册内容与软件需求规格说明书要求是否一致			□满足　□基本满足　□不满足	
一份文档的内容和术语的含义前后是否一致，是否存在自相矛盾的地方			□满足　□基本满足　□不满足	
各文档版本是否一致			□满足　□基本满足　□不满足	
各文档对相同内容的描述是否一致			□满足　□基本满足　□不满足	
文档描述是否与软件实现一致			□满足　□基本满足　□不满足	

（续）

项目名称		
文档名称		
审 查 内 容	结 论	说明
三、准确性		
文档中是否有二义性的描述和定义	□无 □个别 □偏多	
是否存在错别字	□无 □个别 □偏多	
四、规范性		
文档的格式是否统一	□满足 □基本满足 □不满足	
文档中的图示是否有明确的图标识	□满足 □基本满足 □不满足	
文档中的图示是否位于引用文字之后	□满足 □基本满足 □不满足	
文档的目录索引是否完整并能正确链接正文内容	□满足 □基本满足 □不满足	
五、易读性		
文档是否有难以理解的专业术语，如果有是否做了相应的解释	□满足 □基本满足 □不满足	
是否有一定的图表帮助理解，并标以正确的图表号	□满足 □基本满足 □不满足	
审查人员	审查时间	

7.3.2 代码检查

代码检查包括自我代码走查（walk through）、小组代码检查（inspection）和代码评审（review）等方式，主要检查代码和设计的一致性，检查代码对标准的遵循程度、代码的可读性、代码逻辑表达的正确性、代码结构的合理性等。

代码走查是一种非正式的评审过程，它没有明确的过程描述，主要是开发人员对自己的代码进行静态结构分析，检查代码是否符合标准和规范，是否存在逻辑错误。静态结构分析主要分析程序的内部结构，例如函数的调用关系、函数内部的控制关系等。

小组代码检查是一种比较正式的检查和评估方法，它通常由代码检查小组进行，通过逐步检查源代码中有无逻辑和语法错误来进行测试。小组分不同的角色，例如仲裁人（组长）、作者、检查者、记录人等，每人各司其职，一般由仲裁人提前向小组成员分发检查文件（代码），小组成员在开会之前先熟悉这些材料，然后开会，在会议上讨论，其中很重要的一点是利用一个缺陷检查表来进行检查。

代码评审是更正式的方式，通常在小组代码检查后进行，审查小组根据代码审查的结果来评估程序，对软件的功能性、可靠性、易用性、效率、可维护性和可移植性等方面进行评估，以决定是否需要重新审议。

7.3.3 技术评审

技术评审（Technical Review，TR）的目的是尽早发现工作成果中的缺陷，并帮助开发人员及时消除缺陷，从而有效地提高产品的质量。

技术评审的目标是：

- 软件产品是否符合技术规范。
- 软件产品是否遵循项目可用的规定、标准、指导方针、计划和过程。

• 软件产品的变更是否被恰当地实现，以及变更的影响等。

技术评审的主体一般是产品开发中的一些设计产品，这些产品往往涉及多个小组和不同层次的技术。主要评审的对象有：软件需求规格说明书、软件设计说明书、代码、测试计划、用户手册、维护手册、系统开发规程、安装规程、产品发布说明等。

技术评审应该采取一定的流程，这在企业质量体系或者项目计划中应该有相应的规定，例如下面便是一个技术评审的建议流程：

1）召开评审会议。一般应有 3 ~ 5 个相关领域人员参加，会前每个参加者做好准备，评审会每次一般不超过 2 小时。

2）在评审会上，由开发小组对提交的评审对象进行讲解。

3）评审组可以对开发小组进行提问，提出建议和要求，也可以与开发小组展开讨论。

4）会议结束时必须做出以下决策之一：

• 接受该产品，不需做修改；
• 由于错误严重，拒绝接受；
• 暂时接受该产品，但需要对某一部分进行修改。开发小组还要将修改后的结果反馈至评审组。

5）完成评审报告与记录。所提出的问题都要进行记录，在评审会结束前产生一个评审问题表，另外必须完成评审报告。

技术评审可以把一些软件缺陷消灭在代码开发之前，尤其是一些架构方面的缺陷。在项目实施中，为了节省时间，应该优先对一些重要环节进行技术评审，这些环节主要有：项目计划、软件架构设计、数据库逻辑设计、系统概要设计等。如果时间和资源允许，可以考虑适当增加评审内容。表 7-2 是项目实施中技术评审的一些评审项。

表 7-2 项目实施中技术评审

评审内容	评审重点与意义	评审方式
项目计划	重点评审进度安排是否合理	整个团队相关核心人员共同进行讨论、确认
架构设计	架构决定了系统的技术选型、部署方式、系统支撑并发用户数量等诸多方面，这些都是评审重点	邀请客户代表、领域专家进行较正式的评审
数据库设计	主要是数据库的逻辑设计，这些既影响到程序设计，也影响到未来数据库的性能表现	进行非正式评审，在数据库设计完成后，可以把结果发给相关技术人员，进行“头脑风暴”方式的评审
系统概要设计	重点是系统接口的设计。接口设计得合理，可以大大节省时间，避免很多返工	设计完成后，相关技术人员一起开会讨论

很多软件项目由于性能等诸多原因最后导致失败，实际上都是由于设计阶段技术评审不够全面。

对等评审是一种特殊类型的技术评审，它是由与产品开发人员具有同等背景和能力的人员对工作产品进行的一种技术评审，目的是在早期有效地消除软件工作产品中的缺陷，并对软件工作产品和其中可预防的缺陷有更好的理解。对等评审是提高生产率和产品质量的重要手段。

采用检查表（checklist）的技术评审方法对软件前期的质量控制起到非常重要的作用，检查表是一种验证软件需求的结构化的工具，它检查是否所有应完成的工作点都按标准完成了、所有应该执行的步骤都正确执行了，所以它首先确认该做的工作，其次是落实是否完成。一个成熟度高的软件企业应该有很详细、全面、可执行性很高的评审流程和各种交付物的评审检查表（review checklist）。

7.4 动态测试

动态测试是运行被测试的程序，通过输入测试用例，对其运行情况进行分析，以达到检测的目的。动态技术更像我们通常意义上的“测试”，它主要包括白盒测试和黑盒测试。

7.4.1 白盒测试方法

白盒测试又称为结构测试、基于程序的测试、玻璃盒测试等，它是一种逻辑测试。白盒测试是将测试的对象看做一个打开的盒子，测试者能够看到其内部（例如源程序），如图 7-3 所示。白盒测试可以分析被测试程序的内部结构，盒子是可视的，需要测试者了解内部的结构和工作原理，测试的焦点是根据内部结构设计测试用例。可通过测试来检测软件内部动作是否按照规格说明书的规定正常进行，按照程序内部的结构测试程序，检验程序中的每条通路是否都能按预定要求正确工作。

白盒测试设计的测试用例应该能够：

- 保证模块中的独立路径至少被执行一次。
- 保证所有的逻辑值（True，False）均被测试。
- 在上、下边界和可操作范围内运行所有的循环。
- 检查内部数据结构的有效性。

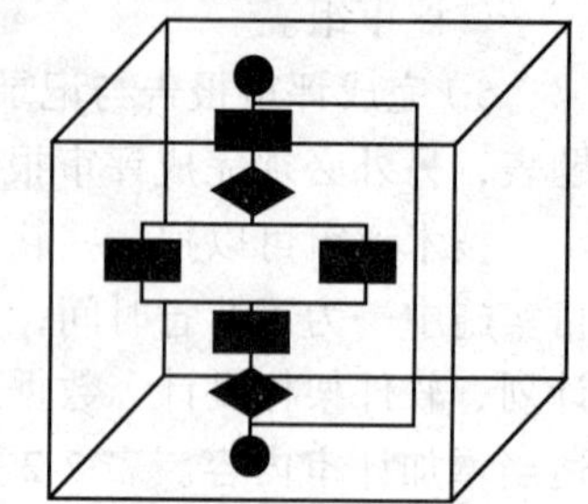

图 7-3 白盒测试

白盒测试方法需全面了解程序内部逻辑结构，对所有逻辑路径进行测试。测试者必须检查程序的内部结构，从检查程序的逻辑着手，得出测试数据。有时，贯穿程序的独立路径数是天文数字，但即使每条路径都测试了仍然可能有错误，因为：第一，穷举路径测试决不能查出程序违反了设计规范，即程序本身是个错误的程序；第二，穷举路径测试不可能查出程序中因遗漏路径而出错；第三，穷举路径测试可能发现不了一些与数据相关的错误。

白盒测试作为结构测试方法，是按照程序内部的结构测试程序，检查程序中的每条通路是否能够按照预定要求工作，因此其最主要的技术是逻辑覆盖技术。逻辑覆盖包括：语句覆盖、判定覆盖、条件覆盖、判定/条件覆盖、条件组合覆盖和路径覆盖等。

覆盖率不是目的，只是一种手段，测试的目标是尽可能发现错误，寻找被测试对象与既定规格的不一致性。

1．语句覆盖

语句覆盖方法选择足够的测试用例，使得程序中每一条可执行语句至少被执行一次。

语句覆盖率＝（至少被执行一次的语句数量）/（可以执行的语句总数）

例如表 7-3 所示代码共有 4 条语句，我们选择测试用例如表 7-4 所示，Condition1 和 Condition 2 为 True，则这 4 条语句都可以被执行一次。

表 7-3 程序 1

```
1. if (Condition1 and Condition2) then
2. Do_something;
3. End if
4. Another_Statement;
```

表 7-4 语句覆盖测试用例

TestCase1	Condition1＝True，Condition2＝True

虽然语句覆盖可以保证程序中的每条语句都得到执行，但是它不能全面检查每一条语句，所以它不是一种充分的检查方法，例如上面的程序中，把（Condition1 and Condition2）错写成（Condition1 or Condition2），使用上面的测试用例是不能发现这个错误的。

2. 判定覆盖

判定覆盖是选择足够的测试用例，使得程序中每一个判定的每一种可能结果都至少被执行一次，也就是使得程序中的每个判定至少获得一次“真”值和“假”值。判定覆盖也叫分支覆盖。

判定覆盖率＝（判定结果被评价的次数）/（判定结果的总数）

对于表 7-3 中的程序，要实现判定覆盖，至少应该选择 2 个测试用例，如表 7-5 所示的测试用例就可以实现判定覆盖。

表 7-5 判定覆盖测试用例

TestCase1	Condition1＝True，Condition2＝True
TestCase2	Condition1＝False

上面的 2 个测试用例满足了判定覆盖的同时也满足了语句覆盖，因此判定覆盖比语句覆盖更强一些。但是还是存在问题，例如，Condition 2 是 X＞1 错写成 X＞＝1，虽然使用上面的 2 个测试用例同样满足了判定覆盖，但是无法确定判定内部条件的错误。所以需要条件覆盖。

3. 条件覆盖

在一个程序中，一个判定中通常包含若干个条件，而条件覆盖是选择足够的测试用例，使得程序中每一个判定中的每一个条件的可能结果都至少被执行一次。

条件覆盖率＝（条件操作数值至少被评价一次的数量）/（条件操作数值的总数）

例如表 7-3 中程序要实现条件覆盖，要求每个条件（Condition1 和 Condition 2）的可能值（True 和 False）至少满足一次。表 7-6 是满足表 7-3 所示程序的条件覆盖的测试用例，即 Condition1 和 Condition 2 的可能值（True 和 False）至少满足一次，但是我们知道这 2 个测试用例并没有满足判定覆盖，因为所有的判断结果（Condition1 and Condition2）都是 False。所以满足了条件覆盖可能不能满足判定覆盖。

表 7-6 条件覆盖测试用例

TestCase 1	Condition1＝True，Condition 2 ＝False
TestCase 2	Condition1＝False，Condition 2 ＝True

4. 判定/条件覆盖

判定/条件覆盖要求设计足够的测试用例，使得同时满足判定覆盖和条件覆盖。即判断中的每个条件的所有情况（True 和 False）至少出现一次，并且每个判断本身的判断结果（True 和 False）也至少出现一次。

判定/条件覆盖率＝（条件操作数值或者判定结果至少被评价一次的数量）/（条件操作数值总数+判定结果的总数）

表 7-7 的测试用例满足了判定/条件覆盖。

表 7-7　判定/条件覆盖测试用例

TestCase 1	Condition1＝True，Condition 2 ＝True
TestCase 2	Condition1＝False，Condition 2 ＝False

虽然表 7-7 的测试用例满足了判定组合和条件覆盖，但是并没有覆盖所有的 True、False 取值的条件组合。

5．条件组合覆盖

条件组合覆盖是通过选择足够的测试用例，使得程序中每一个分支判断中的每一个条件的每一种可能组合结果都至少被执行一次。所以满足条件组合覆盖的测试用例一定满足判定覆盖、条件覆盖和判定/条件覆盖。

条件组合覆盖率＝（被评价的分支条件组合数量）/（分支条件组合总数）

表 7-3 中的程序中判定中的 2 个条件 Condition1 和 Condition2 的组合有 4 种，表 7-8 满足了条件组合覆盖。

表 7-8　条件组合覆盖测试用例

TestCase1	Condition1＝True，Condition2＝True
TestCase2	Condition1＝True，Condition2＝False
TestCase3	Condition1＝False，Condition2＝True
TestCase4	Condition1＝False，Condition2＝False

6．路径覆盖

路径能否全面覆盖是软件测试很重要的问题，因为程序要得到正确的结果，就必须能够保证程序总是沿着特定的路径顺序执行，只有程序中的每条路径都经受了检验，才能使程序受到全面检查。路径覆盖是设计足够的测试用例，使得程序中所有的可能路径都至少被执行一次。路径覆盖技术最早由 Tom McCabe 提出。

路径覆盖率=（至少被执行一次的路径数）/（总的路径数）

如图 7-4 所示是下面程序的程序路径图。

```
if (A>1) and (B=0) then  X=X/A;
if (A=2) or (X>1) then  X=X+1;
```

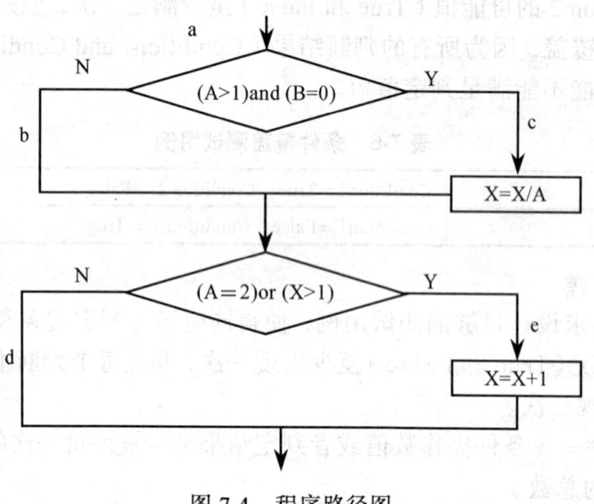

图 7-4　程序路径图

这个程序的路径共 4 条：

- 路径 1：abe
- 路径 2：ace
- 路径 3：abd
- 路径 4：acd

为了满足路径覆盖，设计表 7-9 所示的测试用例。

表 7-9 路径覆盖测试用例

测试用例	输入值 （A B X）	覆盖路径
TestCase 1	1 0 3	abe
TestCase 2	1 1 1	abd
TestCase 3	2 0 3	ace
TestCase 4	6 0 1	acd

需要指出的是，实际中一个不是很复杂的程序，其路径却可能是一个庞大的数字，测试中覆盖这些路径几乎无法实现。为了解决这些问题，可以将覆盖路径数量压缩到一定的限度内，例如程序中的循环体只执行一次。

7．其他覆盖准则

实际上，关于逻辑覆盖还有很多其他的覆盖准则，例如 ESTCA、MC/DC、LCSAJ 等。

（1）ESTCA

覆盖的准则是希望做到全面没有遗漏，但是实际情况是测试并不能做到无遗漏，而且恰恰是越容易出错的地方越容易遗漏。因此测试工作应该重点针对容易出现错误的地方设计更多的测试用例。K. A. Foster 通过大量的实验确定了程序中谓词是最容易出现错误的部分，得出一套错误敏感测试用例分析（Error Sensitive Test Cases Analysis，ESTCA）规则，ESTCA 规则如下：

规则 1 对于 A rel B（rel 为<、=、>）型的分支谓词，应适当地选择 A 与 B 的值，使得测试执行到该分支语句时，A<B、A=B、A>B 的情况分别出现一次。

规则 2 对于 A rel C（rel 可以是< 或>，A 是变量，C 是常量）型的分支谓词，当 rel 为<时，适当选择 A 的值，使 A=C-M（M 是距 C 最小的容许正数，如果 A 和 C 均为整型时，M=1）。同样，当 rel 为>时，适当选择 A，使 A=C+M。

规则 3 对外部输入变量赋值，使其每一测试用例均有不同的值和符号，并与同一组测试用例中其他变量的值与符号不一致。

显然，上述规则 1 是为了检测 rel 的错误，规则 2 是为了检测“差一”之类的错误（例如将 A>1 错写成 A>0），规则 3 是为了检测程序语句中的错误，例如引用一个变量时错误地引用了另外一个常量。

上述规则虽然并不完备，但是却很有效，因为规则本身针对程序人员容易发生的错误，或者围绕出错频率高的地方，提高了发现错误的命中率。

（2）LCSAJ 覆盖

LCSAJ 覆盖（Linear Code Sequence and Jump Coverage）是 Woodward 等人提出来的覆盖规则，意思是线性代码序列与跳转覆盖。一个 LCSAJ 是一组顺序执行的代码，以控制流跳转为其结束点，它的定义如下：

- 它起始于程序的入口或者一个可能导致控制流跳转的点；
- 它结束于程序的出口或者一个可能导致控制流跳转的点；
- 对于该点，一个跳转在后面的序列中产生。

LCSAJ 的起始点是根据程序本身决定的，它的起始是程序的第一行或者转移语句的入口点，或者是控制流可以跳转达到的点。因此，几个 LCSAJ 首尾相接构成 LCSAJ 串，组成程序的一条路径。第一个 LCSAJ 起点为程序的起点，最后一个 LCSAJ 终点为程序的终点。一条程序路径可能是由两个、三个或者多个 LCSAJ 组成的，基于 LCSAJ 与路径的这一关系，Woodward 提出了 LCSAJ 覆盖准则。这是一个分层的覆盖准则：

[第 1 层] ：语句覆盖。

[第 2 层] ：分支覆盖。

[第 3 层] ：LCSAJ 覆盖，即程序的每一个 LCSAJ 都至少在测试中经历过一次。

[第 4 层] ：两两 LCSAJ 覆盖，即程序中每两个首尾相连的 LCSAJ 组合起来在测试中都要经历一次。

……

[第 *n*+2 层]：每 *n* 个首尾相连的 LCSAJ 组合在测试中都要经历一次。

所以，越是高层，LCSAJ 覆盖准则越难满足。在实施测试时，若要实现上述的 Woodward 层次 LCSAJ 覆盖，需要产生被测试程序的所有 LCSAJ。尽管 LCSAJ 覆盖比判定覆盖复杂很多，但是 LCSAJ 的自动化实施相对还是容易的。

（3）MC/DC 覆盖

MC/DC 覆盖（Modified Conditional/Decision Coverage，更改条件/判定覆盖）是判定/条件覆盖的一个变体，它主要为多条件测试的情况提供了方便，通过分析条件、判定的覆盖来增加测试用例，防止测试工作量呈指数上升。MC/DC 标准满足下列需求：

1）被测试程序模块的每个入口点和出口点都必须至少被执行一次，并且每一个程序判定的结果至少被覆盖一次。

2）程序的判定被分解为基本的布尔条件表达式，每个条件独立地作用于判定的结果，覆盖所有条件的可能结果。

例如我们来看判定（X and（Y or Z））的 MC/DC 的情况，表 7-10 是它的分析情况。

为了使判定 X 对判定结果独立起作用，假设 Y 和 Z 都是 T，因此 Testcase1 和 Testcase5 是必需的。同样为了使判定 Y 对判定结果独立起作用，需要假设 X 是 T，Z 是 F，因此 Testcase2 和 Testcase4 时必需的。为了使判定 Z 对判定结果独立起作用，需要假设 X 是 T，Y 是 F，因此 Testcase3 和 Testcase4 时必需的。作为结果，测试用例 Testcase1、Testcase2、Testcase3、Testcase4、Testcase5 满足了 MC/DC 覆盖。当然，这个结果不是唯一可能的组合。

表 7-10 MC/DC 分析表

测试用例	X	Y	Z	结 果
Testcase1	T	T		T
Testcase2	T	T	F	T
Testcase3	T	F	T	T
Testcase4	T	F	F	F
Testcase5	F	T	T	F
Testcase6	F	T	F	F

（续）

测试用例	X	Y	Z	结　果
Testcase7	F	F	T	F
Testcase8	F	F	F	F

7.4.2　黑盒测试方法

黑盒测试也称为行为测试（behavioral test），主要关注软件的功能测试和性能测试，而不是内部的逻辑结构测试。黑盒测试是软件测试中使用最早、最广泛的测试，在测试中，被测试对象的内部结构、运作情况对于测试人员来说是不可见的，测试人员主要根据规格说明，验证软件与规格说明的一致性，黑盒测试关注的是结果，如图 7-5 所示。

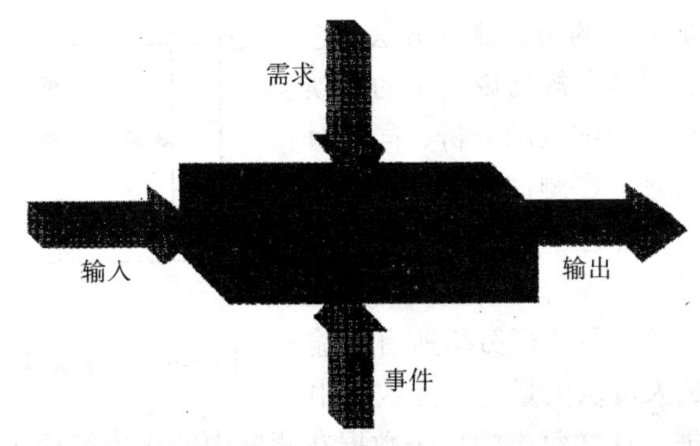

图 7-5　黑盒测试示意图

黑盒测试也称功能测试或数据驱动测试，它是在已知产品所应具有的功能的情况下，通过测试来检测每个功能是否都能正常使用。在测试时，把程序看做一个不能打开的黑盒子，在完全不考虑程序内部结构和内部特性的情况下，测试者在程序接口进行测试，它只检查程序功能是否按照需求规格说明书的规定正常使用，程序是否能适当地接收输入数据而产生正确的输出信息，并且保持外部信息（如数据库或文件）的完整性。黑盒测试着眼于程序外部结构，不考虑内部逻辑结构，针对软件界面和软件功能进行测试。黑盒测试是穷举输入测试，只有把所有可能的输入都作为测试情况使用，才能以这种方法查出程序中的错误。实际上测试情况有无穷多个，人们不仅要测试所有合法的输入，而且还要对那些不合法但是可能的输入进行测试。

通过黑盒测试可以回答如下的问题：

- 如何测试功能的有效性。
- 如何测试系统的性能。
- 什么类型的输入可以产生好的测试用例。
- 系统是否对特定的输入值尤其敏感。
- 如何分离数据类的边界。
- 系统能够承受何种数据速率和数据量。
- 特定类型的数据组合对系统产生何种影响。

常见的黑盒测试方法有边界值分析、等价类划分、规范导出法、错误猜测法、基于故障的测试、因果图法、决策表法、场景法等。

1. 边界值分析

边界值分析（Boundary Value Analysis，BVA）是一种很实用的黑盒测试方法，它具有很强的发现程序错误的能力，它关注的是输入空间的边界。边界值分析基于的原理是：错误更可能发生在输入的边界值附近，因此设计测试用例的输入值时尽可能采用输入的边界值。边界值分析的基本思想是在最小值、略高于最小值、正常值、略低于最大值、最大值等处取输入变量值。

例如一个程序的输入是变量 X_1、X_2，它们的取值范围是 $a \leqslant X_1 \leqslant b$，$c \leqslant X_2 \leqslant d$，程序的边界值分析测试用例如图 7-6 所示。

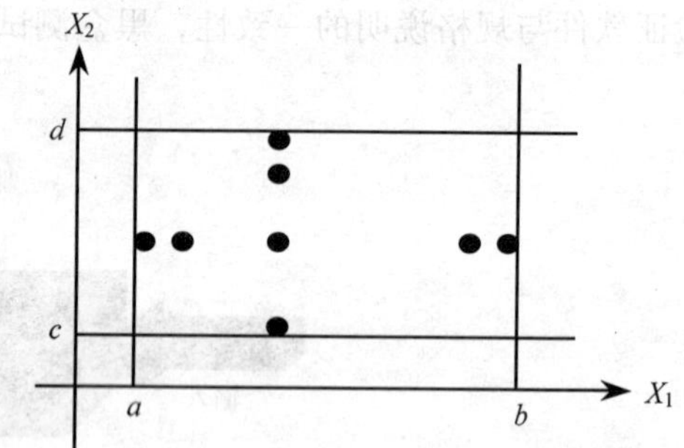

图 7-6　两变量函数边界值分析测试用例

2. 等价类划分

等价类划分是一种最典型的黑盒测试方法，它不考虑程序的内部结构，对需求规格说明中的各项需求，特别是对功能需求进行细致的分析，同时对输入和输出区别对待和处理，在测试时，它将输入域划分为若干部分，从每个部分中取少数有代表性的数据作为测试用例的输入。等价类划分测试方法基于的原理是：由于很多情况下实现穷举所有的输入是不现实的，所以测试人员从大量的可能数据中选择一部分作为测试数据，这样每类的代表数据在测试中的作用等价于这类中的其他值，这样可以避免冗余。

等价类划分之前，需要从功能说明书中找到输入条件，然后为每个输入条件划分等价类。所谓等价类就是输入域的某个子集合，所有的等价类的并集就是整个输入域，等价类可以保证完备性和无冗余性。

以下是进行等价类划分的几项依据：

- 按照区间划分。如果功能规格说明规定了输入条件的取值范围或者值的数量，即可以确定一个有效等价类和两个无效等价类。例如，如果输入为月份，则 1 ~ 12 月为一个有效等价类，小于 1、大于 12 为两个无效等价类。
- 按照数值划分。如果规格说明规定了输入数据的一组值，而且软件要对每个输入值分别进行处理，则可以为每一个值确定一个有效等价类，此外根据这组值确定一个无效等价类，即所有不允许的输入值的集合。
- 按照数值集合划分。如果规格说明规定了输入值的集合，则可以确定一个有效等价类（该集合有效值之内）和一个无效等价类（该集合有效值之外）。
- 按照限制条件或者规则划分。如果规格说明规定了输入数据必须遵守的规则或者限制条件，则可以确定一个有效等价类（即符合规则）和若干个无效等价类（即违反规则）。
- 细分等价类。等价类中的各个元素在程序中的处理方式各不相同，则可以将此等价类进一步划分成更细小的等价类，同时构成等价类表。

利用等价类进行测试有两个目的，一是希望进行完备的测试，另一个是希望避免冗余。

设计测试用例时，应同时考虑有效等价类和无效等价类的设计。测试人员总是希望通过最少的测试用例覆盖所有的有效等价类，但是对一个无效等价类，设计一个测试用例来覆盖即可。

根据已经列出的等价类表可以确定测试用例，具体步骤如下：

1）为每个等价类分别编制一个编号。

2）设计一个新的测试用例，使它能够尽量覆盖尚未覆盖的有效等价类，重复这个步骤，使得所有的有效等价类均被测试用例覆盖。

3）设计一个新的测试用例，使它覆盖一个无效等价类，重复这个步骤，使得所有的无效等价类均被测试用例覆盖。

针对是否对无效数据进行测试，可以将等价类测试分为弱一般等价类、强一般等价类、弱健壮等价类、强健壮等价类。这里的“弱”代表单缺陷假设；“强”代表多缺陷假设；“一般”代表只有有效等价类；“健壮”代表除了包括有效等价类，还包含了无效等价类。单缺陷假设是基于这样一个可靠性理论：失效极少是由两个（或多个）缺陷同时发生引起的。而多缺陷假设拒绝这种假设，意味着我们关心当多个变量取极值时会出现什么情况。

弱一般等价类测试通过使用一个测试用例中的每个等价类（区间）的一个变量实现。

强一般等价类测试是基于多缺陷假设，因此需要等价类笛卡儿积的每个元素对应的测试用例。

弱健壮等价类测试：对于有效输入，使用每个有效类的一个值；对于无效输入，测试用例将拥有一个无效值，并保持其余的值都是有效的。

强健壮等价类测试：说它“强”是因为多缺陷假设，说它“健壮”是因为这种测试考虑了无效值。

例如函数 F 实现一个程序，它有两个输入变量 X_1、X_2，它们的取值范围是：

$a \leqslant X_1 \leqslant d$，区间是$[a,b],(b,c),[c,d]$

$e \leqslant X_2 \leqslant g$，区间是$[e,f],[f,g]$

变量 X_1、X_2 的无效等价类分别是：$X_1<a$，$X_1>d$ 和 $X_2<e$，$X_2>g$。则图 7-7 是对应的弱一般等价类测试用例，图 7-8 是对应的强一般等价类测试用例，图 7-9 是对应的弱健壮等价类测试用例，图 7-10 是对应的强健壮等价类测试用例。

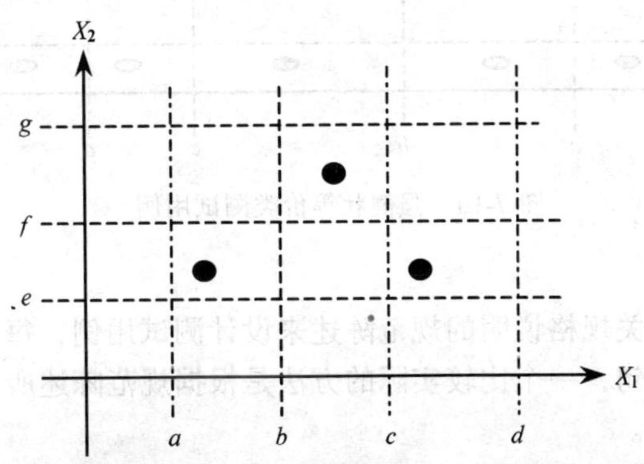

图 7-7 弱一般等价类测试用例

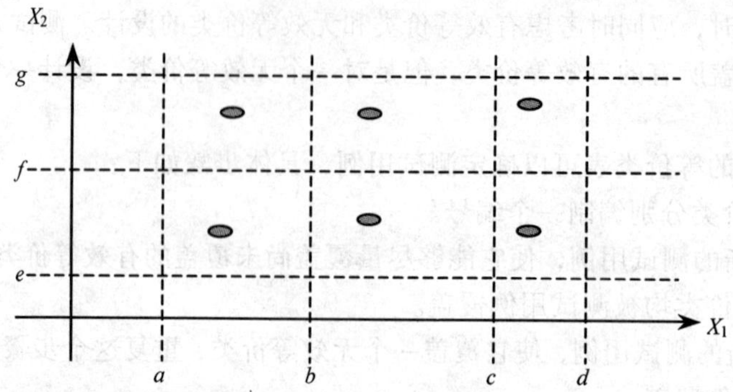

图 7-8　强一般等价类测试用例

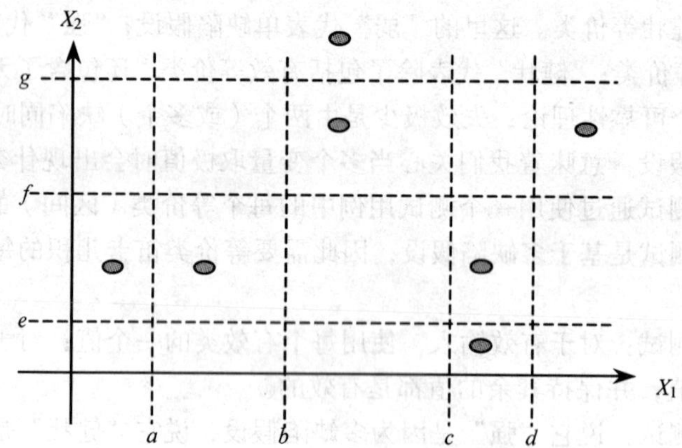

图 7-9　弱健壮等价类测试用例

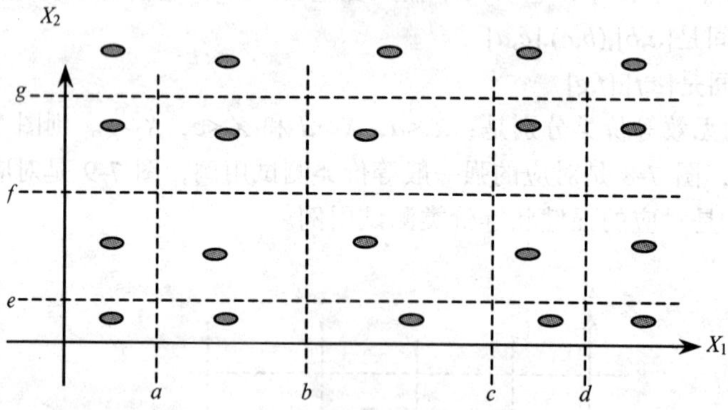

图 7-10　强健壮等价类测试用例

3．规范导出法

规范导出法是根据相关规格说明的规范陈述来设计测试用例，每一个测试用例用来测试一个或者多个规范陈述语句，一个比较实际的方法是根据规范陈述所用语句顺序来相应地为被测试对象设计测试用例。

例如，一个计算平方根函数的规格说明可以表达如下：当输入一个大于等于 0 的实数时，返回正的平方根；当输入一个小于 0 的实数时，显示错误信息“平方根非法——输入值小于 0”，并返回 0； Print_Line 库函数可以用来输出错误信息。

在这个规格说明中有 3 个陈述，可以用两个测试用例来对应：

Testcase1：输入 1 6 ，输出 4 。

这个测试用例对应规格说明中第一句陈述：当输入一个大于等于 0 的实数时，返回正的平方根。

Testcase 2 ：输入－1，输出“平方根非法——输入值小于 0”。

这个测试用例对应规格说明中第二、第三句陈述：当输入一个小于 0 的实数时，显示错误信息“平方根非法——输入值小于 0”，并返回 0； Print_Line 库函数可以用来输出错误信息。

4．错误猜测法

错误猜测法是在经验的基础上，测试设计者猜测错误的类型以及特定软件中的错误位置，并设计用例来发现它们。错误猜测法的基本思想是某处发现了缺陷，则可能会隐藏更多的缺陷，在实际操作中，列出程序中所有可能的错误和容易发生的特殊情况，然后依据经验做出选择。

5．基于故障的测试方法

一般来说，软件中会存在很多类型的故障，基于故障的测试方法是试图证明软件系统中不存在某个故障，一旦这种故障发生，必能导致该软件系统发生错误，应该尽量避免。故障检测的一般步骤是：假设故障，给出该故障的测试用例，故障模拟。基于故障的测试方法也可以应用于白盒测试中。

6．因果图法

因果图（Cause Effect Graphing，CEG）法基于这样的思想：一些程序的功能可以用判定表的形式表示，并根据输入条件的组合情况规定相应的操作，因此，可以考虑为判定表中的每一列设计一个测试用例，以便测试程序在输入条件的某种组合下的输出是否正确。概括地说，因果图法就是从程序规格说明的描述中找出因（输入条件）和果（输出结果或者程序状态的改变）的关系，通过因果图转换判定表，最后为判定表中的每一列设计一个测试用例。

等价类划分和边界值分析方法着重考虑输入条件，而不考虑输入条件的组合，也不考虑各个输入条件之间的相互制约关系。如果在测试时必须考虑输入条件的各种组合，则可能的组合数目也许是一个天文数字，因此必须考虑一种适合于描述多种条件的组合产生多个相应动作的方法，这就需要因果图法。

因果图法着重分析输入条件的各种组合，每种组合条件就是“因”，它必然有一个输出的结果，这就是“果”。等价类划分和边界值分析的缺陷是没有检查各种输入条件的组合，而因果图就能有效地检测输入条件的各种组合可能引起的错误。

因果图法中使用简单的逻辑符号，以直线连接左右节点，左节点表示输入状态（原因），右节点表示输出状态（结果）。因果图中用 4 种符号分别表示规格说明中的 4 种因果关系，图 7-11 表示了常用的 4 种符号所代表的因果关系，它们分别表示了“是”、“非”、“与”、“或”的关系。

例如，如果第一字符是 A 或者 B，第二字符是数字，则更新文件；如果第一个字符不正确，则产生 X12 信息；如果第二字符不正确，则产生 X13 信息。

明确了上述要求之后，可以将原因和结果分开如下：

因（输入）：

1：第一字符 A。

2：第一字符 B。

3：第二字符是数字。

果（输出）：

70：更新文件。

71：产生信息 X12。

72：产生信息 X13。

则这个因果图如图 7-12 所示。

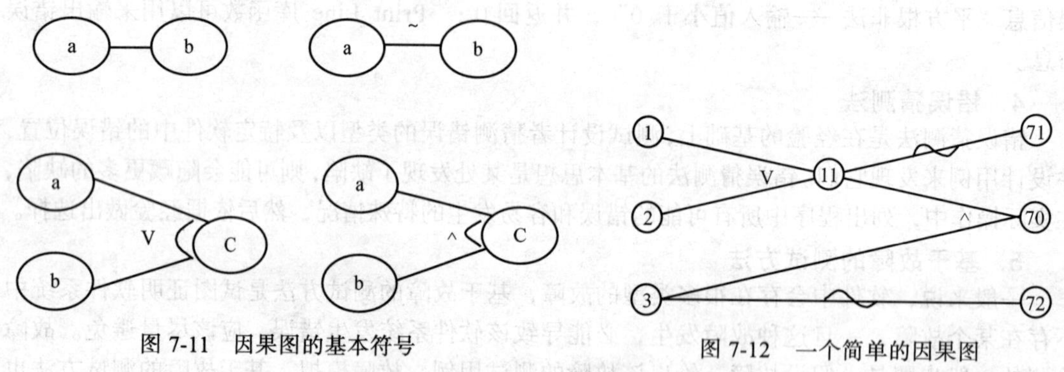

图 7-11　因果图的基本符号

图 7-12　一个简单的因果图

7．决策表法

通过决策表也可以设计测试用例进行黑盒测试。决策表通常由 4 部分组成，如表 7-11 所示。其中：

- 条件桩：列出问题的所有条件，除特殊说明外，所列条件的先后次序无关紧要。
- 条件项：针对条件桩给出的条件，列出所有可能的取值。
- 动作桩：给出问题规定的可能采取的操作，操作顺序一般没有约束。
- 动作项：与条件项紧密相关，指出在条件项的各种取值情况下应该采取的动作。

表 7-11　决策表组成

条件桩	条件项
动作桩	动作项

决策表的突出优点是能够将复杂的问题按照各种可能的情况全部列举出来，简明，而且可避免遗漏，因此，利用决策表能够设计出完整的测试用例集合。运用决策表设计测试用例，可以将条件理解为输入，将动作理解为输出。等价类划分的不足之处是机械地选取输入值，可能会产生“奇怪”的测试用例，这是因为等价类划分和边界值分析测试都是假设了变量是独立的，若变量之间在输入定义域中存在某种逻辑依赖关系，那么这些依赖关系在机械地选取输入值时可能会丢失，决策表法通过使用“不可能动作”的概念表示条件的不可能组合，来强调这种依赖关系。

下面是 NextDate 函数的决策表测试用例设计。

NextDate 是有三个变量 month、day、year 的函数，输出为输入日期后一天的日期。例如，输入为 1999 年 12 月 11 日，则该函数的输出是 1999 年 12 月 12 日。因此，NextDate 函数能够使用的操作有 5 种：month 变量加 1、day 变量加 1、month 变量操作复位、day 变量操作复位、year 变量加 1。

首先定义等价类：

M1＝｛月份：每月有 30 天｝

M2＝｛月份：每月有 31 天，12 月除外｝

M3＝｛月份：此月是 12 月份｝

M4＝｛月份：此月是 2 月份｝

D1＝｛日期：1≤日期≤27｝

D2＝｛日期：日期＝28｝

D3＝｛日期：日期＝29｝

D4＝｛日期：日期＝30｝

D5＝｛日期：日期＝31｝

Y1＝｛年：是闰年｝，

Y2＝｛年：不是闰年｝

表 7-12 所示的决策表共有 22 条规则：规则 1～5 处理有 30 天的月份；规则 6～10 和规则 11～15 处理有 31 天的月份，其中规则 6～10 处理 12 月份之外的月份，规则 11～15 处理 12 月份，不可能规则也列出来，如规则 5 处理在有 30 天的月份中考虑 31 日；最后的 7 条规则处理 2 月和闰年问题。

表 7-12 NextDate 函数决策表

	1	2	3	4	5	6	7	8	9	10		
条件												
月份在	M1	M1	M1	M1	M1	M2	M2	M2	M2	M2		
日期在	D1	D2	D3	D4	D5	D1	D2	D3	D4	D5		
年在	—	—	—	—	—	—	—	—	—	—		
行动												
不可能					X							
日期加 1	X	X	X			X	X	X	X			
日期复位				X						X		
月份加 1				X						X		
月份复位												
年加 1												
	11	12	13	14	15	16	17	18	19	20	21	22
条件												
月份在	M3	M3	M3	M3	M3	M4	M4	M4	M4	M4	M4	M4
日期在	D1	D2	D3	D4	D5	D1	D2	D2	D3	D3	D4	D5
年在							Y1	Y2	Y1	Y2		
行动												
不可能										X	X	X
日期加 1	X	X	X	X		X	X					
日期复位					X			X	X			
月份加 1								X	X			
月份复位					X							
年加 1					X							

可以进一步简化 22 条规则，若决策表中有两条规则的动作项相同，则一定至少有一个条件能够将这两条规则用不关心条件合并，例如规则 1、2、3 都涉及有 30 天的月份 day 类 D1、D2、D3，并且它们的动作都是 day 加 1，因此可以将规则 1、2、3 合并。类似的，有 31 天

的月份的 day 类 D1、D2、D3 和 D4 也可以合并，2 月份的 D4 和 D5 也可以合并，简化后的决策表如表 7-13 所示。

表 7-13 简化后的 NextDate 函数决策表

规则 选项	1～3	4	5	6～9	10	11～14	15	16	17	18	19	20	21～22
条件													
Month 在	M1	N1	M1	M2	M2	M3	M3	M4	M4	M4	M4	M4	M4
Day 在	D1 ~ D3	D4	D5	D1 ~ D4	D5	D1 ~ D4	D5	D1	D2	D2	D3	D3	D4 ~ D5
Year 在	—	—	—	—	—	—	—	—	Y1	Y2	Y1	Y2	—
动作													
不可能			√								√	√	√
Day 加 1	√			√		√		√	√				
Day 复位		√			√		√			√			
Month 加 1		√			√					√			
Month 复位							√						
Year 加 1							√						

可以根据简化后的决策表设计测试用例，如表 7-14 所示。

表 7-14 NextDate 函数的测试用例

测 试 用 例	month	day	Year	预 期 输 出
Testcase1 ~ Testcase3	8	16	2001	17/8/2001
Testcase4	8	30	2004	31/8/2004
Testcase5	9	31	2001	不可能
Testcase6 ~ Testcase9	1	16	2004	17/1/2004
Testcase10	1	31	2001	1/2/2001
Testcase11 ~ Testcase14	12	16	2004	17/12/2004
Testcase15	12	31	2001	1/1/2002
Testcase16	2	16	2004	17/2/2004
Testcase17	2	28	2004	29/2/2004
Testcase18	2	28	2001	1/3/2001
Testcase19	2	29	2004	1/3/2004
Testcase20	2	29	2001	不可能
Testcase21 ~ Testcase22	2	30	2004	不可能

8．场景法

所谓场景就是事务流，主要用于事件触发流程中，当某个事件触发后就形成相应的场景流程，不同的事件触发、不同的顺序和不同的处理结果，就形成一系列的事件流结果。通过分析设计模拟出设计者的设计思想，即整理出充分的场景，这样的测试设计不但便于测试设计人员充分理解系统，同时也较紧密地体现了被测系统的业务关系。

我们可以把事务流划分为基本流和备选流，如图 7-13 所示。基本流就是事务最基本的发生路径。备选流就是事务发生较少的处理顺序或操作顺序——尽管少，但还是会发生，而且对系统设计的健壮性或者完备性来讲是很重要的补充。用例场景要通过描述流经用例的路径来确定，这个流经过程要从用例开始到结束遍历其中所有基本流和备选流。图 7-13 中经过用例的每条不同路径都反映了基本流和备选流，都用箭头来表示。图中直线表示基本流，是经过用例的最简单的路径。曲线表示备选流，一个备选流可能从基本流开始，在某个特定条件下执行，然后重新加入基本流中（如备选流 1 和备选流 3）；也可能起源于另一个备选流（如备选流 2 起源于备选流 1），或者终止用例而不再重新加入某个流（如备选流 2 和备选流 4）。

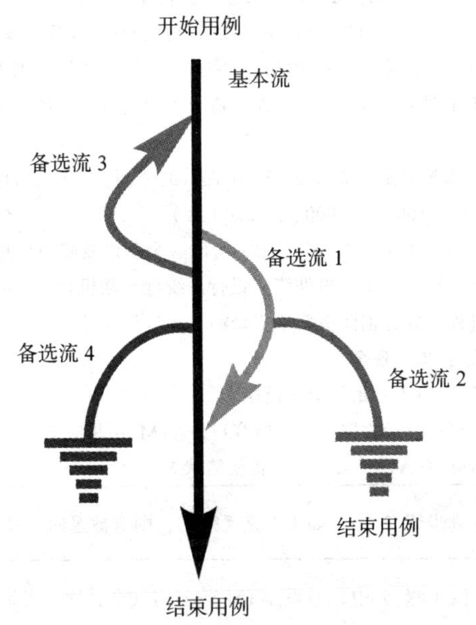

图 7-13 基本流与备选流

遵循图 7-13 中每个经过用例的可能路径，可以确定不同的用例场景。从基本流开始，再将基本流和备选流结合起来，可以确定表 7-15 所示的用例场景。

表 7-15 用例场景

场景 1	基本流			
场景 2	基本流	备选流 1		
场景 3	基本流	备选流 1	备选流 2	
场景 4	基本流	备选流 3		
场景 5	基本流	备选流 3	备选流 1	
场景 6	基本流	备选流 3	备选流 1	备选流 2
场景 7	基本流	备选流 4		
场景 8	基本流	备选流 3	备选流 4	

注：为方便起见，场景 5、6 和 8 只描述了备选流 3 指示的循环执行一次的情况。

常用软件的安装过程就可以采用场景法设计测试用例，在默认（如安装路径已有默认值）的情况下进行逐步安装是基本流；如果用户可以修改安装路径，可以看做是备选流 1；安装过程中，如果有“上一步”操作，可以看做是备选流 3；中途退出可以看做是备选流 2 和备选流 4。

表 7-16 包含了一个 ATM 提款用例的基本流和某些备用流。

表 7-16 ATM 提款用例的基本流和某些备用流

基本流	本用例的开端是 ATM 处于准备就绪状态 1．准备提款：客户将银行卡插入 ATM 机的读卡机 2．验证银行卡：ATM 机从银行卡的磁条中读取账户代码，并检查它是否属于可接受的银行卡 3．输入账户密码：ATM 要求客户输入 6 位密码 4．验证账户代码和密码：确定该账户是否有效以及所输入的密码对该账户来说是否正确。对于此事件流，账户是有效的而且密码对此账户来说正确无误 5．ATM 选项：ATM 显示在本机上可用的各种选项。在此事件流中，银行客户通常选择“提款” 6．输入金额：输入要从 ATM 中提取的金额。对于此事件流，客户需选择预设的金额（100 元、200 元、500 元、1000 元、2000 元） 7．授权：ATM 通过将卡 ID、密码、金额以及账户信息作为一笔交易发送给银行系统来启动验证过程。对于此事件流，银行系统处于联机状态，而且对授权请求给予答复，批准完成提款过程，并且据此更新账户余额 8．出钞：提供现金 9．返回银行卡：银行卡被返还 10．收据：打印收据并提供给客户，ATM 还相应地更新内部记录 用例结束时 ATM 又回到准备就绪状态
备选流 1：银行卡无效	在基本流步骤 2 中，如果卡是无效的，则卡被退回，同时会通知相关消息
备选流 2：ATM 内没有现金	在基本流步骤 5 中，如果 ATM 内没有现金，则“提款”选项将无法使用
备选流 3：ATM 内现金不足	在基本流步骤 6 中，如果 ATM 机内金额少于请求提取的金额，则将显示适当的消息，并且在步骤 6 处重新加入基本流
备选流 4：密码有误	在基本流步骤 4 中，客户有三次机会输入密码。如果密码输入有误，ATM 将显示适当的消息。如果还存在输入机会，则此事件流在步骤 3 处重新加入基本流。如果最后一次尝试输入的密码码仍然错误，则该卡将被 ATM 机保留，同时 ATM 返回到准备就绪状态，本用例终止
备选流 5：账户不存在	在基本流步骤 4 中，如果银行系统返回的代码表明找不到该账户或禁止从该账户中提款，则 ATM 显示适当的消息并且在步骤 9 处重新加入基本流
备选流 6：账面金额不足	在基本流步骤 7 中，银行系统返回代码表明账户余额少于在基本流步骤 6 内输入的金额，则 ATM 显示适当的消息并且在步骤 6 处重新加入基本流
备选流 7：达到每日最大的提款金额	在基本流步骤 7 中，银行系统返回的代码表明包括本提款请求在内，客户已经或将超过在 24 小时内允许提取的最多金额，则 ATM 显示适当的消息并在步骤 6 处重新加入基本流
备选流 8：记录错误	如果在基本流步骤 10 中，记录无法更新，则 ATM 进入“安全模式”，在此模式下所有功能都将暂停使用。同时向银行系统发送一条适当的警报信息表明 ATM 已经暂停工作
备选流 9：退出	客户可随时决定终止交易（退出）。交易终止，银行卡随之退出
备选流 10：“翘起”	ATM 包含大量的传感器，用以监控各种功能，如电源检测器、不同的门和出入口处的测压器以及动作检测器等。在任一时刻，如果某个传感器被激活，则警报信号将发送给警方而且 ATM 进入“安全模式”，在此模式下所有功能都暂停使用，直到采取适当的重启/重新初始化的措施

可以从这个用例生成下列场景，如表 7-17 所示。

表 7-17 ATM 提款用例的场景

场景 1：成功地提款	基本流	
场景 2：ATM 内没有现金	基本流	备选流 2
场景 3：ATM 内现金不足	基本流	备选流 3
场景 4：密码有误（还有输入机会）	基本流	备选流 4
场景 5：密码有误（不再有输入机会）	基本流	备选流 4
场景 6：账户不存在/账户类型有误	基本流	备选流 5
场景 7：账户余额不足	基本流	备选流 6

注：为方便起见，备选流 3 和 6（场景 3 和 7）内的循环以及循环组合未纳入上表。

对于这 7 个场景中的每一个场景都需要确定测试用例。可以采用矩阵或决策表来确定和管理测试用例。表 7-18 显示了一种通用格式，其中各行代表各个测试用例，而各列则代表测试用例的信息。本示例中，对于每个测试用例，存在一个测试用例 ID、条件（或说明）、测试用例中涉及的所有数据元素（作为输入或已经存在于数据库中）以及预期结果。

通过从确定执行用例场景所需的数据元素入手构建矩阵。然后，对于每个场景，至少要确定包含执行场景所需的适当条件的测试用例。例如，在下面的矩阵中，V（有效）用于表明这个条件必须是有效的才可执行基本流，而 I（无效）用于表明这种条件下将激活所需备选流。下表中使用的“n/a”（不适用）表明这个条件不适用于测试用例。如表 7-18 所示。

表 7-18 ATM 取款的部分测试用例

测试用例 ID 号	场景/条件	密码	账号	输入的金额（或选择的金额）	账面金额	ATM 内的金额	预期结果
1	场景 1：成功地提款	V	V	V	V	V	成功地提款
2	场景 2：ATM 内没有现金	V	V	V	V	I	提款选项不可用，用例结束
3	场景 3：ATM 内现金不足	V	V	V	V	I	警告消息，返回基本流步骤 6
4	场景 4：密码有误（还有不止一次输入机会）	I	V	n/a	V	V	警告消息，返回基本流步骤 4
5	场景 4：PIN 有误（还有一次输入机会）	I	V	n/a	V	V	警告消息，返回基本流步骤 4
6	场景 4：PIN 有误（不再有输入机会）	I	V	n/a	V	V	警告消息，卡予以保留，用例结束

在上面的矩阵中，6 个测试用例执行了 4 个场景。对于基本流，上述测试用例 1 称为正面测试用例。它一直沿着用例的基本流路径执行，未发生任何偏差。基本流的全面测试必须包括负面测试用例，以确保只有在符合条件的情况下才执行基本流。这些负面测试用例由测试用例 2～6 表示（阴影单元格表明这种条件下需要执行备选流）。虽然测试用例 2～6 对于基本流而言都是负面测试用例，但它们相对于备选流 2～4 而言是正面测试用例。而且对于这些备选流中的每一个而言，至少存在一个负面测试用例（测试用例 1——基本流）。

每个场景只具有一个正面测试用例和负面测试用例是不充分的，场景 4 正是这样的一个示例。要全面地测试场景 4（密码有误），至少需要三个正面测试用例（以激活场景 4）：

- 输入了错误的密码，但仍存在输入机会，此备选流重新加入基本流中的步骤 3（输入账户密码）。

- 输入了错误的密码，而且不再有输入机会，则此备选流将保留银行卡并终止用例。
- 最后一次输入时输入了正确的密码。备选流重新加入基本流中的步骤 5（ATM 选项）。

在上面的矩阵中，无须为条件（数据）输入任何实际的值。以这种方式创建测试用例矩阵的一个优点在于容易看到测试的条件是什么。由于只需要查看 V 和 I（或此处采用的阴影单元格），这种方式还易于判断是否已经确定了充足的测试用例。从上表中可发现存在几个条件不具备阴影单元格，这表明测试用例还不完全，如场景 6（账户不存在/账户类型有误）和场景 7（账户余额不足）就缺少测试用例。

一旦确定了所有的测试用例，则应对这些用例进行复审和验证以确保其准确且适度，并取消多余或等效的测试用例。测试用例一经认可，就可以确定实际数据值（在测试用例实施矩阵中）并且设定测试数据，如表 7-19 所示。

表 7-19 测试用例矩阵

测试用例 ID 号	场景/条件	密码	账号	输入的金额（或选择的金额）	账面金额	ATM 内的金额	预期结果
1	场景 1：成功地提款	123456	95588123	50.00	500.00	2,000	成功地提款
2	场景 2：ATM 内没有现金	123456	95588123	100.00	500.00	0.00	提款选项不可用，用例结束
3	场景 3：ATM 内现金不足	123456	95588123	100.00	500.00	70.00	警告消息，返回基本流步骤 6
4	场景 4：密码有误（还有不止一次输入机会）	123458	95588123	n/a	500.00	2,000	警告消息，返回基本流步骤 4
5	场景 4：PIN 有误（还有一次输入机会）	123457	95588123	n/a	500.00	2,000	警告消息，返回基本流步骤 4
6	场景 4：PIN 有误（不再有输入机会）	123458	95588123	n/a	500.00	2,000	警告消息，卡予以保留，用例结束

以上测试用例只是在本次迭代中需要用来验证提款用例的一部分测试用例，当然在实际的取款过程中，还需要从功能、性能、安全等角度去完善测试用例。

7.4.3 灰盒测试方法

灰盒测试是介于白盒测试和黑盒测试之间的测试，它即有白盒测试的特点，又有黑盒测试的特点。

7.5 软件测试级别

我们这里讲的测试级别主要是指代码调试之后的动态测试级别，可以分为单元测试、集成测试、系统测试、验收测试、上线测试等，而每次测试的过程中可能伴随着回归测试，如图 7-14 所示。

测试过程与开发过程是一个相反的过程，开发过程经历从需求分析、概要设计、详细设计到编码等逐步细化的过程，而从单元测试、集成测试到系统测试则是一个逆向的求证过程。单元测试求证的是详细设计和编码过程，集成测试求证的是概要设计过程，系统测试求证的是需求过程。

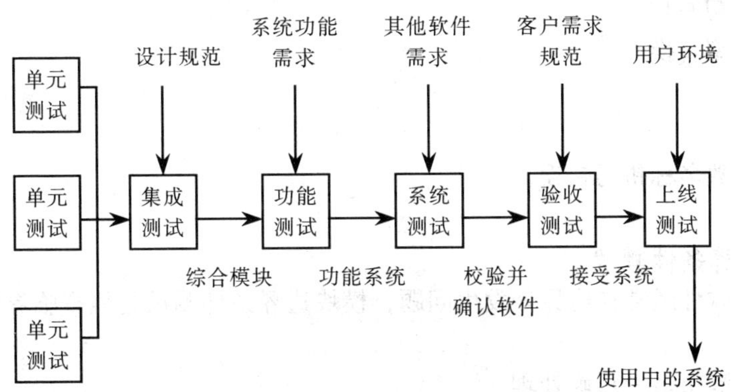

图 7-14 软件测试的基本过程

7.5.1 单元测试

单元是软件开发中的最小独立部分，例如 C 语言中的单元就是函数或者子过程，C++语言中的单元就是类。单元测试是检验程序的最小单位，即检查模块有无错误，它是在编码完成之后必须进行的测试工作。

单元测试是在系统实现的基础上，对所有模块按照详细设计要求而进行的测试，其目的在于发现各模块内部可能存在的各种差错。单元测试需要从程序的内部结构出发设计测试用例，故主要采用白盒测试法。

单元测试集中检查软件设计的最小单位（模块），通过测试发现实现该模块的实际功能与定义该模块的功能说明不符合的情况，以及编码的错误。由于模块规模小、功能单一、逻辑简单，测试人员有可能通过模块说明书和源程序清楚地了解该模块的 I/O 条件和模块的逻辑结构，采用结构测试（白盒法）的用例，尽可能达到彻底测试，然后辅之以功能测试（黑盒法）的用例，使之对任何合理和不合理的输入都能鉴别和响应。高可靠性的模块是组成可靠系统的坚实基础。

单元测试一般从以下 5 个方面进行考虑：模块接口、局部数据结构、独立路径、出错处理和边界条件。

1. 模块接口测试

模块接口测试是检查进出模块的数据是否正确。对模块接口数据流的测试必须在任何其他测试之前进行，因为如果不能确保数据正确地输入和输出，所有的测试都是没有意义的。例如下面各项都是进行模块接口的测试：

- 模块的实际输入/输出与定义的输入/输出是否一致（个数、类型、顺序）。
- 模块中是否合理使用非内部/局部变量。
- 使用其他模块时，是否检查可用性和处理结果。
- 使用外部资源时，是否检查可用性并及时释放资源（例如内存、文件、硬盘、端口等）。
- 其他。

2. 模块局部数据结构测试

模块的局部数据结构是经常发生错误的地方，模块局部数据结构测试主要检查局部数据结构能否保持完整性，例如：

- 变量从来没有被使用。
- 变量没有初始化。
- 错误的类型转换。
- 数组越界。
- 非法指针。
- 变量或函数名称拼写错误。
- 其他。

3. 模块边界条件测试

经验表明，软件经常在边界处发生问题，模块边界条件测试是检查临界数据是否正确处理，例如：

- 普通合法数据是否正确处理。
- 普通非法数据是否正确处理。
- 边界内最接近边界的（合法）数据是否正确处理。
- 边界外最接近边界的（非法）数据是否正确处理。
- 其他。

4. 模块独立执行路径测试

在单元测试中，最重要的测试是针对路径的测试，检查由于计算错误、判定错误、控制流错误导致的程序错误，例如：

- 死代码。
- 错误的计算优先级。
- 精度错误（如比较运算错误，赋值错误等）。
- 表达式的不正确符号（如>、>=、=、==、!=等符号）。
- 循环变量的使用错误，例如错误赋值。
- 其他。

5. 模块内部错误处理测试

模块内部错误处理测试主要检查内部错误处理措施是否有效。程序运行中出现异常现象并不奇怪，良好的设计应该预先估计到投入运行后可能发生的错误，并给出相应的处理措施。例如：

- 检查在以下情况下错误是否出现：资源使用前后，其他模块使用前后。
- 出现错误后是否进行错误处理，包括：抛出错误，通知用户，进行记录。
- 错误处理是否有效，包括：在系统干预前处理，报告和记录的错误真实、详细。
- 其他。

对每个模块进行单元测试的时候，不能完全忽视它们与周围模块的相互关系。为了模拟这个关系，进行单元测试的时候需要设置一些辅助测试模块。辅助测试模块有两种：一种是驱动模块（drive），用来模拟被测模块的上一级模块；另外一种是桩模块（stub），用来模拟被测模块工作中所有的调用模块。驱动模块在单元测试中接收数据，将相关的数据传送给被测模块，启动被测模块，并打印相关的结果。桩模块由被测模块调用，它们一般只进行很少的数据处理，如打印入口和返回，以便于检验被测模块与其下级模块的接口，如图 7-15 所示就是单元测试的环境。

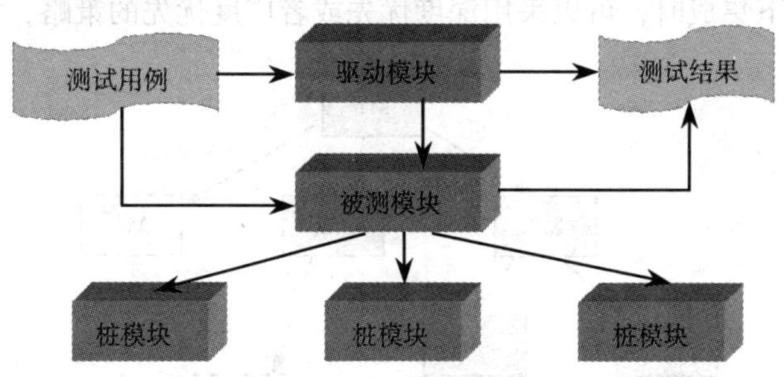

图 7-15 单元测试的环境

7.5.2 集成测试

尽管经过单元测试证明每个独立的模块没有问题，但所有模块组合在一起可能会出现问题，因为组合过程中存在各个模块的接口问题。集成测试是按照概要（总体）设计的要求组装成子系统或者系统，同时经过测试来发现接口错误的一种系统化的技术。

集成测试是将模块按照设计要求组装起来并进行测试，其主要目标是发现与接口有关的问题。如数据穿过接口时可能丢失；一个模块与另一个模块可能由于疏忽而造成有害影响；把子功能组合起来可能不产生预期的主功能；个别看起来是可以接受的误差可能积累到不能接受的程度；全程数据结构可能有错误等。

集成测试更多的是采用灰盒测试技术，也就是说它既有白盒测试技术的特点，又有黑盒测试技术的特点。集成测试主要有以下几种策略。

（1）大爆炸集成测试

大爆炸集成是一种非增量式集成，也称为一次性组装或者整体拼装。该策略是将所有的组件一次性集合到一起，然后进行整体测试，如图 7-16 所示。如果一切都顺利的话，大爆炸集成策略可以迅速完成集成测试。但是，由于程序中存在接口、全局数据结构等问题，一次性成功运行的可能性不是很大，而且发现错误之后，错误的定位和修改很困难，因为从集成在一起的大系统中分离出错误比较麻烦，况且即使错误修改之后，可能又出现新的问题，这样不断循环下去，会造成很大的时间和精力的耗费。所以，我们不赞成这种大爆炸集成测试策略，而建议尽可能采用增量式的集成测试策略。

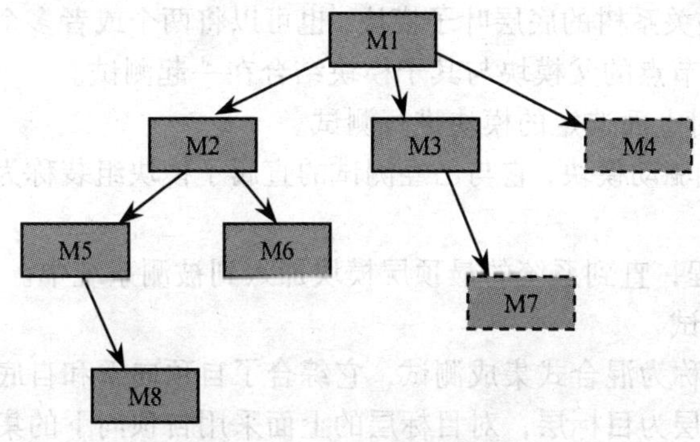

图 7-16 大爆炸集成测试策略

（2）自顶向下集成测试

自顶向下集成测试是一种增量式的集成测试，首先集成上层的模块并测试，然后逐步测试下层的模块。自顶向下集成时，可以采用深度优先或者广度优先的策略，如图 7-17 所示。

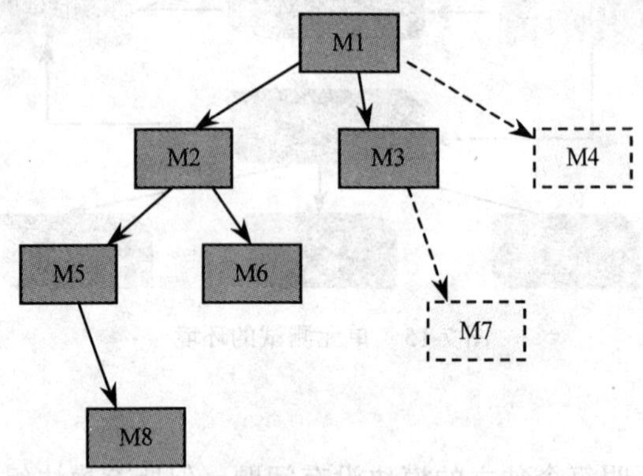

图 7-17　自顶向下的集成测试策略

自顶向下集成的测试步骤如下：

1）以主模块为所测试模块的驱动模块，所有直接属于主模块的下属模块全部用桩模块替代，对主模块进行测试。

2）采用深度优先或者广度优先的策略，用实际的模块替代桩模块，再用桩模块替代它们直接的下属模块。

3）这样新的模块与已经测试的模块或者子系统组装成新的系统，对它进行测试。

4）进行回归测试，以保证没有引入新的错误。

5）然后再用实际的模块替代其他桩模块，再用桩模块替代它们直接的下属模块。

6）判断是否所有的模块都集成在系统中，如果是，则结束集成测试，否则返回第 2 步循环进行。

（3）自底向上集成测试

自底向上集成测试是从模块结构的最底层开始组装和测试，采用自底向上的策略进行组装。对于给定的层次模块，它的子模块（包括子模块的所有下属模块）已经组装和测试完成，所以，不需要桩模块。如图 7-18 所示。

自底向上集成的测试步骤如下：

1）测试起始于模块关系树的底层叶子模块，也可以将两个或者多个叶子模块合并在一起测试，或者只有一个子节点的父模块与其子模块结合在一起测试。

2）使用驱动模块对上面选定的模块进行测试。

3）用实际模块替代驱动模块，它与已经测试的直属子模块组装称为一个更大的模块组进行测试。

4）重复上面的过程，直到系统的最顶层模块加入到被测系统中。

（4）三明治集成测试

三明治集成测试也称为混合式集成测试，它综合了自顶向下和自底向上策略的特点，将系统分为三层，中间一层为目标层，对目标层的上面采用自顶向下的集成测试策略，对目标层的下面采用自底向上的集成测试策略，最后，测试在目标层汇合，如图 7-19 所示。

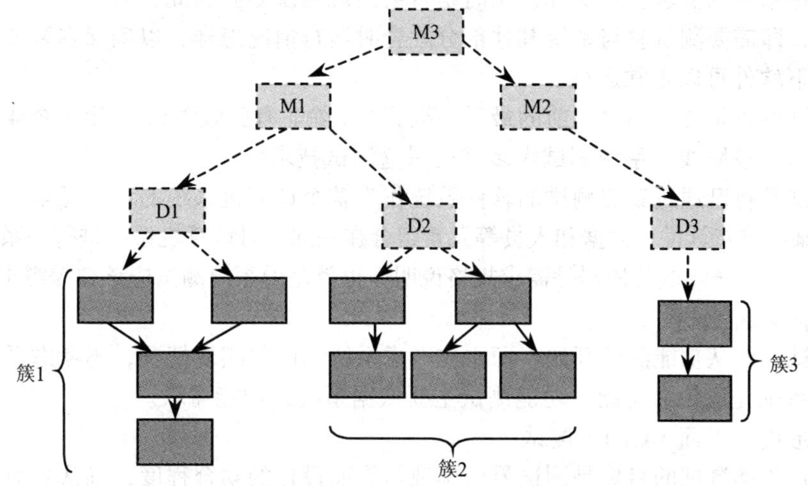

图 7-18 自底向上的集成测试策略

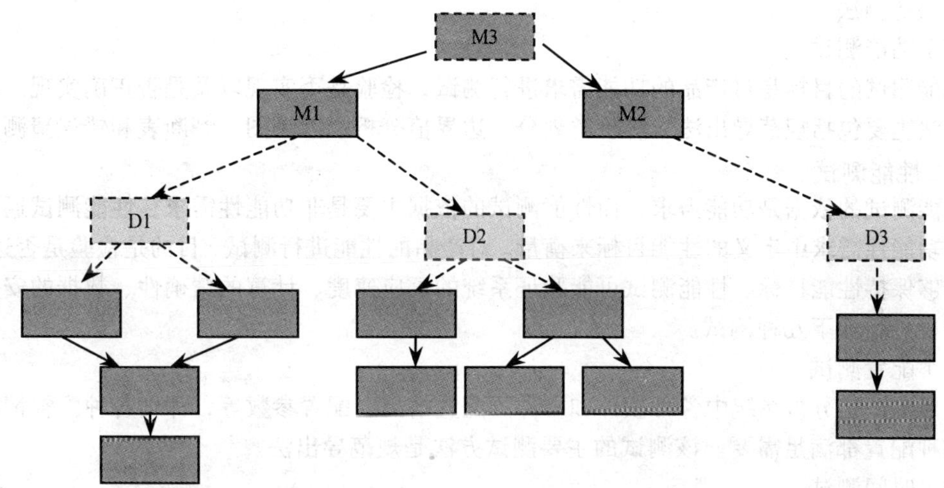

图 7-19 三明治集成测试策略

（5）冒烟集成测试

当项目开发时间比较紧的时候可以考虑冒烟集成测试的方法，软件团队的人员可以定期操作这个软件系统。冒烟集成测试包括如下的活动：

1）将已经完成的模块集成为一个 build 系统，包括数据文件、库文件、重用模块和实现部分功能的组件。

2）对这个 build 系统做一系列的测试，以便发现错误，使得这个系统可以正确运行。

3）一个 build 系统与另外的 build 系统不断地组合，最后组合为整合产品，这个产品每天进行测试。冒烟测试中，集成策略可以采用自顶向下和自底向上策略。

7.5.3 系统测试

通过单元测试和集成测试，可以保证软件开发的功能得以实现，但不能确认在实际运行时它能否满足用户的需求，在实际使用时是否会出现错误等。为此，对完成的软件进行规范的系统测试，即需要测试它与系统其他部分配合时运行情况怎样，以确保在系统各部分协调工作的环境下软件可以正常运行。

系统测试可以是提交用户之前的最后一级测试（除非有验收测试），很多企业将它作为产品质量的最后一道防线。系统测试大多采用黑盒测试技术。

系统测试是将已通过集成测试的软件系统作为整个计算机系统的一个元素，与计算机硬件、外设、某些支持软件、数据和人员等元素组合在一起，对计算机系统进行一系列的组装测试和确认测试。系统测试的依据是需求规格说明，也就是说系统测试应该覆盖需求规格说明。

1. 功能测试

系统测试一般从功能测试开始，即主要考虑系统功能的实现情况，不考虑系统结构，所以需要知道系统完成什么功能。功能测试主要依据系统的功能需求。

（1）图形用户界面（GUI）测试

图形用户界面测试的目标是测试界面实现与界面设计的吻合程度，确认界面处理的正确性。GUI 测试方法主要包括规范导出法、等价类划分、边界值分析、因果图、决策（判断）表和错误猜测法。

（2）功能测试

功能测试的目标是对产品的功能需求进行测试，检验是否实现以及是否正确实现。功能测试方法主要包括规范导出法、等价类划分、边界值分析、因果图、判断表和错误猜测法。

2. 性能测试

功能测试的依据是功能需求，而性能测试的依据主要是非功能性需求。性能测试通过用户在非功能性需求中定义的性能目标来衡量。对产品的性能进行测试，目的是检验是否达标、是否能够保持性能目标。性能测试可能验证系统的反应速度、计算的精确性、数据的安全性等，主要包括如下几种测试。

（1）配置测试

配置测试是分析系统中各种软件和硬件的配置情况、配置参数等，评估各种配置情况，保证每种配置都满足需要。该测试的主要测试方法是规范导出法。

（2）时间测试

时间测试是验证产品对用户的时间反应和某个操作功能的时间等性能。如果一个事务处理必须在规定的时间内完成，那么时间测试就是执行这个事务，以便验证是否满足需要。时间测试常常与压力测试同时进行，以便测试系统在极度活跃的时候时间性能需求是否可以得到满足。该测试的主要测试方法是规范导出法。

（3）并发测试

并发测试过程是一个负载测试和压力测试的过程，即逐渐增加负载，直到系统的瓶颈，或者不能接受的性能点。并发测试的内容如下：

1）负载测试。负载测试是在模拟不同数量的并发用户执行关键业务的情况下，测试系统能够承受的最大并发用户数。主要的监控指标如下：

- 每分钟事务处理数：不同负载下每分钟成功完成的事务处理数；
- 响应时间：服务器对每个应用请求的处理时间。该项指标反映了系统事务处理的性能，具体包括以下几项参数：最小服务器响应时间；平均服务器响应时间；最大服务器响应时间；事务处理服务器响应的偏差，值越大，偏差越大；90%事务处理的服务器响应时间。

- 虚拟并发用户数：测试工具模拟的用户并发数量。

2）压力测试。压力测试是在人为设置的系统资源紧缺的情况下，检查系统是否发生功能或者性能上的问题。例如可以人为减少可用的系统资源，包括内存、硬盘、网络、CPU 占用、数据库反应时间。压力测试采用的测试方法包括规范导出法、等价类划分、边界值分析、错误猜测法等。

在进行负载测试及压力测试的同时，用测试工具对数据库服务器、应用服务器、认证及授权服务器上的操作系统、数据库以及中间件等资源指标进行监控，在测试中根据测试需求以及测试环境的变化，选取有意义的数据进行分析。

（4）容量测试

容量测试是在人为设置的高负载（大数据量、大访问量）的情况下，检查系统是否发生功能或者性能上的问题。可以人为生成大量数据，并利用工具模拟频繁并发访问的情况。容量测试采用的方法包括等价类划分、边界值分析、错误猜测法等。

（5）安全性测试

安全性测试的目标是检查集成在系统内的保护机制是否能够在实际中保护系统不受非法侵入，一般与功能测试结合使用。安全性测试方法包括规范导出法、错误猜测法、基于故障的测试。

（6）恢复测试

恢复测试的目标是验证系统从软件或者硬件失败中恢复的能力。一般可以通过在人为使发生系统灾难（系统崩溃、硬件损坏、病毒入侵等）的情况下，检查系统是否能够恢复被破坏的环境和数据。恢复测试方法包括规范导出法、错误猜测法、基于故障的测试等。

（7）兼容性测试

兼容性测试的目标是测试应用对其他应用或者系统的兼容性，其主要测试方法包括规范导出法、错误猜测法等。

（8）备份测试

备份测试的目标是验证系统从软件或者硬件失败中备份数据的能力，可以参考恢复测试方法。备份测试方法包括规范导出法、错误猜测法、基于故障的测试等。

（9）可用性测试

可用性测试的目标是检查系统界面和功能是否容易学习，使用方式是否规范一致，是否会误导用户或者使用模糊的信息，一般与功能测试结合使用。可用性测试可以采用用户操作、观察（录像）、反馈并评估等方式，测试方法包括规范导出法、错误猜测法等。

3．其他测试

在系统测试过程中还包括很多其他种类的测试，例如协议一致性测试、安装测试、文档测试、在线帮助测试、数据转换测试等等。

协议一致性测试的目标是检测实现的系统与标准协议的符合程度。

安装测试的目标是验证成功安装系统的能力。在不同的硬件配置下，在不同的操作系统和应用软件环境中，检查系统是否发生功能或者性能上的问题。

数据转换测试的目标是验证现有数据转换并载入一个新的数据库时是否有效。

7.5.4 验收测试

当系统测试成功完成之后，我们就可以确信系统满足了需求规格说明的要求。接下来的事情是询问用户是否满意，此时可以进行验收测试。验收测试是以用户为中心的测试，测试的目的是让用户确认这个系统是否满足其要求和期望，所以这个测试是用户自己完成测试并评估的过程，必要的时候开发人员可以给予支持。

验收测试是为了向未来用户表明系统能够像预期那样工作，为此需要进一步验证软件的有效性，这就是验收测试的任务，即软件的功能和性能如同用户所合理期待的那样。

验收测试有很多种，例如基准测试、并行测试等。

基准测试是用户按照实际操作环境中的典型情况准备一套测试用例，用户对每个测试用例的执行情况进行评估，这要求测试人很熟悉系统的需求而且能够对实际执行的性能进行评估。用户在对多个企业开发的系统进行选择时可以采用基准测试方法。

并行测试是新旧两个系统同时运行，以验证新的系统可以取代旧的系统。在这种测试中，用户可以渐渐熟悉新系统，同时对比新旧系统的运行结果，从而让用户增加对新系统的信心。

7.5.5 上线测试

上线测试主要是指用户在实际环境中试用系统，通过每天试用系统的各项功能来测试系统。这种测试没有基准测试正式化和结构化，有时是在提交给用户之前，开发人员与用户一起在企业内进行试用测试，相当于在用户进行真正的 pilot （试用）测试前先进行试用测试，我们称这种测试为 alpha 测试，而真正由用户进行的 pilot 测试为 beta 测试。

上线测试主要是在使用系统的过程中按照需求检验系统，同时可以提供如下结果：

- 运行中的缺陷记录。
- 缺陷修复时间。
- 缺陷分析报告。

7.5.6 回归测试

回归测试的主要目的是验证系统的变更没有影响以前的功能，并且保证当前的变更是正确的。回归测试可以发生在任何一个测试阶段，测试时主要是重复原来的测试用例。它在进行回归测试时需要考虑两个重要方面：一是回归测试的范围，另一个是回归测试的自动化。

回归测试的目标是检查系统变更之后是否引入新的错误或者旧的错误重新出现，尤其是在每次重建系统之后和稳定期测试的时候。测试的时候一般会使用测试工具，依赖于测试用例库和缺陷报告库。

7.6 面向对象的测试

面向对象测试和传统测试的目的是一样的，但是由于面向对象编程的特点导致了测试战略和测试战术有所变化。结构化软件开发中的测试技术在面向对象测试中仍然可以使用，但是也存在不同。

在进行测试的时候常常是从局部测试开始，然后逐步增加测试范围，最后测试全局。一般来说，从单元测试开始，然后逐步进行集成测试，最后进行系统测试等。传统测试中的单元是指可以编译的最小单元，例如模块、过程、例程、构件等，当每个独立的单元测试完成之后，将各个独立的单元组合在一个程序结构中进行集成测试，以发现是否有接口等方面的错误，最后为整个系统测试。

面向对象测试带来很多新的挑战：首先，测试的定义更宽泛了，例如完整性、连续性等需要验证，因此类似技术评审等技术也是测试的一个方法；另外，面向对象的单元测试也失去了原来的意义，集成测试的策略也发生了很大变化。

由于结构化开发方法中需求分析、设计和编码阶段采用的概念和表示法不一致，因此，针对分析模型和设计模型的测试用例在代码阶段不能复用；而面向对象开发方法中需求分析、设计和编码所采用的概念和表示法是一致的，这有助于复用测试用例。

面向对象的软件测试分为：面向对象分析的测试、面向对象设计的测试、面向对象的单元测试、面向对象的集成测试、面向对象的系统测试。

7.6.1 面向对象分析的测试

面向对象分析的测试是针对面向对象分析模型进行测试，检查分析模型是否符合面向对象分析方法的要求，检查分析结果是否满足软件需求。面向对象分析的测试和面向对象设计的都属于静态测试。

该测试的主要内容包括：

1）对认定的对象的测试。OOA 中认定的对象是对问题空间中的结构、其他系统、设备、被记忆的事件、系统涉及的人员等实例的抽象。

2）对认定的结构的测试。认定的结构指的是多种对象的组织方式，用来反映问题空间中的复杂实例和复杂关系。

3）对认定的主题的测试。主题是在对象和结构的基础上更高一层的抽象，是为了提供 OOA 分析结果的可见性。

4）对认定的属性和实例关联的测试。属性用来描述对象或者结构所反映的实例的特性，而实例关联是反映实例集合间的映射关系。

5）对认定的服务和消息关联的测试。认定的服务是指定义的每一种对象的结构在问题空间所要求的行为，而消息关联反映问题空间中实例间的必要通信。

7.6.2 面向对象设计的测试

面向对象设计的测试是针对面向对象设计模型进行测试，检查设计模型是否符合面向对象设计方法的要求，审查分析模型与设计模型的一致性，检查设计模型对编程实现的支持。由于 OOD 是 OOA 的进一步细化和更高层的抽象，所以，OOD 和 OOA 的界限一般很难严格区分。可以针对下面几种情况进行该测试：

1）对认定的类的测试。OOD 认定的类可以是 OOA 中认定的对象，也可以是对象所需要的服务的抽象、对象所具有的属性的抽象。

2）对构造的类层次结构的测试。测试主要包括以下方面：

- 类层次结构是否涵盖了所有定义的类；
- 是否能体现 OOA 中所定义的实例关联；
- 是否能体现 OOA 中所定义的消息关联；
- 子类是否具有父类所没有的新特性；
- 子类间的共同特性是否完全在父类中得以体现。

3）对类库的支持的测试。

7.6.3 面向对象的单元测试

面向对象的程序是将功能的实现分布在类中，能正确实现功能的类通过消息传递来协同实现设计要求的功能，这是面向对象的程序风格；而且，将出现的错误精确地确定在某个具体的类。因此，面向对象编程阶段将测试的重点放在了类功能的实现和相应的面向对象程序风格上。

在面向对象的程序中，单元的概念有所变化。封装的概念决定了类和对象的定义，也就是说每个类和对象封装了数据（属性）和操作（方法），这里最小的测试单元是封装的类或者对象。由于一个类包括很多不同方法，一个特定的方法可能已经是其他类的一个方法，所以单元测试的意义已经与传统的意义有了变化。在这里我们可能不会独立地测试一个方法，这个方法相当于传统的单元测试的“单元”，将这个方法作为一个测试类的一部分。

面向对象中类的测试类似单元测试，但是与传统的单元测试不同的是，类测试主要是通过被封装的方法以及类的状态驱动的，而传统的单元测试主要关注模块的算法以及数据流。

如果一个基类中有一个方法，继承类也继承了这个方法，但是这个方法可能在继承类中被私有数据和方法使用，那么尽管基类中已经测试了这个方法，但是每个继承类也需要对这个方法进行测试。

例如下面的程序中，测试用例 test_driver()从传统的测试角度看已经执行了 100%的语句覆盖、分支覆盖和路径覆盖，但是从面向对象角度看，程序没有被全部测试，因为没有测试 Base::bar()和 Base::helper()或者 Base::foo()和 Derived::helper()之间的接口。为此我们需要加强测试，如修改后的测试用例 test_driver_two()可以满足需要。

```
Class Base{
Public:
       void foo()  {…Helper()…}
       void bar()  {…Helper()…}
Private:
  Virtual void helper()  {…}
}
Class Derived:public Base{
Private:
    Virtual void helper()  {…}
}
```

不完整的测试用例：

```
Void test_driver_one()  {
        Base  base;
        Derived derived;
        base.foo();
        derived.bar();
}
```

测试用例修改之后为：

```
Void test_driver_two()  {
        Base  base;
       Derived derived;
       base.foo();
       base.bar();
```

```
        derived.foo();
        derived.bar();}
```

所以，继承性功能需要额外的测试。当继承性功能需要额外的测试时，那么说明

- 这个继承被重新定义了；
- 在继承的类中它有特殊的行为；
- 类中的其他功能是一致的。

在进行面向对象软件测试时，传统的结构化的逻辑覆盖是不够的，还需要考虑上下文覆盖（context coverage），上下文覆盖是一种收集被测试软件如何执行数据的方法。上下文覆盖可以应用到面向对象领域处理诸如多态、继承和封装的特性。同时，也可以被扩展用于多线程应用。通过使用这些面向对象的上下文覆盖，结合传统的结构化覆盖方法，就可以保证代码的结构被完整地执行。

7.6.4 面向对象的集成测试

面向对象的集成测试能够检测出那些相对独立的、单元测试无法检测出来的、类相互作用时才会产生的错误。集成测试关注系统的结构和内部的相互作用，可以分为静态测试和动态测试。

静态测试主要针对程序的结构进行，检测程序结构是否符合设计要求。一些流行的测试软件可以提供"逆向工程"的功能，例如 International Software Automation 公司的 Panorama-2、Rational 公司的 Rose C++ Analyzer 等，通过源程序得到类关系图和函数功能调用关系图，将这些结果与 OOD 的结果相比较，检测程序结构和实现上是否有缺陷，以便检测系统是否满足设计要求。

动态测试的基本步骤如下：

1）选定需要检测的类，参考 OOD，确定类的状态和行为、类成员函数间传递的消息、输入或者输出等。

2）确定覆盖标准，例如：达到类所有服务要求的一定覆盖率，或者依据类间传递的消息达到对所有执行线程的一定覆盖率，或者达到类的所有状态的一定覆盖率等。

3）利用结构关系图确定待测试类的所有关联。

4）根据程序中类的对象构造测试用例，确认使用什么输入激发类的状态、使用的类服务和期望产生什么行为等。

由于面向对象软件并没有一个分级的控制结构，所以传统的自顶向下和自底向上的集成测试策略在这里就没有太大的意义了。而且大爆炸集成测试策略也是没意义的，因为一次集成一个操作到类中是不太可能的。面向对象集成测试有两个不同的策略：一是基于线程的测试；另一个是基于使用的测试。

7.6.5 面向对象的系统测试方法

系统测试尽可能搭建与用户实际使用环境相同的测试平台，并保证被测试系统的完整性。测试应该参考 OOA 的分析结果，对应描述的对象、属性和各种服务，检测软件是否能够完全"再现"需求。在系统层次，系统测试需要对被测试软件的需求进行分析，建立测试用例。测试用例可以从对象-行为模型和作为 OOA 的一部分的事件流图中导出。面向对象系统测试的具体测试内容与传统系统测试基本相同，包括功能测试、性能测试、安全性测试等。

7.7 测试过程管理

软件测试是软件开发中的重要过程，除了测试技术的选择，测试过程的管理也非常重要。一个成功的测试项目，离不开对测试过程的科学组织和监控，测试过程管理已成为测试成功的重要保证。软件测试过程是一种抽象的模型，用于定义软件测试的流程和方法。众所周知，开发过程的质量决定了软件的质量，同样，测试过程的质量将直接影响测试结果的准确性和有效性。随着测试过程管理的发展，软件测试专家通过实践总结出很多很好的测试过程模型。这些模型将测试活动进行了抽象，并与开发活动有机地进行了结合，是测试过程管理的重要参考依据。

按照测试生命周期，可以将测试分为下面几个阶段：测试计划、测试设计、测试开发、测试执行、测试跟踪和测试评估，如图 7-20 所示。

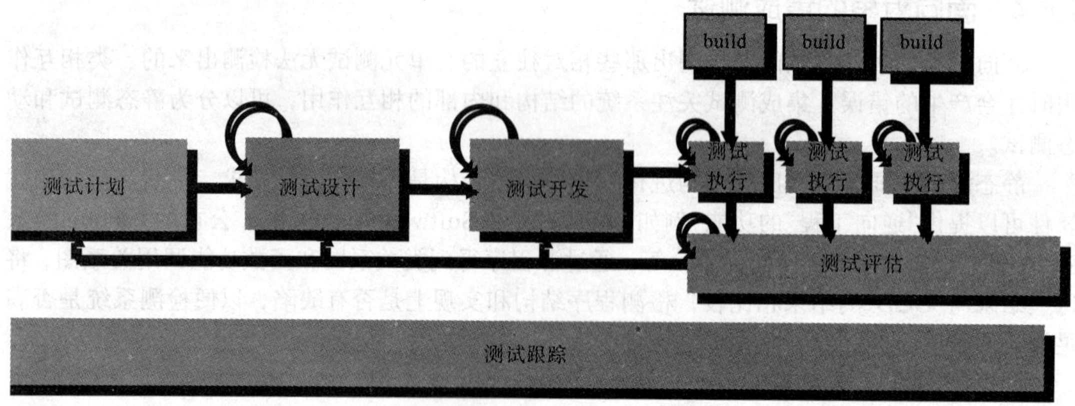

图 7-20　测试管理流程

7.7.1 软件测试计划

一个有效的测试必然存在一个有效的测试计划，规划测试对测试的质量和效率起着重要作用。软件的错误是无限的，而我们的时间和资源是有限的，如何利用有限的测试时间和测试资源是测试计划的重点。为此，必须基于软件的需求风险，进行重点识别和优先级判断。测试计划用于组织测试活动，制定测试计划首先从测试目标开始，然后定义测试级别（测试需求）、测试策略、测试资源和进度计划以及需要的相关资料等。

当设计工作完成以后，就应该着手测试的准备工作了，一般来讲，由一位对整个系统设计熟悉的设计人员编写测试大纲，明确测试的内容和测试通过的准则，设计完整合理的测试用例，以便系统实现后进行全面测试。

首先，测试人员要仔细阅读有关资料，包括规格说明、设计文档、使用说明书及在设计过程中形成的测试大纲、测试内容及测试的通过准则，全面熟悉系统，编写测试计划，设计测试用例，做好测试前的准备工作。需要注意的是，测试计划不应该等到开发周期后期才开始制定，而应该是尽早开始。在制定测试计划的时候，应该根据项目或者产品的特性，选用相应的测试策略。测试策略描述测试工程的总体方法和目标，描述进行哪一阶段的测试（单元测试、集成测试、系统测试）以及每个阶段进行的测试种类（功能测试、性能测试、压力测试等）。通常测试计划应包括：

1）项目概述。

2）测试需求。

3）要使用的测试技术和工具。

4）测试资源。

5）测试完成标准。

测试计划最关键的一步就是将软件分解成单元，编写测试需求。测试需求应详细说明被测软件的工作情况，指出测试范围和任务。测试需求有很多种分类方法，最普通的一种就是按照功能分类。测试需求是测试设计和开发测试用例的基础，分成单元可以更好地进行设计，并且详细的测试需求是用来衡量测试覆盖率的重要指标。

测试资源包括人力资源、软件资源、硬件资源、网络资源以及各种辅助设施等。

测试计划还要描述测试的进度安排，包括总的测试时间、主要的测试阶段以及开始和结束时间、将要测试的需求以及需要的时间、准备和评审测试报告的时间。

7.7.2 软件测试设计

测试设计是测试成功与否的关键步骤，它主要是定义测试的具体方法，设计测试用例及构造测试过程。

测试设计包括测试的总体设计和详细设计。测试的总体设计是对测试过程设计出一个实用的总体结构，它指导整个测试，是对被测试软件和测试策略综合考虑的结果。例如测试方案、测试用例组织等。

- 测试方案，介绍测试方案的设计原则以及测试要求等内容，例如测试方案、测试用例的设计原则、测试数据的范围、测试类型的选择、测试要求、测试覆盖程度、测试用例的数量、频次、测试通过标准等。
- 测试用例的分类与命名规则，用例的分类原则，内容组织原则；用例的编码或用例的命名原则。
- 测试用例的存储规则，描述用例的版本或配置管理规则

用例设计（测试详细设计）的设计原则：

- 定义预期结果。
- 定义用例的结果。
- 对测试用例和测试数据进行审查和走查。
- 用例可在以后重复利用。
- （可选）测试过程尽可能选择测试工具，使测试过程自动化，以减少测试本身的误差（如购买成熟的测试工具或测试用例库，或编写测试程序）。

在设计测试用例过程中，还要考虑测试覆盖率。测试覆盖率是指测试用例对需求的覆盖情况。计算公式为：

测试覆盖率=已设计测试用例的需求数/需求总数

测试覆盖率从维度上说包括广度覆盖和深度覆盖；从内容上说包括用户场景覆盖、功能覆盖、功能组合覆盖、系统场景覆盖。“广度”考虑的是需求规格说明书中的每个需求项是否都在测试用例中得到设计；“深度”考虑的是能否透过客户需求文档挖掘出可能存在问题的地方。

在设计测试用例时，我们很少单独设计广度或深度方面的测试用例，而一般是结合在一起设计。为了从广度和深度上覆盖测试用例，我们需要考虑设计各种测试用例，如用户场景

(识别最常用的20%的操作)、功能点、功能组合、系统场景、性能、语句、分支等。在执行时,需要根据测试时间的充裕程度按照一定的顺序执行,通常是先执行用户场景的测试用例,然后再执行具体功能点、功能组合的测试。

7.7.3 软件测试开发

测试开发主要是按照测试设计编写脚本,这个脚本可以是文字描述的测试过程,或者采用编程语言编写测试脚本,很多时候是采用工具来生成测试脚本。当然,不需要编写脚本的时候,测试执行过程按照测试设计的测试用例执行就可以。

测试开发是对在测试设计阶段已被定义的测试用例进行创建或修正(例如脚本编写以及注意事项)。创建测试脚本应注意:

- 尽量使测试脚本可重用。
- 尽可能减少测试脚本的维护量。
- 如果可能,尽量使用已有的测试脚本。
- 使用测试工具创建测试脚本,减少手工作业。

在测试开发过程中注意创建外部数据集,使用外部数据集的好处是:使测试脚本中不含数据,易于维护和使数据易于修改,不受脚本影响,方便增添测试用例,较少或避免修改测试脚本,外部数据能够被多个测试脚本共享。外部数据集中可包含用于控制测试脚本的数据值。

通过查阅测试用例、测试过程,使用适当的工具和方法创建数据集,利用数据集对测试脚本进行调整,调试测试脚本。

在实际测试过程中可以将测试设计和测试开发合为一个过程。

7.7.4 软件测试执行

测试执行过程是对被测软件进行一系列的测试并记录日志结果的过程,包括环境准备、意外处理、结果分析。

搭建测试环境时要针对不同的测试目的构造不同的测试环境,应尽量有利于自动化。测试环境应能够很好地接收测试的输入,应能够把测试执行的结果反馈给测试人员。

测试用例执行时需配置输入条件,按用例执行步骤执行用例,并仔细观察每个可能的输出结果,与期望结果比较,记录差异点,发现可能的缺陷(由于用例不可能遍历每个可能的输出,因此不同的人在执行同一个测试用例的时候可能会得到不同的结果)。在测试执行时注意避免用例之间的干扰,排除人为产生的错误,隔离缺陷,协助开发人员定位问题,如实记录每个缺陷(缺陷信息应当详尽,避免歧义,并利于问题的重现)。

测试执行保证正常情况下所有的测试过程或测试标准按计划结束,如果不正常(测试失败或未达到预期的测试覆盖),要保证测试执行从失败中恢复,确定错误发生的真正原因,纠正错误,同时,重新建立和初始化测试环境,重新执行测试。

测试执行过程包括以下活动:

- 选择测试用例。
- 在测试环境中针对测试用例进行测试。
- 记录测试的过程、结果及事件。
- 判断测试失败是由产品的错误引起还是测试用例本身的问题。
- 对测试过程的产品进行配置管理,保证测试的针对性、准确性、可跟踪性以便于管理。

- 提交测试文档。

7.7.5 软件测试跟踪

在测试执行过程中，每天都应当记录测试执行日志，如表 7-20 所示，一般测试执行日志应当包含下列内容：执行了哪些用例，谁执行的，是否通过，发现了哪些缺陷，总体的测试进展情况，可能的风险，遇到的问题等。

在测试跟踪中也可以使用问题报告表，即对测试执行过程中发现的错误或者失败进行记录，记录的数据填写在问题报告表中。

表 7-20 测试错误跟踪记录表

序号	时间	事件描述	错误类型	状态	处理结果	测试人	开发人
1							
2							
3							

7.7.6 软件测试评估与总结

软件测试评估的目的是确定测试是否达到标准。进行测试评估时，可参阅测试计划中有关测试覆盖和缺陷评估等策略，检查测试结果，分析缺陷，分析评估测试结果并判断测试的标准是否被满足，提交测试报告。

测试评估既是对已完成项目的总结，又是经验教训的积累，它主要评估设计的测试用例数、已执行的测试用例数、成功执行的测试用例数、测试缺陷解决情况等。测试评估主要有四个度量指标：测试覆盖率、测试执行率、测试执行通过率、测试缺陷解决率。

1）测试覆盖率：指测试用例对需求的覆盖情况，它是一个很重要的评估指标。

2）测试执行率：指实际执行过程中确定已经执行的测试用例比率（即已执行的测试用例数/设计的总测试用例数）。

3）测试执行通过率：指在实际执行的测试用例中执行结果为“通过”的测试用例比率（即执行结果为“通过”的测试用例数/实际执行的测试用例总数）。

4）缺陷解决率：指某个阶段已关闭缺陷占缺陷总数的比率（即已关闭的缺陷/缺陷总数）。缺陷关闭包括两种情况：正常关闭（缺陷已修复，且经过测试人员验证通过）；强制关闭（重复的缺陷，由于外部原因造成的缺陷，暂时不处理的缺陷，经确认属于无效的缺陷）。

项目进行过程中，开始时缺陷解决率上升很缓慢，随着测试工作的开展，缺陷解决率会逐步上升，在版本发布时，缺陷解决率将趋于 100%。一般来说，在每个版本对外发布时，缺陷解决率都应该达到 100%。也就是说，除了已修复的缺陷需要进行验证外，其他需要强制关闭的缺陷必须经过确认，且有对应的应对措施。可以将缺陷解决率作为测试结束和版本发布的一个标准。如果有部分缺陷仍处于打开状态，那么原则上来说该版本是不允许发布的。可以通过缺陷跟踪工具定期收集当前系统的缺陷数、已关闭缺陷数，通过这两个数据即可绘制出整个项目过程或某个阶段的缺陷解决率曲线。

7.8 自动化测试

自动化测试是使用一种自动化测试工具来验证各种测试的需求，包括测试活动的管理和实施。

测试活动自动化在很多情况下很有价值。例如，测试某项特性，不仅要检查前面测试中发现的软件故障和缺陷是否得到了修复和改进，同时还要检查修复过程中是否引入了新的故障和缺陷，所以测试需要多次进行，这时使用自动化工具就比较方便。又比如，一个软件项目要验证系统容量等性能特性，可能需要几千甚至上万个测试个体并发进行，这时采用手工是不可能的，需要工具模拟用户并发访问系统，测试系统的响应时间、负载能力和可靠性。

通过自动化测试可以缩短软件测试时间，使测试过程标准化，从而提高软件产品的质量。

1. 测试自动化实现到何种程度

1）测试自动化的程度再高都不可能取代手工测试，即测试工具不可能取代测试人员。

2）一般来讲，测试自动化在整个测试过程中只能占到30%左右。

3）实现、运用自动化的程度还取决于各方面的资源，特别是软件的行业规范性和软件开发的稳定性。

2. 哪些情况适合测试自动化

1）将测试的基本管理自动化，如 bug 管理等。

2）利用测试自动化工具实现一些手工无法进行的测试活动，如压力测试、并发测试、强度测试等。

3）利用测试自动化工具完成回归测试中的缺陷跟踪测试。

4）利用测试自动化工具记录两个版本的异同，以找出缺陷。

5）对于白盒测试则可以引入测试工具进行代码分析。

3. 目前常用的测试工具

为了选择合适的测试工具，需要对测试工具进行比较分析，比较它们的测试能力和有效性，有时还需要自己开发工具或者手工测试。目前，软件测试方面的工具很多，主要有 Mercury Interactive（MI）、Segue、IBM Rational、 Compuware 和 Empirix 等公司的产品，而 MI 公司的产品占了主流。以下就几种常用测试工具进行简要对比。

（1）Mercury Interactive 公司的测试工具

Mercury Interactive公司的产品。主要包括 WinRunner、XRunner、LoadRunner、TestDirector、Astra QuickTest 等。

WinRunner 是一个捕获/回放工具，用于测试 Windows 应用程序、Web 应用程序和通过终端竞争访问的应用程序，主要功能包括：插入检查点；检验数据；增强测试；分析结果；维护测试。该工具主要适用于功能测试、回归测试等，用于生成测试用例、分析测试结果、维护测试用例等。

LoadRunner 是一个针对 Windows 和 UniX 环境的负载测试工具，该工具可以模拟数千个用户，产生用于评价和测试不同组件性能的场景，例如服务器、数据库、网络组件等，它可以提供定位系统瓶颈的详细报告。LoadRunner 的功能包括：创建虚拟用户；创建真实的负载；定位性能问题；分析结果以精确定位问题所在；重复测试保证系统发布的高性能； Enterprise Java Beans 的测试；支持无线应用协议；支持 Media Stream 应用；完整的企业应用环境的支持。该工具主要适用于性能测试、压力测试等，用于模拟多用户、定位性能瓶颈等。

TestDirector 提供了测试计划、测试执行和错误跟踪等功能，它按层次文件夹的形式组织测试，从而帮助测试和跟踪测试。TestDirector 的功能包括：需求管理；计划测试；安排和执行测试；缺陷管理；图形化和报表输出。该工具属于测试管理工具。

XRunner 是应用于 UNIX 应用程序的捕获/回放工具，它与 WinRunner 的功能是一样的，唯一不同的是它用于 UNIX 环境。

（2）IBM Rational 公司的测试工具

Rational 开发了一组测试工具包，包括 Robot、Purify、Quantify、TestManager、LoadTest、TestFactory 、Process、PureCoverage 等。

Robot 用于功能测试和回归测试，它能够收集性能数据，可以根据用户指示产生和运行测试用例，还能基于捕获/回放机制产生可以编辑和调试的测试脚本。

PureCoverage 工具对 C 和 C++程序度量测试所覆盖的程序单元。

Purify 检查运行时内存错误。

Quantify 是性能检测工具，用于检测系统瓶颈。

TestManager 用于测试管理。

LoadTest 是一个负载测试工具，该工具可以模拟多个用户，每次使用不同的数据运行同样的测试用例，从而测试软件在高负荷下的性能。

（3）Compuware 公司的测试工具

Compuware 公司开发的工具具有自动检测、诊断和帮助解决软件错误和性能问题的功能，例如 QACenter、Perfromance Edition、EcoScope、TrackRecord 、DevPartner Studio 等。

QACenter 帮助所有的测试人员创建一个快速、可重用的测试过程，自动帮助管理测试过程，快速分析和调试程序， 包括针对回归、强度、单元、并发、集成、移植、容量和负载测试建立测试用例，自动执行测试和产生文档结果。

（4）Segue 公司的测试工具

Segue 公司的测试工具可以辅助测试者实现如下任务：对测试活动进行计划、归档和管理；维护 QA 和开发组之间的交流；贯穿项目的生命周期，识别产品的强项和弱点。

Segue 公司的 Silk 家族工具是电子商务测试产品，该工具对一些测试阶段实现了自动化，包括单元和回归测试、负荷和性能测试、场景测试。

纵观目前测试工具的使用状况，虽然有一些已应用到工作中，但是比较有限，其中主要是应用在性能测试方面。

7.9 软件测试过程的文档

测试是比较复杂和困难的过程，为了很好地管理和控制测试的复杂性和困难性，需要仔细编写完整的测试文档。

7.9.1 测试计划文档

这里提供一个可供参考的系统测试计划模板。

1. 介绍

1.1 目的

说明文档的目的。

1.2 范围

说明文档覆盖的范围。

1.3 缩写说明

定义文档中所涉及的缩略语（若无则填写无）。

1.4 术语定义

定义文档内使用的特定术语（若无则填写无）。

1.5 引用标准

列出文档制定所依据、引用的标准（若无则填写无）。

1.6 参考资料

列出文档制定所参考的资料（若无则填写无）。

1.7 版本更新信息

记录文档版本修改的过程，具体版本更新记录如下表所示：

修改编号	修改日期	修改后版本	修改位置	修改内容概述

2. 测试项目

对被测试对象进行描述。

3. 测特特性

描述测试的特性和不被测试的特性。

4. 测试方法

分析和描述本次测试采用的测试方法和技术。

5. 测试标准

描述测试通过的标准、测试审批的过程以及测试挂起/恢复的条件。

6. 系统测试交付物

测试完成后提交的所有产品

7. 测试任务

8. 环境需求

8.1 硬件需求

8.2 软件需求

8.3 测试工具

8.4 其他

9. 角色和职责

10. 人员及培训

11. 系统测试进度

7.9.2 测试设计文档

测试设计主要是根据相应的产品（需求、总体设计、详细设计等）设计测试方案、测试覆盖率以及测试用例等。这里我们提供一个可供参考的单元测试设计、集成测试设计和系统测试设计的模板。

单元测试设计模板

1. 介绍

1.1 目的

说明文档的目的。

1.2 范围

说明文档覆盖的范围。

1.3 缩写说明

定义文档中所涉及的缩略语（若无则填写无）。

1.4 术语定义

定义文档内使用的特定术语（若无则填写无）。

1.5 引用标准

列出文档制定所依据、引用的标准（若无则填写无）。

1.6 参考资料

列出文档制定所参考的资料（若无则填写无）。

1.7 版本更新信息

记录文档版本修改的过程，具体版本更新记录如下表所示：

修改编号	修改日期	修改后版本	修改位置	修改内容概述

2. 测试项目

对被测试对象进行描述。

3. 测试方法

单元测试包括静态测试和动态测试两个方面。

单元测试流程如图 1 所示，首先对整个代码进行静态测试，再针对代码的具体内容和性质，安排动态黑盒测试和白盒测试的内容，采用“先黑盒后白盒”的测试方法，针对复杂的模块，采用覆盖率测试方法。在测试过程中，每测试一遍，就根据发现的错误来修改代码，每次更改后即进行回归测试，这是一个不断反复的过程，直到符合要求后再进入下一阶段的测试。

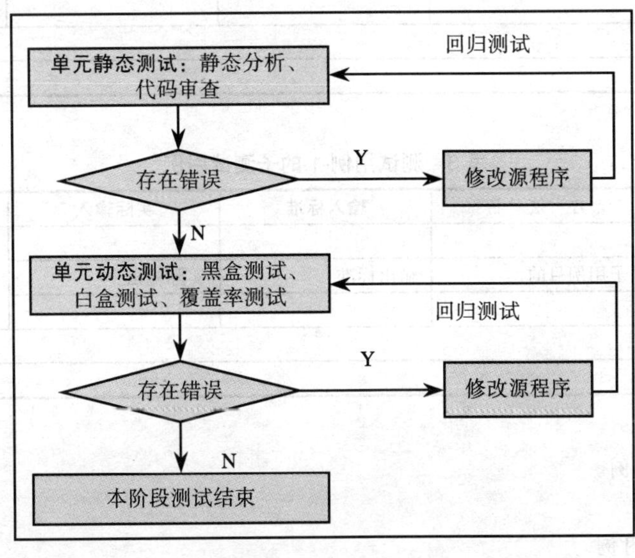

图 1 单元测试流程

其中：

1）通过准则：

- 语句、分支覆盖率达到100%，关键模块MC/DC覆盖率达到100%，如果覆盖率不到100%，需以问题单的形式给出原因；
- 测试用例正确执行，测试用例文件注释正确、完整；
- 对于设计中给出的变量边界值，应有相应的测试用例；
- 对于变量、表达式的运算是否越界或溢出，应有充分的测试用例。

2）测试技术：白盒测试技术、黑盒测试技术。

3）提交文档：单元测试报告、测试用例文件、问题报告单。

4. 测试用例设计

测试用例是整个软件测试活动的主体，其数量和质量决定了软件测试的成本和有效性。在软件可靠性测试中，由于输入、输出空间，特别是输入空间的无限性，使得无法对软件进行全面的测试。因此，如何从大量的输入数据中挑选适量的、具有代表性的典型数据，特别是怎样用较少的测试用例对软件进行较全面的测试，是当今测试所面临的一大难题。

4.1 编号-1测试用例

表1 测试用例-1

用例编号	001
单元描述	
用例目的	
用例类型	
测试环境	

表2 测试用例-1的子测试用例

<table>
<tr><th>子用例编号</th><th>方 法 名</th><th>输入标准</th><th>实际输入</th><th>状 态</th></tr>
<tr><td rowspan="4">001-1</td><td></td><td></td><td></td><td rowspan="4"></td></tr>
<tr><td>子用例目的</td><td>输出标准</td><td>实际输出</td></tr>
<tr><td></td><td></td><td></td></tr>
<tr><td colspan="0"></td></tr>
<tr><td>预置条件</td><td colspan="4"></td></tr>
<tr><td>测试方法说明</td><td colspan="4"></td></tr>
</table>

……

表3 测试用例-1的子测试用例

<table>
<tr><th>子用例编号</th><th>方 法 名</th><th>输入标准</th><th>实际输入</th><th>状 态</th></tr>
<tr><td rowspan="3">001-2</td><td></td><td></td><td></td><td rowspan="3"></td></tr>
<tr><td>子用例目的</td><td>输出标准</td><td>实际输出</td></tr>
<tr><td></td><td></td><td></td></tr>
<tr><td>预置条件</td><td colspan="4"></td></tr>
<tr><td>测试方法说明</td><td colspan="4"></td></tr>
</table>

……

4.2 编号-2测试用例

……

4.*n* 编号-*n*测试用例

……

集成测试设计模板

1. 介绍

1.1 目的

说明文档的目的。

1.2 范围

说明文档覆盖的范围。

1.3 缩写说明

定义文档中所涉及的缩略语（若无则填写无）。

1.4 术语定义

定义文档内使用的特定术语（若无则填写无）。

1.5 引用标准

列出文档制定所依据、引用的标准（若无则填写无）。

1.6 参考资料

列出文档制定所参考的资料（若无则填写无）。

1.7 版本更新信息

记录文档版本修改的过程，具体版本更新记录如下表所示：

修改编号	修改日期	修改后版本	修改位置	修改内容概述

2. 测试项目

对被测试对象进行描述。

3. 测试方法

集成测试是将所有模块按照系统设计的要求集成为系统而进行的测试，该测试所要考虑的问题是：在把各个模块连接起来的时候，穿越模块接口的数据是否会丢失；一个模块的功能是否会对另一个模块的功能产生不利的影响；各个子功能组合起来，能否达到预期要求的父功能；全局数据结构是否有问题；单个模块的误差累计起来，是否会放大，从而达到不能接受的程度。集成测试流程如图 1 所示。

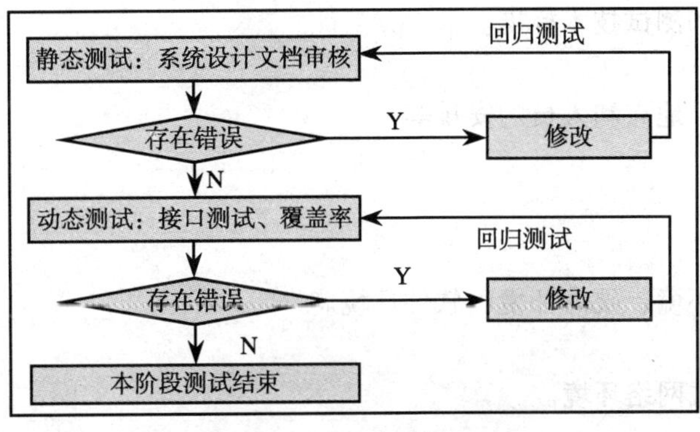

图 1 集成测试流程图

4. 测试用例设计

4.1 模块集成测试用例

4.2 接口测试用例

系统测试设计模板

1. 介绍

1.1 目的

说明文档的目的。

1.2 范围

说明文档覆盖的范围。

1.3 缩写说明

定义文档中所涉及的缩略语（若无则填写无）。

1.4 术语定义

定义文档内使用的特定术语（若无则填写无）。

1.5 引用标准

列出文档制定所依据、引用的标准（若无则填写无）。

1.6 参考资料

列出文档制定所参考的资料（若无则填写无）。

1.7 版本更新信息

记录文档版本修改的过程，具体版本更新记录如下表所示：

修改编号	修改日期	修改后版本	修改位置	修改内容概述

2. 项目概述

简述测试对象，即测试项目情况。

3. 测试计划

3.1 测试依据

给出项目文档和测试技术标准。

3.2 测试计划

给出测试时间、地点和人员的安排等。

3.2.1 测试时间

3.2.2 测试人员安排

4. 测试环境

描述测试网络环境、硬件环境、软件环境。

4.1 网络环境

用图示描述测试网络环境。

4.2 硬件环境

用图示描述测试硬件环境。

4.3 软件环境

描述测试软件环境。

5. 测试用例设计

系统测试是依据需求规格说明对系统进行测试，验证系统的功能和性能及其他特性是否与用户的要求相一致。在测试过程中，除了考虑系统的功能和性能外，还应对系统的可移植性、兼容性、可维护性、错误的恢复功能等进行确认。系统测试流程如图 1 所示。

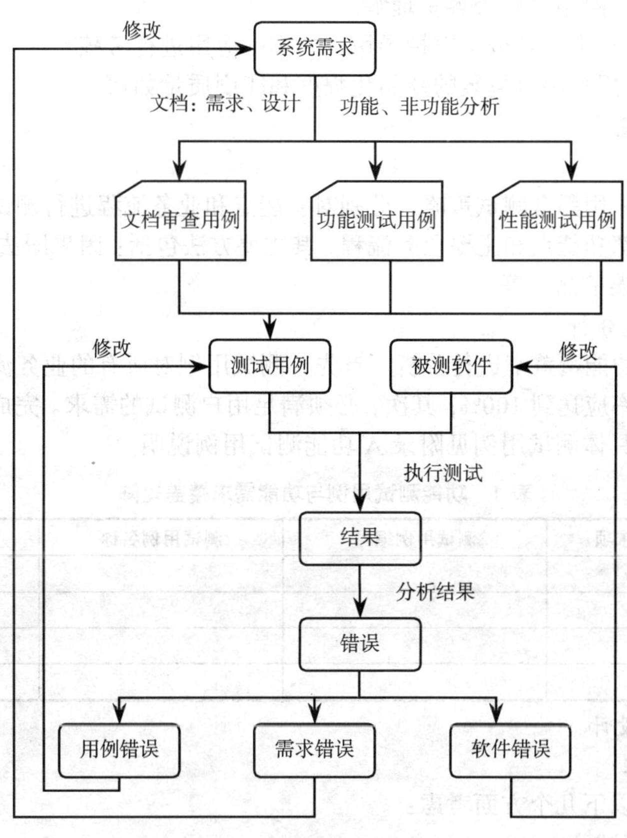

图 1 系统测试流程图

以下测试用例设计包括文档审查、功能测试、性能测试、可靠性测试、安全性测试等。

5.1 文档审查用例设计

用户文档是软件系统安装、维护、使用以及二次开发的重要依据，好的用户文档可以帮助用户进行系统安装、维护和日常使用，并且可以提高用户二次开发的效率和成功概率，因此文档审查过程中，需要根据如下指标对用户文档进行测试。

1）用户文档编写的规范性。

2）用户文档的完整性：一般手册应该包括软件需求说明书、概要设计说明书、详细设计说明书、数据库设计说明书、用户手册、操作手册、测试计划、测试分析报告等，文档应涵盖软件安装所需要的信息、产品描述中说明的所有功能、软件维护所需要的信息、产品描述中给出的所有边界值。

3）手册与软件实际功能的一致性：文档自身、文档之间或者文档与产品描述之间相互不矛盾，且术语一致。

4）正确性：文档中所有信息正确、没有歧义，无错误的描述。

5）易理解程度：用户手册对关键操作有无实例、图文说明，例图的易理解性如何，对主要功能和关键操作提供的图文应用有多少，实例的详细程度如何。

6）易浏览程度：用户文档是否易于浏览，是否相互关系明确，是否有目录或索引，对正常使用其产品的一般用户是否容易理解。

7）可操作性：对文档是否可以指导用户的实际应用进行考核。

8）文档质量：用户手册包装的商品化程度和印刷质量如何。

5.2 功能测试用例设计

5.2.1 功能测试内容

功能测试主要采用黑盒测试策略，分别对功能点和业务流程进行测试，测试中应覆盖规格说明要求的全部功能点和主要业务流程，其主要方法包括：因果图法、等价类划分法、边界值分析法、错误猜测法等。

5.2.2 功能测试覆盖分析

对每个模块的功能覆盖率进行分析。首先，测试用例对所有的业务流程、数据流以及核心功能点的覆盖率应达到100%；其次，必须满足用户测试的需求。完成表1所示的测试用例的覆盖关系，具体测试用例见附录A功能测试用例说明。

表1 功能测试用例与功能需求覆盖矩阵

序　　号	功能需求项	测试用例编号	测试用例名称	优　先　级

5.3 性能测试用例设计

5.3.1 性能测试内容

性能测试可从以下几个方面考虑：

1）负载压力测试。

2）系统资源监控（压力测试）。

3）疲劳测试。

5.3.2 性能测试覆盖分析

性能测试用例与性能需求的覆盖关系如表2所示，具体测试用例见附录B性能测试用例说明。

表2 性能测试用例与性能需求覆盖矩阵

序　　号	性能需求项	测试用例编号	测试用例名称	优　先　级

5.4 安全性测试用例设计

5.4.1 安全性测试内容

安全性测试的具体方法如下：

1）功能验证。

2）漏洞扫描。

3）模拟攻击试验。

4）侦听技术。

5.4.2 安全性测试覆盖分析

安全性测试用例与性能需求的覆盖关系如表 3 所示，具体测试用例见附录 C 安全性测试用例说明。

表 3 安全性测试用例与性能需求覆盖矩阵

序 号	性能需求项	测试用例编号	测试用例名称	优 先 级

6. 测试结果标准

6.1 缺陷类型定义

定义系统测试过程中的缺陷类型。

6.2 严重程度

根据缺陷的严重程度进行优先排序。

6.3 系统测试通过准则

本次系统测试的通过标准如表 4 所示。

表 4 系统测试通过准则

测试内容		评价结果类型	说 明
功能测试	业务流程测试	"通过"和"不通过"	只要业务流程不能完全实现，即视为"不通过"
	基本功能测试	"通过"、"基本通过"和"不通过"	出现严重问题，或者一般问题的数量占被测系统总功能点的 10%以上，视为"不通过"；出现一般问题且其数量占被测系统总功能点的 10%以下，视为"基本通过"；出现建议性问题或无问题，视为"通过"
性能测试		"通过"、"不通过"	性能测试符合指标要求为"通过"，否则为"不通过"
安全可靠性测试		"通过"、"基本通过"和"不通过"	出现严重问题，或者一般问题的数量占被测总功能点的 10%以上，视为"不通过"；出现一般问题且其数量占被测系统总功能点的 10%以下，视为"基本通过"；出现建议性问题或无问题，视为"通过"
兼容性测试		"通过"、"基本通过"和"不通过"	
可扩充性测试		"通过"、"基本通过"和"不通过"	
易用性测试		"通过"、"基本通过"和"不通过"	
用户文档测试		"通过"、"基本通过"和"不通过"	

6.4 项目输出成果

6.4.1 软件测试方案

软件测试方案是关于软件测试项目的一个测试计划和执行方案，主要包括测试目的、评测依据、评测管理、评测内容及方法、测试配合要求、测试结果、测试环境要求以及项目输出成果等。

6.4.2 测试问题报告

测试问题报告指在测试实施完成后测试工作组提交的一个软件缺陷报告，主要内容包括问题的严重等级、问题产生的详细操作过程及结果描述等。

6.4.3 软件测试报告

软件测试报告是由测试工作组提交的最终测试结果报告，主要内容包括对软件功能及其他质量特性的综合评价、测试要求的各项质量特性的实现情况、详细测试结果描述以及软件的测试环境描述等。

附录A：功能测试用例说明

附录B：性能测试用例说明

附录C：安全性测试用例说明

7.9.3 软件测试报告

下面的测试总结报告模板可供参考。

1. 介绍

1.1 目的

说明文档的目的。

1.2 范围

说明文档覆盖的范围。

1.3 缩写说明

定义文档中所涉及的缩略语（若无则填写无）。

1.4 术语定义

定义文档内使用的特定术语（若无则填写无）。

1.5 引用标准

列出文档制定所依据、引用的标准（若无则填写无）。

1.6 参考资料

列出文档制定所参考的资料（若无则填写无）。

1.7 版本更新信息

记录文档版本修改的过程，具体版本更新记录如下表所示：

修改编号	修改日期	修改后版本	修改位置	修改内容概述

2. 测试时间、地点和人员

3. 测试环境描述

4. 测试用例执行情况

测试执行过程中需要填写测试执行后的测试用例设计/执行单（意外事件记录在备注中），最好给出测试用例执行情况的跟踪图，如表1所示。

表 1 测试用例设计/执行单

测试用例名称					
测试用例标识					
测试用例追溯					
测试说明					
测试用例初始化					
前提与约束					
异常终止条件	测试环境异常终止 测试用例发生重大错误，无法执行而异常终止				
测试步骤					
序号	测试输入	期望测试结果	判断准则	实际测试结果	
			与期望结果一致		
			与期望结果一致		
设计人员		设计日期		执行情况	
执行人员		执行日期		监督人员	
是否通过		问题标识		备　注	

可以采用工具跟踪测试的结果，如表 2 所示就是一个测试错误跟踪记录表。目前市场上有很多缺陷跟踪的商用工具软件。

表 2 测试错误跟踪记录表

序号	时间	事件描述	错误类型	状态	处理结果	测试人	开发人
1							
2							
3							

……

4.1 测试用例执行度量

4.2 测试进度和工作量度量

4.3 缺陷数据度量

4.5 综合数据分析

计划进度偏差 ＝ （实际进度 － 计划进度）/计划进度 × 100%

用例执行效率 ＝ 执行用例总数 / 执行总时间（小时）

用例密度 ＝ 用例总数 / 规模 × 100%

缺陷密度 ＝ 缺陷总数 / 规模 × 100%

用例质量 ＝ 缺陷总数 / 用例总数 × 100%

缺陷严重程度分布饼图。

缺陷类型分布饼图。

5. 测试评估

5.1 测试任务评估

（例如，评估结论：本次测试执行准备充足，完成了既定目标。）

5.2 测试对象评估

（例如，评估结论：测试对象符合系统测试阶段的质量要求，可以进入到下一个阶段。）

6. 遗留缺陷分析
7. 审批报告
提交人签字： 日期：
开发经理签字： 日期：
产品经理签字： 日期：
8. 附件
附件1 测试用例执行表
附件2 测试覆盖率报告
附件3 缺陷分析报告

7.10 项目案例

7.10.1 集成测试设计案例

项目案例名称：综合信息管理平台

项目案例文档：《综合信息管理平台集成测试设计》

1. 导言

1.1 目的

集成测试是将模块按照概要设计要求组装起来进行测试，主要目的是为了发现与接口有关的问题。

本文档的预期读者是：

- 项目管理人员；
- 测试人员。

1.2 范围

本次主要测试模块之间的数据传输是否正确、模块集成后的功能是否实现、模块接口功能与设计需求是否一致。

1.3 术语定义

LoadRunner：Mercury Interactive公司的一个针对Windows和UNIX环境的负载测试工具。

功能性测试：按照系统需求定义中的功能定义部分对系统实行的系统级别的测试。

非功能性测试：按照系统需求定义中的非功能定义部分（如系统的性能指标、安全性能指标等）对系统实行的系统级别的测试。

测试用例：测试人员设计出来的用来测试软件某个功能的一种情形。

1.4 引用标准

[1]《企业文档格式标准》，北京长江软件有限公司。

[2]《软件测试报告格式标准》，北京长江软件有限公司软件工程过程化组织。

1.5 参考资料

[1]《LoadRunner使用手册》，北京长江软件有限公司。

[2]《网上招聘客户端需求说明》，北京长江软件有限公司。

[3]《软件测试技术概论》，古乐、史九林，清华大学出版社。

[4]《软件测试 第2版》Paul C.Jorgensen，机械工业出版社。

1.6 版本更新信息

本文档的版本更新信息如表E-1所示。

表 E-1 版本更新记录

修改编号	修改日期	修改后版本	修改位置	修改内容概述
000	2010-8-31	0.1	全部	初始发布版本

2. 集成测试内容

集成测试是单元测试的逻辑扩展。在现实方案中，集成是指多个单元的聚合，许多单元组合成模块，而这些模块又聚合成程序的更大部分，如分系统或系统。集成测试主要是测试软件单元的组合能否正常工作，以及与其他模块能否集成起来工作。集成测试的主要参考标准是软件概要设计规格说明。

2.1 集成模块的描述

表 E-2 列出了该系统需要集成的所有模块类。

表 E-2 系统模块描述

模 块	构 件
首页	MainAction
登录管理	LoginAction
账号管理	UserAction
账号组管理	UserGroupAction
权限管理	PermissionAction
角色管理	RoleAction
日志查询	LogQueryAction
统计报表	UserRoleModifyAction UserLoginReportAction
平台管理	BusinessAction LoginUserAction
业务信息管理员 Portal	NormalUserAction

2.2 类协作关系描述

表 E-3 列出了集成测试所包含的类之间的协作关系以及类间的调用。

表 E-3 协作类及类间的调用

消息编号	消息名	消息发送者	消息接收者
Msg01	登录	LoginAction	MainAction
Msg02	进入账号管理	MainAction	UserAction
Msg03	进入账号组管理	MainAction	UserGroupAction
Msg04	进入权限管理	MainAction	PermissionAction
Msg05	进入角色管理	MainAction	RoleAction
Msg06	进入日志查询	MainAction	LogQueryAction
Msg07	进入账号角色变更报表	MainAction	UserRoleModifyAction
Msg08	进入异常时间登录操作报表	MainAction	UserLoginReportAction
Msg09	进入业务信息系统管理	MainAction	BusinessAction
Msg10	进入当前登录用户界面	MainAction	LoginUserAction
Msg11	进入个人信息维护界面	MainAction	NormalUserAction

2.3 对外接口描述

表 E-4 列出了系统所需的对外接口。

表 E-4 接口模块描述

接口编号	接口名称	接口调用函数名称
IF01	认证接口	userLogin
IF02	账号查询接口	getUserInfo
IF03	账号同步接口	userSync
IF04	日志接口	setLogInfo

3. 集成测试用例设计

根据综合信息管理系统的特点，采用自底向上集成测试方式展开测试。具体集成测试用例设计如表E-5至表E-12所示。

表 E-5 测试用例 1

序号	测试输入	期望测试结果	判断准则	实际测试结果
1	在数据库中的 Users 表中，查看存在的某账号的基本信息，在 UsersGroupMapping 表中查看该账号与账号组的对应关系，在 UserRoleMapping 表中查看该账号与角色的对应信息	可以查看到该账号对应的相应信息（包括员工登录账号、员工真实姓名、邮件地址、手机号码信息）该账号与账号组的对应关系、该账号与角色的对应信息	与期望结果一致	
2	在系统登录页面，输入上述用户登录信息，点击“登录”按钮	可以正常登录，根据用户权限进入首页，并显示其能访问的功能模块	与期望结果一致	
3	使用平台管理员身份登录系统，修改上述用户的账号权限	可以对上述用户的信息进行修改	与期望结果一致	
4	在数据库中查看修改后的账号信息、账号与账号组对应关系信息以及账号与角色对应信息	账号信息发生变化，与修改情况一致	与期望结果一致	
5	使用用户修改后的身份登录系统	登录系统后，显示修改后的用户权限，与修改情况一致	与期望结果一致	

异常终止条件：测试环境异常终止；或测试用例发生重大错误，无法执行而异常终止。

设计人员		设计日期		执行情况	
执行人员		监督人员		执行日期	

表 E-6 测试用例 2

序号	测试输入	期望测试结果	判断准则	实际测试结果
1	在数据库的 UserGroup 表中查看某一个账号组的信息，在数据库的 UsersGroupMapping 表中查看该账号组包含的账号信息	可以查看到属于该账号组的所有账号信息（如：该账号组中包括账号 1、账号 2 等账号）	与期望结果一致	
2	通过账号 1 身份登录系统，查看该账号权限	可以正常登录系统，账号权限与数据库中显示一致	与期望结果一致	
3	通过账号 2 身份登录系统，验证该账号权限	可以正常登录系统，账号权限与数据库中显示一致	与期望结果一致	

（续）

序号	测 试 输 入	期望测试结果	判断准则	实际测试结果
4	利用平台管理员身份登录系统，修改上述账号组的信息：分别修改账号 1 和账号 2 的权限，并将账号 2 迁出其所在的账号组，将账号 3 迁入账号 1 所在的账号组，增加不存在的账号 4，删除已有账号 5 的信息	可以对属于该账号组的账号信息进行修改，可以正常增加和删除相应账号信息，并对账号进行迁入、迁出	与期望结果一致	
5	在数据库中的 UserGroup 和 UsersGroupMapping 表中，查看修改后的账号信息以及账号所在的账号组	可以查看到账号 1 与账号 2 的权限，同时也可以查看到账号 1、账号 2 与账号 3 所在的账号组信息，存在新增账号 4，原有账号 5 消失，与修改情况一致	与期望结果一致	
6	通过账号 1 身份登录系统，验证该账号权限	可以正常登录系统，与设置的权限一致	与期望结果一致	
7	通过账号 2 身份登录系统，验证该账号权限	可以正常登录系统，与设置的权限一致	与期望结果一致	
8	通过账号 4 身份登录系统，验证该账号权限	可以正常登录系统，与设置的权限一致	与期望结果一致	
9	通过账号 5 身份登录系统，验证该账号权限	不存在该账号，无法正常登录系统	与期望结果一致	

异常终止条件：测试环境异常终止；或测试用例发生重大错误，无法执行而异常终止。

设计人员		设计日期		执行情况	
执行人员		监督人员		执行日期	

表 E-7 测试用例 3

序号	测 试 输 入	期望测试结果	判断准则	实际测试结果
1	在数据库中的 Role 表中，查看某一角色信息，在 UserRoleMapping 表中查看该角色与账号的对应信息，在 UserGroupRoleMapping 表中查看该角色与账号组的对应关系信息	可以查看到用户的角色信息、角色与账号对应信息以及角色与账号组的对应信息	与期望结果一致	
2	通过系统管理员身份登录综合信息管理系统，对角色进行增加操作	管理员可以正常增加角色	与期望结果一致	
3	系统管理员进行角色的删除操作	管理员可以正常进行角色的删除	与期望结果一致	
4	系统管理员登录后，在角色管理界面中进行角色的修改操作	管理员可以对用户角色进行修改	与期望结果一致	
5	系统管理员登录后，在角色管理界面中进行角色的查询操作	管理员可以查询角色信息	与期望结果一致	
6	系统管理员登录后，在角色管理界面中对角色的权限进行修改	管理员可以对用户角色的权限进行修改	与期望结果一致	

（续）

序号	测试输入	期望测试结果	判断准则	实际测试结果
7	通过管理员的增、删、改、查等操作后，在数据库中的 Role 表、UserRoleMapping 表以及 UserGroupRoleMapping 表中分别查看角色信息、角色与账号对应信息、角色与账号表对应信息等	角色、账号以及账号组信息发生的变化与管理员的操作一致	与期望结果一致	
异常终止条件：测试环境异常终止；或测试用例发生重大错误，无法执行而异常终止。				

设计人员		设计日期		执行情况	
执行人员		监督人员		执行日期	

表 E-8 测试用例 4

序号	测试输入	期望测试结果	判断准则	实际测试结果
1	在数据库中的 Permissions 表中查看权限点信息，在 RolePermissionMapping 表中查看权限点与角色的对应信息	可以查看到权限点信息以及权限与角色的对应信息	与期望结果一致	
2	通过系统管理员身份登录综合信息管理系统，对权限点进行增加操作	管理员可以正常增加权限信息	与期望结果一致	
3	系统管理员进行权限的删除操作	管理员可以正常进行权限的删除	与期望结果一致	
4	系统管理员登录后，在权限管理界面中进行权限的修改操作	管理员可以对用户权限进行修改	与期望结果一致	
5	系统管理员登录后，在角色管理界面中进行权限的查询操作	管理员可以查询权限信息	与期望结果一致	
6	通过管理员的增、删、改、查等权限管理操作后，在数据库中的 Permissions 表中查看权限信息、在 RolePermissionMapping 表中查看权限点与角色的对应信息	权限信息发生变化，在 Permissions 表中可以查看到权限信息，在 RolePermissionMapping 表中查看到的权限与角色对应信息与管理员的设置情况一致	与期望结果一致	
异常终止条件： 测试环境异常终止；或测试用例发生重大错误，无法执行而异常终止。				

表 E-9 测试用例 5

序号	测试输入	期望测试结果	判断准则	实际测试结果
1	在数据库的 BusinessSystem 表中查看业务系统名称及其编号，在 RoleBusinessSysMapping 表中查看角色与业务系统的对应信息	在 BusinessSystem 表中可以查看到系统名称及其编号，在 RoleBusinessSysMapping 表中可以查看到角色编号与业务系统编号的对应关系	与期望结果一致	
2	在Role表中查询与上述RoleBusinessSysMapping 表中记录对应的角色信息	可以查看到具体的角色信息	与期望结果一致	

（续）

序号	测 试 输 入	期望测试结果	判断准则	实际测试结果
3	利用该角色信息，在 UserRole Mapping 表中查看相应的账号信息	可以查看到与该角色对应的账号信息	与期望结果一致	
4	利用查询的账号信息登录系统	可以正常登录，角色以及业务系统信息与实际情况一致	与期望结果一致	
异常终止条件：测试环境异常终止；或测试用例发生重大错误，无法执行而异常终止。				

表 E-10 测试用例 6

序号	测 试 输 入	期望测试结果	判断准则	实际测试结果
1	在数据库的 Users 表中查看账号信息，利用其中某一账号登录系统	可以正常登录	与期望结果一致	
2	以上述账号登录后进行权限内的一系列操作	可以正常操作	与期望结果一致	
3	在数据库的 Log 表中查看日志信息	通过 Log 表可以查看到用户登录的信息，包括用户名称、登录 IP 以及操作类型和操作时间等	与期望结果一致	
异常终止条件：测试环境异常终止；或测试用例发生重大错误，无法执行而异常终止。				

表 E-11 测试用例 7

序号	测 试 输 入	期望测试结果	判断准则	实际测试结果
1	在数据库的 UsersReport 表中查看账号角色变更情况	可以查看到账号角色变更信息，包括变更操作人、变更对象、操作类型、操作时间、备注等信息	与期望结果一致	
2	利用系统管理员身份登录系统并修改某一账号信息或角色信息	可以正常变更用户的账号信息和角色信息	与期望结果一致	
3	通过修改后的账号登录系统，查看账号角色变更情况	该账号的信息或者角色信息发生变更，与管理员操作一致	与期望结果一致	
4	在数据库的 UsersReport 表中查看账号角色变更情况	可以查看到上述操作的变更情况，与实际情况一致	与期望结果一致	
异常终止条件：测试环境异常终止；或测试用例发生重大错误，无法执行而异常终止。				

表 E-12 测试用例 8

序号	测试输入	期望测试结果	判断准则	实际测试结果
1	在数据库的 UsersLoginReport 表中查看异常时间登录情况	可以查看到账号的异常时间登录情况	与期望结果一致	
2	在正常工作时间，利用数据库中的 Users 表的某一账号信息登录系统，并进行权限内的某些操作	可以正常登录系统，在该账号用户权限内进行操作	与期望结果一致	
3	在数据库中的 UsersLoginReport 表中查看统计情况	在 UsersLoginReport 表中存在上述用户操作的相应记录	与期望结果一致	
异常终止条件：测试环境异常终止；或测试用例发生重大错误，无法执行而异常终止。				

7.10.2 系统测试设计案例

项目案例名称：综合信息管理平台

项目案例文档：《综合信息管理平台系统测试设计》

1. 导言

1.1 目的

该文档的目的是描述综合信息管理平台的系统测试设计，其主要内容包括：

- 总体测试设计；
- 测试用例设计。

本文档的预期读者是：

- 项目管理人员；
- 测试人员。

1.2 范围

该文档为综合信息管理平台系统测试设计，其中包括功能测试和性能测试的用例描述以及性能测试的测试脚本，为测试人员进行功能测试和性能测试提供标准和依据，以及详尽的测试步骤和方法。

1.3 术语定义

LoadRunner：Mercury Interactive 公司的一个针对 Windows 和 UNIX 环境的负载测试工具。

功能性测试：按照系统需求定义中的功能定义部分对系统实行的系统级别的测试。

非功能性测试：按照系统需求定义中的非功能定义部分（如系统的性能指标、安全性能指标等）对系统实行的系统级别的测试。

测试用例：测试人员设计出来的用来测试软件某个功能的一种情形。

1.4 引用标准

[1]《企业文档格式标准》，北京长江软件有限公司。

[2]《软件测试设计报告格式标准》，北京长江软件有限公司软件工程过程化组织。

1.5 参考资料

[1]《LoadRunner 使用手册》，北京长江软件有限公司。

[2]《网上招聘客户端需求说明》，北京长江软件有限公司。

[3]《软件测试技术概论》，古乐、史九林，清华大学出版社。

[4]《软件测试 第2版》，Paul C.Jorgensen，机械工业出版社。

1.6 版本更新信息

本文档的版本更新信息如表 F-1 所示。

表 F-1 版本更新记录

修改编号	修改日期	修改后版本	修改位置	修改内容概述
000	2010-7-16	1.0	全部	初始发布版本

2. 测试项目介绍

本次测试主要是针对需求进行的系统测试，包括功能测试和性能测试。

2.1 功能需求

综合信息管理平台有 12 个大的功能模块，其主要功能需求如表 F-2 所示。

表 F-2 综合信息管理平台功能需求表

序号	标识	名称	功能描述及判定标准
1	GLPL_YHDL_GN	用户登录	登录管理模块负责用户的登录。所有用户都是通过登录界面进入，用户输入用户名和密码，不同的登录人具有不同的权限，根据登录人具有的权限将相应的功能显示在登录到的管理界面，没有权限操作的功能将不显示在这个界面上
2	GLPL_YWWH_GN	业务信息系统管理_业务信息系统维护	业务信息系统管理员登录后，操作界面显示可访问的业务信息系统列表，点击某一业务信息系统可以进入系统内进行维护，业务信息系统维护完成后，可返回综合信息管理平台
3	GLPL_GRWH_GN	业务信息系统管理_个人信息维护	业务信息系统管理员登录后，可以进行个人信息的维护，可以进行密码修改、邮件地址修改、手机号码修改，个人信息修改后，可保存
4	GLPL_ZHGL_GN	平台管理_账号管理	平台管理员可增加、修改、删除、查看用户信息，并修改用户权限，使不同权限的用户进入平台主界面时根据其权限显示其能访问的功能模块，相应信息记录到数据库中
5	GLPL_ZHZGL_GN	平台管理_账号组管理	平台管理员可对账号组进行增加、修改、删除、查看、权限设置，账号组中的账号权限可与账号权限相同，也可以不同。账号组中的各个账号权限互不影响，账号组中的账号可以迁入、迁出，相应信息记录到数据库中
6	GLPL_QXGL_GN	平台管理_权限管理	平台管理员可以对权限点进行添加、修改、删除和查看，相应信息记录到数据库中
7	GLPL_JSGL_GN	平台管理_角色管理	平台管理员可以对单个角色进行添加、修改、删除和查看等操作，可以针对不同的角色选择对应的权限进行设置，相应信息记录到数据库中
8	GLPL_RZCX_GN	平台管理_日志查询	实现对用户的所有操作过程的历史日志查询。查询结果以列表方式显示，默认时间段为 24 小时，点击一条日志可以显示日志详细信息，可以根据查询条件进行过滤
9	GLPL_BGBB_GN	平台管理_账号角色变更报表	综合信息管理平台的账号角色变更报表可以通过表格或图形的方式展现，并可根据日期等条件进行查询，统计出的报表能进行打印或者导出到 CVS、Excel 文件
10	GLPL_YCBB_GN	平台管理_异常时间登录操作报表	综合信息管理平台的异常时间登录操作报表可以通过表格或图形的方式展现，并可根据日期等条件进行查询，统计出的报表能进行打印或者导出到 CVS、Excel 文件
11	GLPL_YWGL_GN	平台管理_业务信息系统管理	可以对企业原有的信息系统进行添加、修改、删除和查看操作，信息维护后，相应信息记录到数据库中，以供账号授权使用
12	GLPL_DQYH_GN	平台管理_当前登录用户	显示当前登录的用户，所显示的信息包括用户名称、登录时间、登录 IP

2.2 综合信息管理平台的人机交互界面需求

界面测试不仅是针对界面的美观和正确性进行测试，还对一些边界值和异常值的处理进行测试。人机交互界面测试需求如表 F-3 所示。

表 F-3 综合信息管理平台的人机交互界面需求表

序号	标识	名称	功能描述及判定标准
1	GLPL_YHDL_JM	用户登录界面测试	界面显示正确，密码以*显示，对用户名、密码输入非法字符及超长的情况给出正确提示，可用鼠标、键盘进行操作

（续）

序号	标　识	名　称	功能描述及判定标准
2	GLPL_YWGLY_JM	业务信息系统管理员界面测试	业务信息系统管理员登录后，界面风格与其他一致，业务信息系统列表、个人信息显示正确，在修改个人信息时，对异常值、边界外值有排错处理，可用鼠标、键盘进行操作
3	GLPL_ZHGL_JM	平台管理_账号管理	账号管理界面风格与其他一致，新增、修改账号时，对异常值、边界外值有排错处理，可用鼠标、键盘进行操作
4	GLPL_ZHZGL_JM	平台管理_账号组管理	账号组管理界面风格与其他一致，新增、修改账号组时，对异常值、边界外值有排错处理，可用鼠标、键盘进行操作
5	GLPL_QXGL_JM	平台管理_权限管理	权限管理界面风格与其他一致，新增、修改权限时，对异常值、边界外值有排错处理，可用鼠标、键盘进行操作
6	GLPL_JSGL_JM	平台管理_角色管理	角色管理界面风格与其他一致，新增、修改角色时，对异常值、边界外值有排错处理，可用鼠标、键盘进行操作
7	GLPL_RZCX_JM	平台管理_日志查询	日志查询界面风格与其他一致，输入查询过滤条件时，对异常值、边界外值有排错处理，查询结果显示完整，可用鼠标、键盘进行操作
8	GLPL_BGBB_JM	平台管理_账号角色变更报表	账号角色变更报表界面风格与其他一致，导出前、后报表均显示完整，输入查询过滤条件时，对异常值、边界外值有排错处理，查询结果显示完整，可用鼠标、键盘进行操作
9	GLPL_YCBB_JM	平台管理_异常时间登录操作报表	异常时间登录操作报表界面风格与其他一致，导出前、后报表均显示完整，输入查询过滤条件时，对异常值、边界外值有排错处理，查询结果显示完整，可用鼠标、键盘进行操作
10	GLPL_YWGL_JM	平台管理_业务信息系统管理	业务信息系统管理界面风格与其他一致，点击业务信息系统后，业务信息显示完整，新增、修改业务信息系统时，对异常值、边界外值有排错处理，可用鼠标、键盘进行操作
11	GLPL_DQYH_JM	平台管理_当前登录用户	当前登录用户界面风格与其他一致，显示完整

2.3 测试覆盖

由于本次测试是系统测试，测试设计应该满足对需求的覆盖，采用的测试方法主要是黑盒测试，包括等价类划分（有效测试和无效测试）、边界值分析和错误猜测法等。测试用例的充分性体现在对需求的覆盖上，只有完全覆盖了需求，才能说测试用例的设计是充分的。综合信息管理平台的需求覆盖情况如表F-4所示。

表F-4　需求覆盖情况

编　号	测试名称	用例个数	是否覆盖需求
GLPL_YHDL_GN	用户登录	14	是
GLPL_YWWH_GN	业务信息系统管理_业务信息系统维护	3	是
GLPL_GRWH_GN	业务信息系统管理_个人信息维护	12	是
GLPL_ZHGL_GN	平台管理_账号管理	14	是
GLPL_ZHZGL_GN	平台管理_账号组管理	17	是
GLPL_QXGL_GN	平台管理_权限管理	14	是
GLPL_JSGL_GN	平台管理_角色管理	15	是
GLPL_RZCX_GN	平台管理_日志查询	14	是
GLPL_BGBB_GN	平台管理_账号角色变更报表	10	是
GLPL_YCBB_GN	平台管理_异常时间登录操作报表	12	是

（续）

编　　号	测 试 名 称	用 例 个 数	是否覆盖需求
GLPL_YWGL_GN	平台管理_业务信息系统管理	13	是
GLPL_DQYH_GN	平台管理_当前登录用户	3	是
GLPL_YHDL_JM	用户登录界面测试	4	是
GLPL_YWGLY_JM	业务信息系统管理员界面测试	2	是
GLPL_ZHGL_JM	平台管理_账号管理	2	是
GLPL_ZHZGL_JM	平台管理_账号组管理	2	是
GLPL_QXGL_JM	平台管理_权限管理	2	是
GLPL_JSGL_JM	平台管理_角色管理	2	是
GLPL_RZCX_JM	平台管理_日志查询	3	是
GLPL_BGBB_JM	平台管理_账号角色变更报表	3	是
GLPL_YCBB_JM	平台管理_异常时间登录操作报表	4	是
GLPL_YWGL_JM	平台管理_业务信息系统管理	4	是
GLPL_DQYH_JM	平台管理_当前登录用户	2	是
GLPL_Safety_Per	访问安全性	3	是
GLPL_ syndrome _Per	并发访问的性能测试	2	是

需求共有 18 项，对应每一项需求都设计了测试用例，故设计的测试用例完整覆盖了需求，需求覆盖率为 100%。

3. 测试用例设计

由于本次测试主要是针对需求进行的系统测试，在功能测试中主要采用等价类划分法来设计用例，辅助使用错误猜测法。

3.1 功能测试

以用户登录模块为例来说明测试用例的具体设计，用户登录模块可分为业务信息系统管理员登录和平台管理员登录两个部分。

3.1.1 业务信息系统管理员登录功能测试

针对业务信息系统管理员登录功能，采用等价类划分法设计测试用例，等价类如图 G-1 所示。

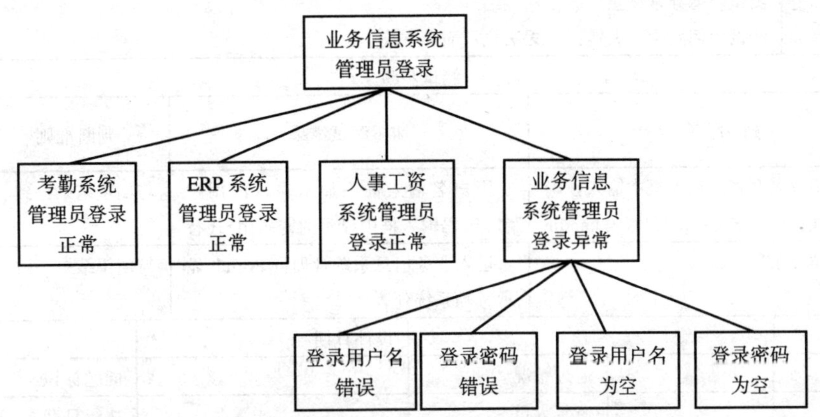

图 F-1　按照等价类划分法划分业务信息系统管理员登录功能模块

业务信息系统管理员登录功能具体测试用例如表 F-5 所示。

表 F-5 业务信息系统管理员登录功能用例设计

序号	测试内容	测试输入	预期输出
1	考勤系统管理员正确登录	输入正确的考勤系统管理员用户名和密码，点击“确定”	进入业务信息系统管理员 Portal，显示考勤系统列表
2	ERP系统管理员正确登录	输入正确的ERP系统管理员用户名和密码，点击“确定”	进入业务信息系统管理员 Portal，显示 ERP 系统列表
3	人事工资系统管理员正确登录	输入正确的人事工资系统管理员用户名和密码，点击“确定”	进入业务信息系统管理员 Portal，显示人事工资系统列表
4	业务信息系统管理员登录用户名错误	输入错误的业务信息系统管理员用户名，输入正确的管理员密码，点击“确定”	系统弹出提示框：输入的用户名错误，请重新输入
5	业务信息系统管理员登录密码错误	输入正确的管理员用户名，输入错误的管理员密码，点击“确定”	系统弹出提示框：输入的用户密码错误，请重新输入
6	业务信息系统管理员登录用户名为空	不输入管理员用户名，输入正确的管理员密码，点击“确定”	系统弹出提示框：输入的用户名为空，请重新输入
7	业务信息系统管理员登录密码为空	输入正确的管理员用户名，不输入管理员密码，点击“确定”	系统弹出提示框：输入的用户密码为空，请重新输入
8	直接使用网址登录	正常登录后，复制网址，退出系统后，通过复制的网址打开页面	无法直接进入管理员界面，进入用户登录界面

限于篇幅，下面仅以考勤系统管理员正确登录为例来说明测试用例的具体设计，如表 F-6 所示。

表 F-6 测试用例设计/执行单

测试用例名称	用户登录_考勤系统管理员正确登录
测试用例标识	GLPL_YHDL_GN_1
测试用例追溯	GLPL_YHDL
测试说明	测试考勤系统管理员能否正确登录综合信息管理平台，进入考勤系统
测试用例初始化	存在考勤系统管理员，用户名 kaoqin，密码 kaoqin
前提与约束	采用某测试环境，其中服务器工作正常，网络及数据库连通并工作正常，JDK 及 Tomcat 配置正确
异常终止条件	测试环境异常终止 测试用例发生重大错误，无法执行而异常终止

测试步骤

序号	测试输入	期望测试结果	判断准则	实际测试结果
1	在用户名和密码输入框中输入正确的管理员用户名 kaoqin 和密码 kaoqin	用户名输入框中显示输入的用户名，密码输入框中显示的密码用*代替	与期望结果一致	
2	点击“登录”	进入业务信息系统管理员 Portal，显示考勤系统列表	与期望结果一致	

设计人员			设计日期		
执行情况		通过情况		问题标识	
测试人员		监督人员		执行日期	

3.1.2 平台管理员登录功能

针对平台管理员登录功能，采用与上面 3.1.1 节同样的方法设计功能测试用例，如表 F-7 所示。

表 F-7 平台管理员登录功能用例设计

序号	测试内容	测试输入	预期输出
1	平台管理员正确登录	输入正确的已激活的用户名和密码，点击“确定”	进入平台管理员 Portal
2	平台管理员登录用户名错误	输入错误的用户名，输入正确的用户密码，点击“确定”	系统弹出提示框：输入的用户名错误，请重新输入
3	平台管理员登录密码错误	输入正确的用户名，输入错误的用户密码，点击“确定”	系统弹出提示框：输入的用户密码错误，请重新输入
4	平台管理员登录用户名为空	不输入用户名，输入正确的用户密码，点击“确定”	系统弹出提示框：输入的用户名为空，请重新输入
5	平台管理员登录密码为空	输入正确的用户名，不输入用户密码，点击“确定”	系统弹出提示框：输入的用户密码为空，请重新输入
6	直接使用网址登录	正常登录后，复制网址，退出系统后，通过复制的网址打开页面	进入用户登录界面

其他模块的功能测试用例设计同理。

3.1.3 业务信息系统维护功能

……

3.1.4 个人信息维护功能测试案例

……

3.1.5 账号组管理功能用例设计

……

3.1.6 权限管理功能用例设计

……

3.1.7 角色管理功能用例设计

……

3.1.8 日志查询功能用例设计

……

3.1.9 账号角色变更报表功能用例设计

……

3.1.10 异常时间登录操作报表功能用例设计

……

3.1.11 业务信息系统管理功能用例设计

……

3.1.12 当前登录用户功能用例设计

……

3.2 人机界面设计用例

界面测试是功能测试的补充和完善，不仅对异常值和边界值的处理进行测试，而且从友好性、易操作性、美观性、布局合理性、分类科学性、标题描述准确性等方面测试界面是否符合行业标准和用户习惯。

下面以综合信息管理平台中的业务信息系统管理员界面为例，说明人机界面测试用例的具体设计方法。

在综合信息管理平台系统中，业务信息系统管理员对个人信息的员工登录密码进行修改操作，在人机界面测试中需要对每一个数据项的合法值显示、异常值和边界外值进行测试。

个人信息包括员工登录密码、邮件地址、手机号码数据项。员工登录密码数据在数据库中以表 Users

的方式存在，根据需求可以知道，对每个数据项的合法值约束如表 F-8 所示。

表 F-8 员工登录密码数据项合法值描述

数据项名称	合法值描述
员工登录密码	8~20 个字符，为字母、数字、"_"、"-" 组合，不可为空
邮件地址	40 个及以内的字符，可以为空
手机号码	20 个及以内的数字，可以为空

以员工登录密码为例，可这样进行等价类划分，如图 F-2 所示。

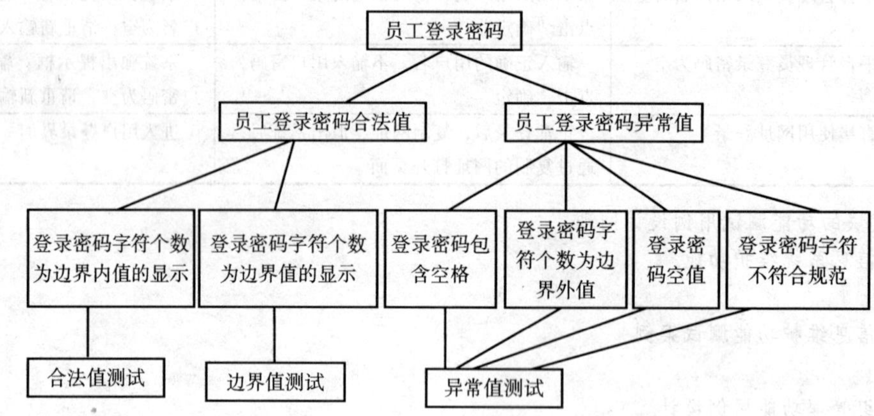

图 F-2 按照等价类划分和边界值分析法对登录密码的取值进行划分

针对用户登录的操作，并根据各个数据项合法值的描述，可以设计测试用例如表 F-9 所示：

表 F-9 用户登录人机界面用例设计

序号	测试内容	测试输入	预期输出
1	用户名合法值	输入其他数据项为合法值，用户名称为 20 个字符（数据库中存在账号的用户名），点击"确定"按钮	用户登录成功，显示该用户登录系统首页信息
2	用户名边界值	输入其他数据项为合法值，用户名称为 1 个字符或 46 个字符（数据库中存在账号的用户名），点击"确定"按钮	用户登录成功，显示该用户登录系统首页信息
3	用户名异常值	输入其他数据项为合法值，用户名称为空、5 个字母、40 个汉字和字母的组合、47 个字符、20 个！@#￥等字符的组合，点击"确定"按钮	系统提示：输入的用户名称非法，请输入正确的用户名称！无法通过校验，登录失败
4	用户名称重复	输入其他数据项为合法值，用户名称为"测试工作"（该用户已登录），点击"确定"按钮	系统提示：该用户已登录，请输入正确的用户名称！无法通过校验，登录失败
5	密码合法值	输入其他数据项为合法值，密码为 12345678（用户 test 的密码且该用户未登录），点击"确定"按钮	用户登录成功，显示该用户登录系统首页信息
6	密码字符个数边界值	输入其他数据项为合法值，密码为 1234567890123456（用户 ceshi 的密码且该用户未登录），点击"确定"按钮	用户登录成功，显示该用户登录系统首页信息
7	密码异常值	输入其他数据项为合法值，密码为空、8 ~ 16 位的特殊字符、不是对应用户的密码信息或者为汉字等非法数据，点击"确定"按钮	系统提示：输入的密码非法，请输入正确的用户密码！无法通过校验，登录失败
8	验证码合法	输入其他数据项为合法值，验证码为提示验证码信息，点击"确定"按钮	用户登录成功，显示该用户登录系统首页信息

（续）

序号	测试内容	测 试 输 入	预 期 输 出
9	验证码字符边界值	输入其他数据项为合法值，验证码为随机的 1 个数字或者 4 个数字，点击“确定”按钮	验证码信息与提示验证码不一致，无法成功登录
10	验证码异常值	输入其他数据项为合法值，验证码为空、5 个数字、4 个汉字和字母的组合、3 个！@#￥等字符的组合，点击“确定”按钮	验证码信息与提示验证码不一致，无法成功登录

3.3 性能测试

性能测试主要测试并发性能。并发测试的过程是负载测试和压力测试的过程，即逐渐增加负载，直到系统的瓶颈或者不能接受的性能点，通过综合分析事务执行指标和资源监控指标来确定系统并发性能。下面利用 LoadRunner 录制平台管理员用户（用户名为 admin，密码为 83043947）登录综合信息管理系统的行为，选择录制协议为 Web（HTTP/HTML），用户登录的脚本录制在 Action 部分，具体测试用例如表 F-10 所示。

表 F-10　GLPL_ syndrome _Per 测试用例

<table>
<tr><td colspan="4">测试项目名称： 综合信息管理平台</td></tr>
<tr><td colspan="2">测试用例编号：GLPL_ syndrome _Per
测试项目标题：并发访问的性能测试</td><td rowspan="2">测试人员：</td><td rowspan="2">测试时间：</td></tr>
<tr><td colspan="2">案例编号：GLPL_ syndrome _Per</td></tr>
<tr><td colspan="4">测试内容：20 个用户同时访问系统时系统的性能情况</td></tr>
<tr><td colspan="4">测试环境与系统配置：详见《测试计划》</td></tr>
<tr><td>测试输入数据</td><td colspan="3">1．生成单用户正常访问脚本
2．对脚本参数化
3．在脚本中增加事务、集合点，以每次点击“下一步”或“提交”按钮为界限</td></tr>
<tr><td colspan="4">测试次数：每个测试过程做 2 次</td></tr>
<tr><td colspan="4">预期结果：有错误提示，或者无</td></tr>
<tr><td colspan="4">测试过程：
1．使用 LoadRunner 的 Visual User Generator 录制基本的用户脚本
2．将用户在录制脚本时填写并提交的一些数据参数化，另外在提交数据的函数前面设置集合点
3．设置运行环境，独立运行修改后的脚本，根据产生的错误修改脚本直至正确
4．打开 LoadRunner 的 Controller 新建一个运行场景。在运行场景中新建一个虚拟用户组，设置其中的虚拟用户数目为 20。所有虚拟用户的运行脚本为刚刚录制并修改的脚本，虚拟用户的 Load Generator 为本机
5．启动 IP 欺骗，之后将 Load Generator 的状态由 down 改变为 ready
6．设置场景的 schedual 为同时启动所有用户，其他使用默认设置
7．设置结果保存路径
8．设置集合点，选择当 20 用户全部到达集合点时释放虚拟用户，时间间隔为 1 分钟
9．设置 runtime settings，均采用默认设置
10．运行场景-脚本见“性能测试脚本.c”
11．打开 LoadRunner 的 Analysis 分析场景的运行结果</td></tr>
<tr><td colspan="4">测试结果：</td></tr>
<tr><td colspan="4">测试结论：</td></tr>
<tr><td colspan="4">实现限制：</td></tr>
<tr><td colspan="4">备注：</td></tr>
</table>

3.4 系统安全性测试

由于用户对综合信息管理平台的安全性有较高要求，本系统采用 Acunetix Web Vulnerability Scanner 6（Enterprise Edition）工具进行安全性扫描。

该工具的使用策略中包含针对 SQL 注入、跨站脚本攻击、上传文件漏洞、备份页面等内容进行检查。

随着越来越多的网络访问通过 Web 界面进行，Web 安全已成为互联网安全的一个热点，基于 Web 的攻击广为流行，SQL 注入、跨站脚本攻击、网站挂马等问题严重威胁着网站管理者和网络用户的安全，我们有必要采取措施消除这些风险。

本测试用例的测试编号是 TestCase-Perf-1，测试内容是非正常访问时系统的异常处理。表 F-11 是这个测试用例的具体设计。

表 F-11 GLPL_Safety_Pe 测试用例

测试项目名称：综合信息管理平台			
测试用例编号：GLPL_Safety_Pe		测试人员：	测试时间：
测试项目标题：非正常页面访问的测试			
测试内容：直接访问后续页面而不通过首页			
测试环境与系统配置：详见《测试计划》			
测试输入数据	直接在地址栏输入 http://xxx.xxx.xxx.xxx/ZManager/xxx.do		
测试次数：每个测试过程做 2 次			
预期结果：有错误提示框出现，或者重定向到首页			
测试过程：直接在地址栏输入 http://xxx.xxx.xxx.xxx/ZManager/xxx.do			
测试结果：			
测试结论：			
实现限制：			
备注：			

7.10.3 系统测试报告案例

项目案例名称：综合信息管理平台

项目案例文档：《综合信息管理平台系统测试报告》

1. 导言

1.1 目的

该文档的目的是描述综合信息管理平台项目的系统测试总结。

本文档的预期读者是：

- 项目管理人员；
- 测试人员。

1.2 范围

该文档定义了系统测试的结果，给出了测试的结论。其主要内容包括：

- 系统环境简介
- 系统数据度量
- 系统结果评估

1.3 缩写说明

HR：Human Resource（人力资源管理）的缩写。

MVC：Model-View-Control（模式—视图—控制）的缩写，表示一种三层的体系结构。

1.4 术语定义

OnlineCV：综合信息管理平台的项目编号。

LoadRunner：Mercury Interactive 公司的一个针对 Windows 和 UNIX 环境的负载测试工具。

功能性测试：按照系统需求定义中的功能定义部分对系统实行的系统级别的测试。

非功能性测试：按照系统需求定义中的非功能定义部分对系统实行的系统级别的测试。

测试用例：测试人员设计出来的用来测试软件某个功能的一种情形。

1.5 引用标准

[1]《企业文档格式标准》，北京长江软件有限公司。

[2]《软件测试报告格式标准》，北京长江软件有限公司软件工程过程化组织。

1.6 参考资料

[1]《LoadRunner 使用手册》，北京长江软件有限公司。

[2]《网上招聘客户端需求说明》，北京长江软件有限公司。

[3]《软件测试技术概论》，古乐、史九林，清华大学出版社。

[4]《软件测试 第 2 版》，Paul C.Jorgensen，机械工业出版社。

1.7 版本更新信息

本文档的更新信息如表 G-1 所示。

表 G-1 版本更新记录

修改编号	修改日期	修改后版本	修改位置	修改内容概述
000	2010-8-27	0.1	全部	初始发布版本

2. 测试时间、地点和人员

本次测试的时间、地点和人员总结如下：

- 测试时间：2006-6-19 至 2006-7-1，基本按照计划进行。
- 地点：公司开发部。
- 人员：测试组的全体成员共计 3 人。

3. 测试环境描述

本次测试目的是验证综合信息管理平台能否实现账号管理、授权角色等基本功能，以及并发访问的性能。为此，采用 LoadRunner 7.51 测试工具进行压力测试，验证是否满足系统的需求。

测试机器是安装了 LoadRunner 7.51 测试工具的客户机，可以执行功能，也可以采用工具录制功能，并模拟多人并发访问系统，监控系统的性能，得出分析结果，如图 G-1 所示。

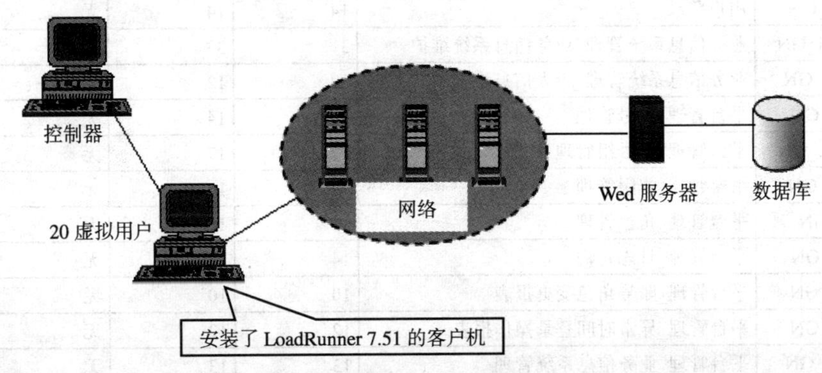

图 G-1 测试机器的环境

这个测试机器的配置环境如下：

- 操作系统：Microsoft Windows XP Professional SP1。
- 浏览器：Microsoft IE 6.0.2800.1106。
- CPU：P4 2.8GB。
- 内存：512MB。
- 硬盘：80GB。

系统的硬件环境如下：

- 客户机为普通 PC。其中 CPU 为 P4、1.8GHz 以上，内存为 256MB 以上，能够运行 IE 5.0 以上或者 Netscape 4.0 以上版本的机器，分辨率推荐使用 1024×768 像素。
- Web 服务器：CPU 为 P4、2.0GHz，内存为 1GB 以上，硬盘为 80GB 以上。网卡为千兆网卡。
- 数据库服务器：CPU 为 P4、2.0GHz，内存为 1GB 以上，硬盘为 80GB 以上。

系统的运行软件环境如下：

- 操作系统：Windows 2000/ Windows 2003/ Windows XP。
- 数据库：Oracle 9i。
- 开发工具包：JDK Version 1.5。
- JSP 服务器：Tomcat。
- 浏览器：IE 6.0。

4. 测试执行情况

在执行用例时，首先要确认软件的版本，版本确定后，不能再有变动，直到首轮测试执行完毕。还要确认测试环境，看环境是否符合测试的要求。确认了软件版本和测试环境后，就可以执行测试了。

测试用例执行过程中，要填写测试用例执行情况表，填写实际测试结果时要尽可能详细，在测试过程中一定要注意系统功能是否与需求说明完全一致，是否增加了新的内容。

本次测试执行过程中，填写了所有测试用例执行情况表，暂略。

5. 测试结果分析

根据测试执行情况，分析功能测试、界面测试、性能测试的执行结果。

5.1 功能测试分析

5.1.1 测试执行的充分性

功能测试用例执行情况如表 G-2 所示。

表 G-2 功能测试用例执行情况

编 号	测试名称	用例个数	执行总数	未执行/漏测分析和原因
GLPL_YHDL_GN	用户登录	14	14	无
GLPL_YWWH_GN	业务信息系统管理_业务信息系统维护	3	3	无
GLPL_GRWH_GN	业务信息系统管理_个人信息维护	12	12	无
GLPL_ZHGL_GN	平台管理_账号管理	14	14	无
GLPL_ZHZGL_GN	平台管理_账号组管理	17	17	无
GLPL_QXGL_GN	平台管理_权限管理	14	14	无
GLPL_JSGL_GN	平台管理_角色管理	15	15	无
GLPL_RZCX_GN	平台管理_日志查询	14	14	无
GLPL_BGBB_GN	平台管理_账号角色变更报表	10	10	无
GLPL_YCBB_GN	平台管理_异常时间登录操作报表	12	12	无
GLPL_YWGL_GN	平台管理_业务信息系统管理	13	13	无
GLPL_DQYH_GN	平台管理_当前登录用户	3	3	无
合计		141	141	无

功能测试用例共 141 个，实际执行 141 个测试用例，故测试覆盖率=141/141×100% =100%。

5.1.2 缺陷分类

在全部 141 个功能测试用例中，有 12 个未通过，问题全部为程序问题，重要程度（如表 G-3 所示）全部为一般，其中属于功能实现错误的有 10 个，属于功能未实现的有 2 个。

表 G-3 软件缺陷重要程度级别

缺陷严重等级	描　述
致命	系统主要功能完全丧失，用户数据受到破坏，系统崩溃、悬挂、死机
重要	系统主要功能部分丧失，数据不能保存，系统次要功能完全丧失，系统所提供的功能或服务受到明显的影响
一般	系统的次要功能没有完全实现，但不影响系统的正常使用，如系统提示信息不准确等问题
建议	让使用者感到不方便或遇到麻烦，但不影响功能的操作和执行，如个别不影响产品理解的错别字、文字排列不整齐等小问题

对未通过的功能测试用例的分类和总结如图 G-2 所示。

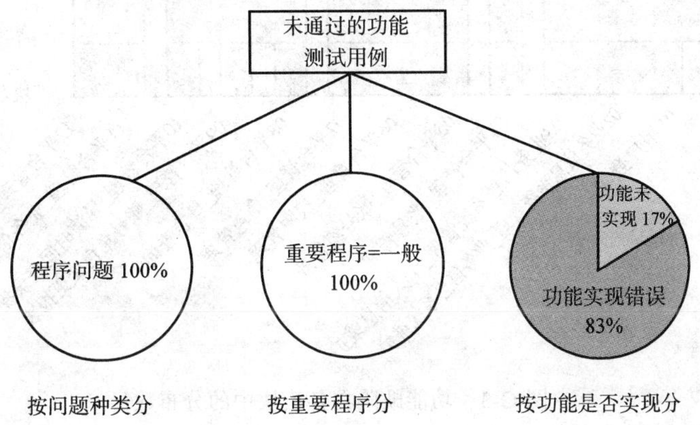

图 G-2 功能缺陷分类

由于功能测试缺陷全部为程序问题，故认为本次功能测试中未发现功能需求或测试用例存在问题。缺陷重要程度全部为一般，说明主要功能都已实现，系统具有一定的可靠性。在 12 个未通过的用例中，属于功能实现错误的 10 个，如删除账号信息时直接删除，没有给出确认提示框，不是功能实现错误或严重影响正常使用系统的问题。功能未实现的 2 个，是有两个查询条件中输入的字符长度小于实际该字段允许输入的长度，也不影响主要功能的使用。

5.1.3 缺陷的模块分布

功能缺陷在各功能模块的分布情况如表 G-4 所示。

表 G-4 功能缺陷在各功能模块的分布情况

序号	模 块 名 称	缺陷数量	占功能缺陷百分比
1	用户登录	1	8%
2	业务信息系统管理_业务信息系统维护	0	0
3	业务信息系统管理_个人信息维护	0	0
4	平台管理_账号管理	2	17%
5	平台管理_账号组管理	3	25%
6	平台管理_权限管理	0	0

（续）

序号	模块名称	缺陷数量	占功能缺陷百分比
7	平台管理_角色管理	0	0
8	平台管理_日志查询	2	17%
9	平台管理_账号角色变更报表	1	8%
10	平台管理_异常时间登录操作报表	1	8%
11	平台管理_业务信息系统管理	2	17%
12	平台管理_当前登录用户	0	0

对应表 G-4 功能缺陷在各模块的分布情况，用柱状图表示如图 G-3 所示。

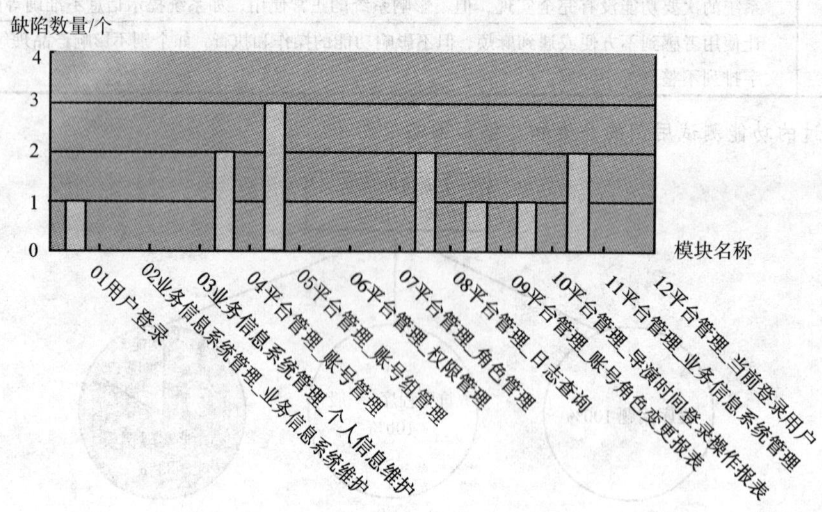

图 G-3　功能缺陷在各模块中的分布数目

结合表 G-4 和图 G-3 可以发现，功能缺陷大量出现在账号组管理模块，占总缺陷数的 25%，这与情报管理和数据管理都包含了账号权限、账号迁入迁出有关。相比这个模块，其他模块就比较小，功能相对简单，出现缺陷的几率就会较少。

5.1.4 缺陷与测试要点的关系分析

功能测试缺陷与功能测试点的对应关系如表 G-5 所示。

表 G-5　缺陷与功能测试要点对应情况

序号	功能测试要点	缺陷描述	缺陷数量
1	页面链接检查	无	0
2	相关性检查	无	0
3	按钮功能检查	添加页面重置按钮无效	2
4	信息完整性检查	结果列表中显示添加的内容与输入的内容不一致。如添加区域数据时，输入区域线条为蓝，显示结果中显示为白	2
5	信息重复检查	无	0
6	删除功能检查	无	0
7	添加修改一致性检查	如用户名数据项，添加数据为 46 位字符，修改变为 50 位字符	2
8	修改重名检查	应该不可修改的项在修改界面中可修改	3
9	表单重复提交	无	0

（续）

序号	功能测试要点	缺陷描述	缺陷数量
10	多次使用返回键	无	0
11	搜索功能检查	无	0
12	用户检查	无	0
13	回车键检查	无	0
14	刷新键检查	无	0
15	回退键检查	无	0
16	确认提示检查	提示信息不准确，如选择查询的起始时间大于结束时间，提示：该时间段内无详报！应提示：起始时间必须小于结束时间！	3
17	时间日期检查	无	0

缺陷数量与功能测试点的对应关系用柱状图表示如图 G-4 所示。

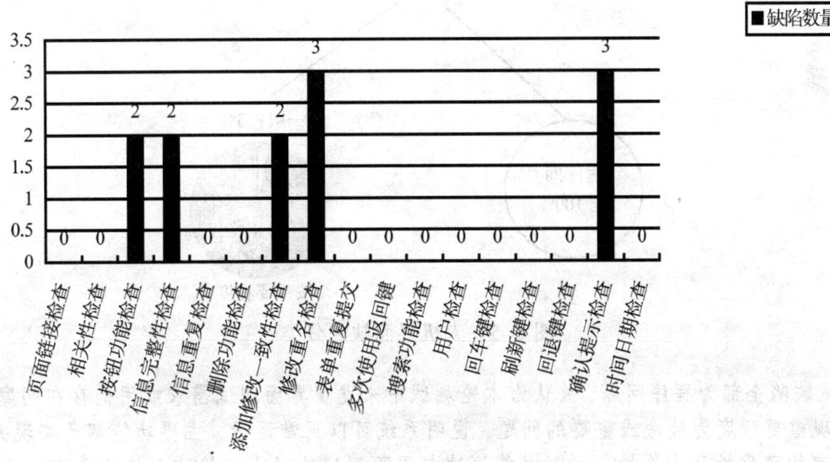

图 G-4 缺陷数量与功能测试要点的对应情况

结合表 G-5 和图 G-4 可以看出，功能测试的主要缺陷为修改重名不提示错误、确认提示不准确、添加修改不一致、信息完整性存在问题和按钮功能实现存在问题。在以后的功能测试中尤其要注意这些问题。

5.2 界面测试分析

5.2.1 测试执行的充分性

界面测试用例执行情况如表 G-6 所示。

表 G-6 人机界面测试用例执行情况

编　号	测试名称	用例个数	执行总数	未执行/漏测分析和原因
GLPL_YHDL_JM	用户登录界面测试	4	4	无
GLPL_WH_JM	业务信息系统管理员界面测试	2	2	无
GLPL_ZHGL_JM	平台管理_账号管理	2	2	无
GLPL_ZHZGL_JM	平台管理_账号组管理	2	2	无
GLPL_QXGL_JM	平台管理_权限管理	2	2	无
GLPL_JSGL_JM	平台管理_角色管理	2	2	无
GLPL_RZCX_JM	平台管理_日志查询	3	3	无

（续）

编　　号	测 试 名 称	用例个数	执行总数	未执行/漏测分析和原因
GLPL_BGBB_JM	平台管理_账号角色变更报表	3	3	无
	合计	20	20	

人机界面测试用例共20个，实际执行20个，故测试覆盖率 =20 / 20× 100% =100%。

5.2.2 缺陷分类

在总数为20的人机界面测试用例中，有4个测试用例出现问题，全部为程序问题，1个重要程度为一般，3个重要程度为建议。其中，3个问题为界面显示问题，界面显示问题为错别字、提示信息不准确、界面显示风格不一致、列表排序方法不一致等问题。

对未通过的人机界面测试用例的总结和分类如图G-5所示。

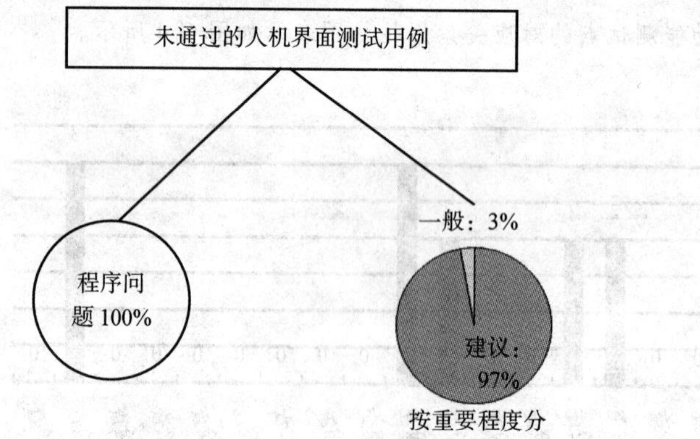

图G-5　人机界面缺陷分类

界面测试缺陷全部为程序问题，故认为本轮测试中未发现界面测试需求或用例存在问题。本轮测试中暂时未发现重要程度为致命或重要的问题，说明系统可以正常运行，主要功能都已实现并实现正确，系统具有一定的可靠性和安全性。通过功能测试与界面测试的对比，并结合其他系统，发现一般功能测试的问题会比界面测试的重要程度要高，重要的问题一般都出现在功能测试，而建议的问题一般都出现在界面测试。界面测试中出现大量的异常值即边界外值缺乏合法性约束问题，说明程序员只重视了需求中的功能的实现，对具体数据项的约束不够重视，所以很多数据项缺乏与需求完全一致的、有效的合法性约束。

5.2.3 缺陷的模块分布

人机界面缺陷在各模块分布情况如表G-7所示：

表G-7　人机界面缺陷在各模块的分布情况

序　　号	模 块 名 称	缺 陷 数 量	占人机界面缺陷百分比
1	用户登录界面测试	1	25%
2	业务信息系统管理员界面测试	1	25%
3	平台管理_账号管理	0	0
4	平台管理_账号组管理	0	0
5	平台管理_权限管理	1	25%
6	平台管理_角色管理	0	0
7	平台管理_日志查询	1	25%
8	平台管理_账号角色变更报表	0	0

对应表 G-7 人机界面缺陷在各模块的分布情况，用柱状图表示如图 G-6 所示。

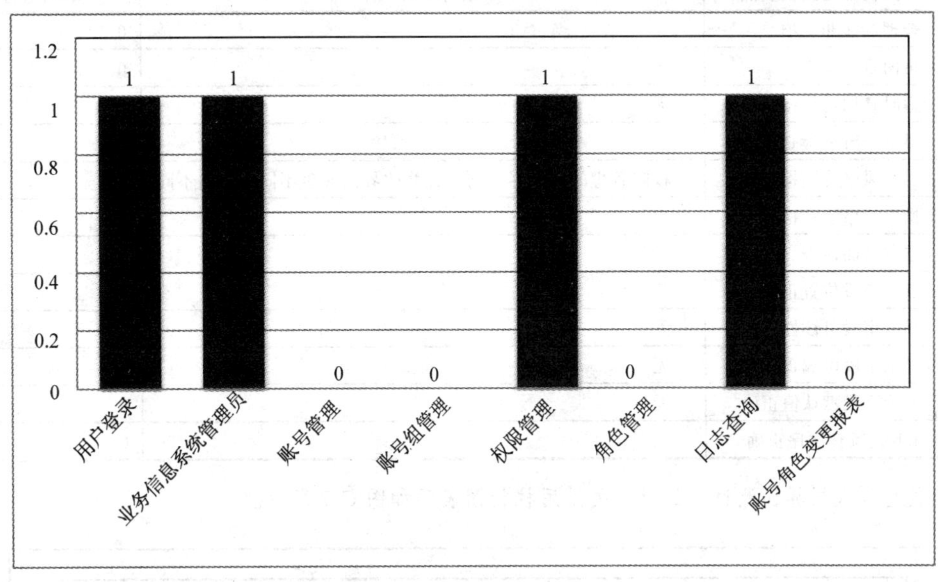

图 G-6 人机界面缺陷在各模块中的分布情况

结合表 G-7 和图 G-6 可以发现，人机界面缺陷分布在各个模块，与编程人员不注意需求中各数据项的严格约束有关。数据合法值约束不存在或不符合标准，造成边界值溢出、非法值不提示错误等缺陷。

5.2.4 缺陷与测试要点的关系分析

人机界面测试缺陷与人机界面测试要点的对应关系如表 G-8 所示。

表 G-8 缺陷与人机界面测试要点对应情况

序号	人机界面测试要点	缺陷描述	缺陷数目
1	页面乱码现象	无	0
2	页面异常数值	无	0
3	页面错别字	页面存在错别字，如“日志查询”显示为“日志查寻”	1
4	字符串长度检查	如业务信息系统管理员登录后，对某个业务信息系统进行维护时，输入字符串长度没有校验	1
5	字符类型检查	无	0
6	标点符号检查	无	0
7	特殊字符检查	如用户名称应为汉字或英文字符，但输入!@#$等特殊字符时，不提示错误	1
8	中文字符处理	无	0
9	空格检查	无	0
10	合理添加滚动条	无	0
11	正确使用滚动条	无	0
12	合理选择控件	无	0
13	列表排序合理	无	0

（续）

序号	人机界面测试要点	缺 陷 描 述	缺陷数目
14	合理标注非空项	无	0
15	页面重叠检查	无	0
16	适时禁用功能按钮	无	0
17	显示分辨率检查	无	0
18	界面风格统一检查	权限管理的修改界面与其他修改界面底色不同，风格不同	1
19	操作风格统一检查	无	0
20	空白页面检查	无	0
21	显示字段位置正确	无	0
22	显示字段可读性	无	0
23	显示字段可编辑性	无	0
24	显示字段默认值正确	无	0
25	Tab 键跳转次序正确	无	0

缺陷数量与人机界面测试点的对应关系用柱状图表示如图 G-7 所示。

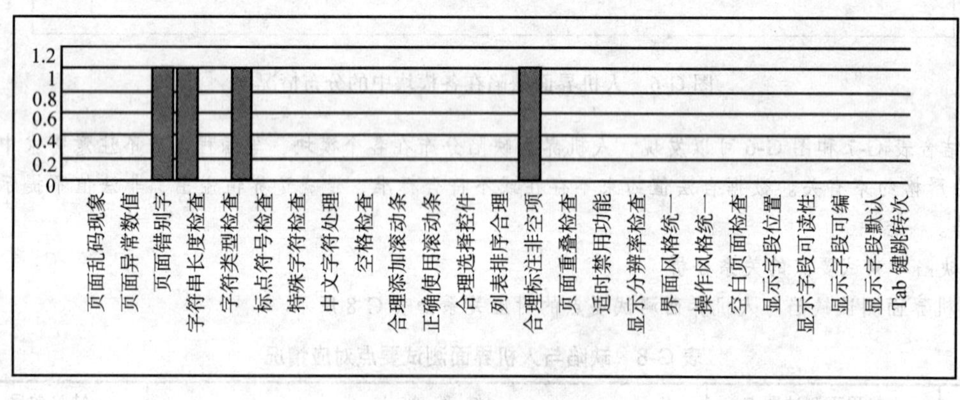

图 G-7 缺陷数量与人机界面测试要点的对应情况

结合表 G-8 和图 G-7 可以看出，人机界面测试点的主要缺陷出现在字符的检查和处理方面，如字符长度、类型、特殊字符、空格的检查，由于开发人员没有严格按照需求来设计系统，导致系统对大量的异常值不提示错误。在以后的测试中需要更加注意系统对异常值和边界值的处理是否正确。

5.3 性能测试执行情况

性能测试是通过 LoadRunner 测试工具模拟 20 个人同时访问系统的客户端。首先录制客户端的基本操作，然后设置参数以保证 20 个脚本的输入是不完全一致的。通过设置执行情景来实施性能测试，打开监控窗口监控系统运行状况，最后得到执行结果报告。

5.3.1 活动用户视图

图 G-8 是 20 个模拟用户的运行结果，从图中可以看到有 20 个虚拟用户在同时访问系统的客户端。

5.3.2 每分钟点击数

图 G-9 是 20 个模拟用户并发访问客户端时，每分钟的点击数。从图中可以看出，由于设定了集合点，点击数大的集中在每次填写完表单提交数据时。

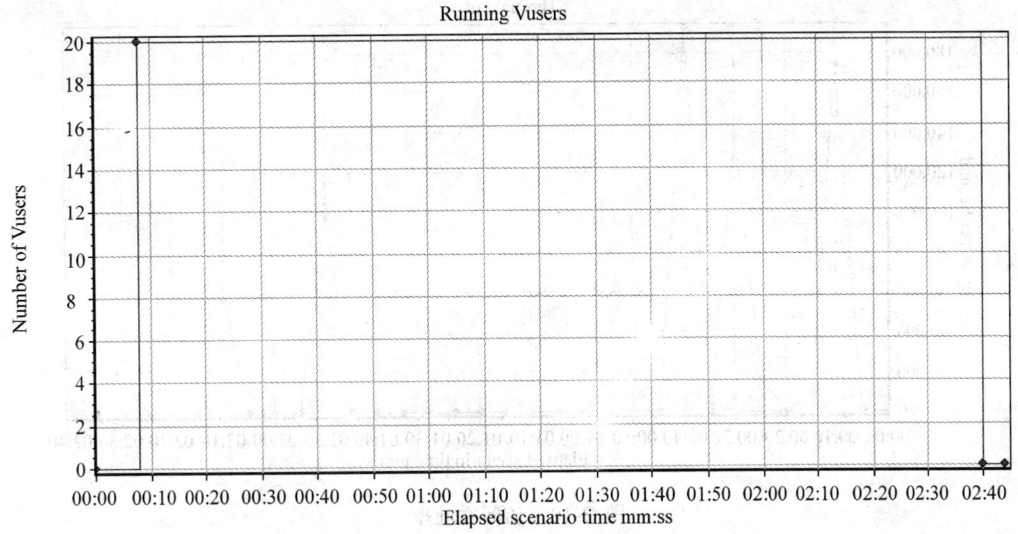

图 G-8 20 个模拟用户

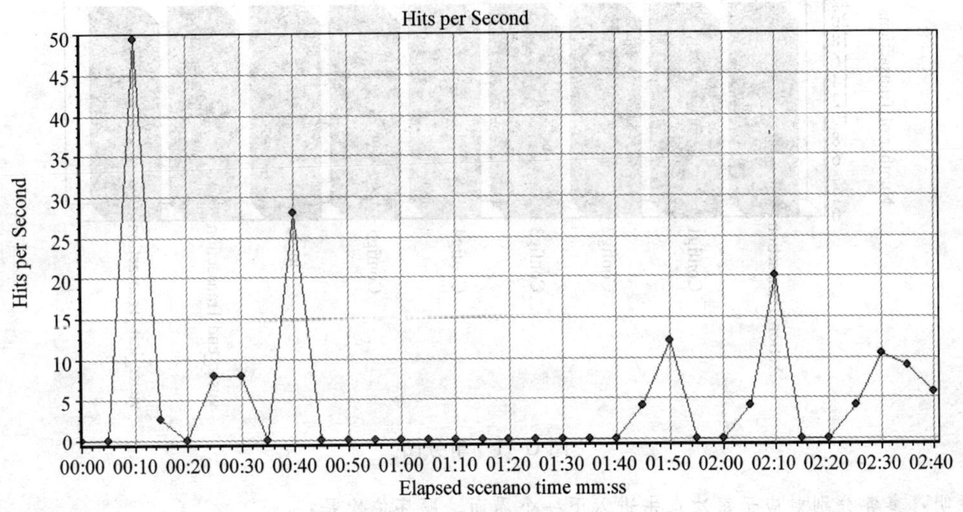

图 G-9 每分钟的点击数

5.3.3 吞吐率

图 G-10 是 20 个模拟用户并发访问时的吞吐率，从图中可以看出，同样由于在每次提交数据时设定了集合点，吞吐率大都集中在每次填写完表单、提交数据的时候。而前 4 个页面由于需要下载图片，因此吞吐率也相对较大。

5.3.4 事务概要

图 G-11 是 20 个模拟用户的事务图。

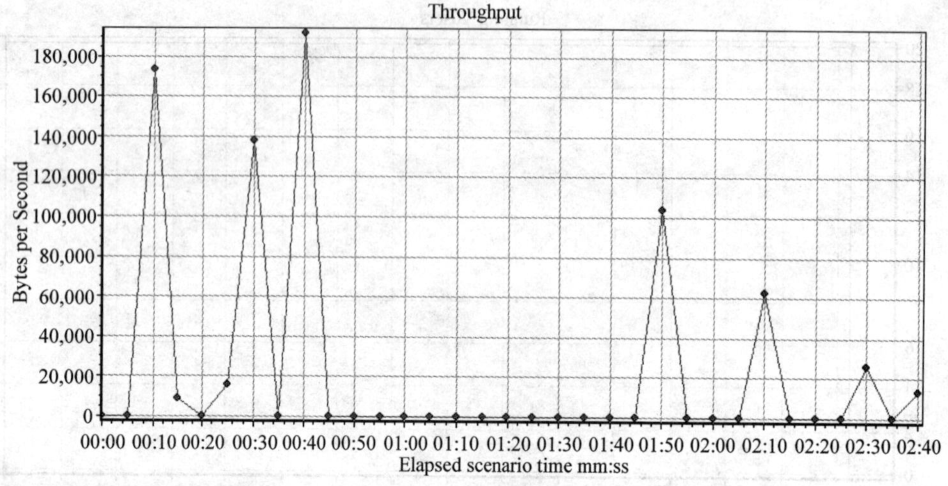

图 G-10 访问吞吐率

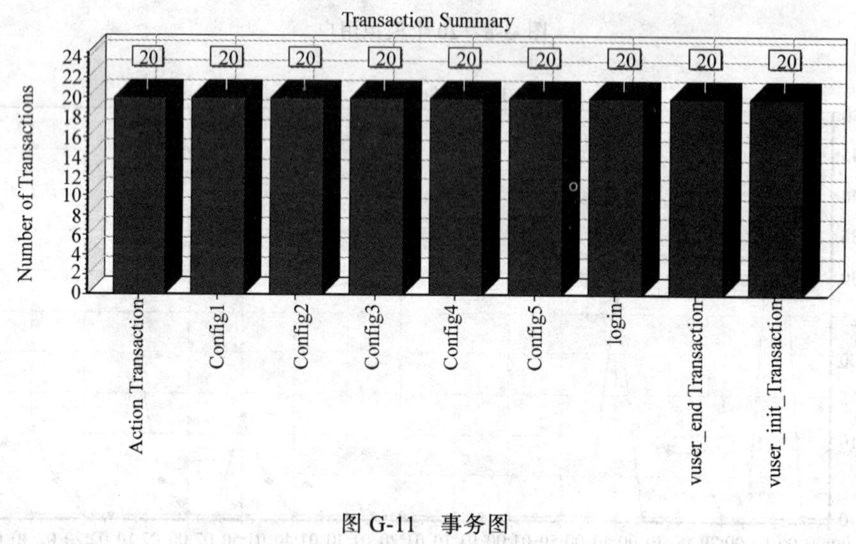

图 G-11 事务图

说明：事务分别对应于每次点击进入下一个界面。顺序依次是：

init, login, config1,config2,config3,config4,config5,end

5.3.5 事务响应时间

图 G-12 是模拟 20 个并发用户的设置的事务响应时间图，从图表中可以看出，在最后一次提交页面时，反应时间最长。

综述上图得到如下结论：

- 并发用户数：20
- 通过事务总数：220
- 总吞吐量：5436861 字节
- 平均吞吐量：22844 字节/秒
- 总点击数：920
- 每秒平均点击数：3.866

事务时间响应见表 G-9。

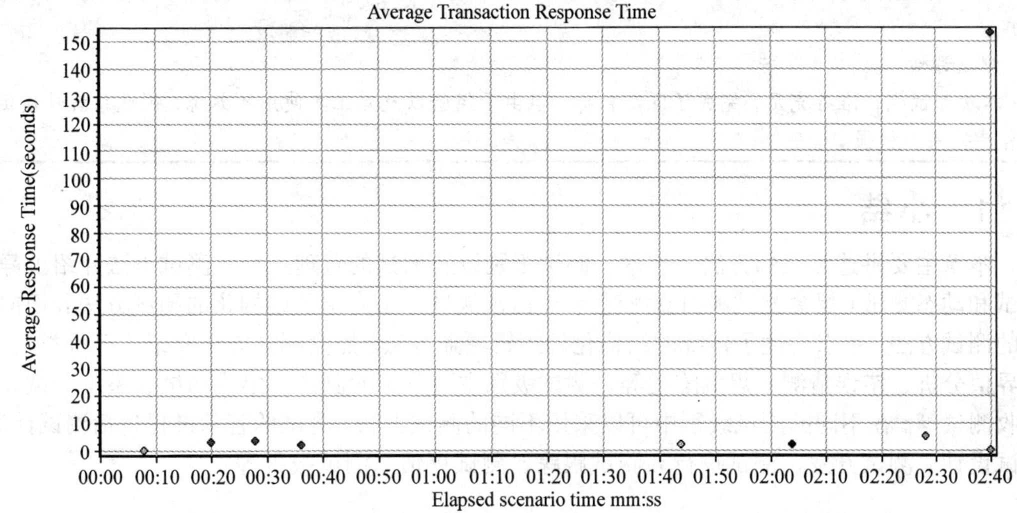

图 G-12 性能测试的事务响应时间

表 G-9 事务的响应时间差

事务＼响应时间差	最大值	最小值	平均值	变化率
开始	0	0	0	0
显示账号列表	43.974	36.399	37.544	1.802
查看账号详细信息	46.187	39.684	38.833	1.677
新增账号	56.687	49.689	54.868	1.677
修改账号	42.157	32.094	36.211	1.966
删除账号	30.577	19.286	25.640	2.262
授权角色	17.736	11.563	14.975	1.267
关闭网页	0	0	0	0
结束	0	0	0	0

5.4 回归测试分析

回归测试是在程序有修改的情况下保证原有功能正常运行的一种测试策略和方法,用来检查代码修改产生的影响。回归测试不需要进行全面测试，而是根据修改的情况进行有效的测试。

综合信息管理平台的回归测试主要采用第一次测试未通过用例进行回归测试。回归测试情况如表 G-10 所示。

表 G-10 测试缺陷统计表

测试类型	首次测试	回归测试
功能测试缺陷数	12	0
人机界面测试缺陷数	4	0
性能测试缺陷数	4	0
合计	20	0

表 H-10 表明，在第二轮回归测试时，所有缺陷都已被修复，且没有出现新的问题。

总体而言，软件测试方案的执行比较充分。在需求方面，对全部12个主要功能需求和人机界面需求进行了全面测试，需求覆盖率达到了100%，测试覆盖率达到了100%，测试用例具有代表性，测试结果可靠。

6. 测试评估

本次测试执行准备充足，完成了既定目标。但由于经验以及对工具使用不熟练，因此系统性能测试还有待提高和加强。

7.11 小结

本章主要讲述测试的方法、技术、测试级别以及测试的管理过程。测试方法介绍了静态测试和动态测试（黑盒测试和白盒测试等）。白盒测试方法介绍了结构化的测试方法和面向对象的测试方法，重点讲述了传统的结构化的逻辑覆盖方法。黑盒测试方法介绍了等价类划分、边界值分析、错误猜测、规范陈述等。测试级别主要分单元测试、集成测试、系统测试以及验收测试等。在不同的测试级别中可以采用不同的测试方法。测试的管理过程包括测试计划、测试设计、测试开发、测试执行、测试跟踪、测试评估、测试报告等。

7.12 练习题

一、选择题

1. 集成测试是为了发现（　　）阶段的错误。

   A. 编码　　B. 详细设计　　C. 概要设计　　D. 需求设计

2. 以下（　　）不属于白盒测试技术。

   A. 基本路径测试　　B. 边界值分析

   C. 条件覆盖测试　　D. 逻辑覆盖测试

3. （　　）能够有效地检测输入条件的各种组合可能引起的错误。

   A. 等价类划分　　B. 边界值分析　　C. 错误猜测　　D. 因果图

4. （　　）方法需要考察模块间的接口和各个模块之间的关系。

   A. 单元测试　　B. 集成测试　　C. 确认测试　　D. 系统测试

5. 软件测试是软件开发过程中重要的、不可缺少的阶段，其包含的内容和步骤甚多，而测试过程的多种环节中最基础的是（　　）。

   A. 集成测试　　B. 单元测试　　C. 系统测试　　D. 验收测试

6. 可以提高软件测试效率的是（　　）。

   A. 随意选取测试的数据　　B. 制定测试计划

   C. 选取边界数据作为测试用例　　D. 取尽可能多的数据进行测试

7. 集成测试有两个具体办法，它们是（　　）。

   A. 非渐增式方式和渐增式方式　　B. 白盒法和黑盒法

   C. 确认测试和系统测试　　D. 归纳法和演绎法

8. 在测试中，下列说法错误的是（　　）。

   A. 测试是为了发现程序中的错误而执行程序的过程

   B. 测试是为了表明程序的正确性

   C. 好的测试方案是极可能发现迄今为止尚未发现的错误

   D. 成功的测试是发现了至今为止尚未发现的错误

9. 单元测试又称为（　　），可以用白盒法也可以采用黑盒法测试。
   A. 集成测试　　B. 模块测试　　C. 系统测试　　D. 静态测试
10. 在软件工程中，高质量的文档标准是完整性、一致性和（　　）。（多选）
   A. 准确性　　B. 安全性　　C. 规范性　　D. 易读性
11. 在软件测试中，设计测试用例主要由输入输出数据和（　　）两部分组成。
   A. 测试规则　　B. 测试计划
   C. 预期输出结果　　D. 以往测试记录分析
12. 软件测试的破坏性质的主要体现不包括（　　）。
   A. 测试可以证明软件没有错误
   B. 为了发现缺陷而执行程序的过程
   C. 好的测试方案是尽可能发现迄今为止尚未发现的错误
   D. 成功的测试是发现了至今为止未发现的错误

二、填空题

1. 软件测试的方法一般分为两大类，即动态测试方法和（　　）方法。
2. 在白盒测试中，对程序的语句逻辑有 6 种覆盖技术，其中发现错误能力最强的技术是（　　）。
3. 若有一个计算类程序，它的输入量只有一个 X，其范围是[-1.0,1.0]。现在设计一组测试用例，X 输入为-1.001,-1.0,1.0,1.001，则设计这组测试用例的方法是（　　）。
4. 单元测试主要测试模块的 5 个基本特征（　　）、（　　）、重要的执行路径、错误处理和边界条件。
5. 黑盒测试是主要针对功能进行的测试，用黑盒技术设计测试用例有 4 种方法：等价类划分、（　　）、错误猜测和因果图法。
6. 边界值分析是将测试边界情况作为重点目标，选取正好等于、刚刚大于或刚刚小于边界值的测试数据。如果输入输出域是一个有序集合，则应选取集合的第一个元素和（　　）元素作为测试用例。
7. 集成测试的策略主要有（　　）、（　　）、（　　）、三明治集成测试。
8. 逻辑覆盖包括：（　　）、（　　）、（　　）、（　　）、条件组合覆盖和路径覆盖等。

三、判断题

1. 回归测试是纠错性维护中最常运用的方法。（　　）
2. 软件测试中路径覆盖测试是整个测试的基础，它是对软件结构进行的测试。（　　）
3. 软件测试的目的是尽可能多地发现软件中存在的错误，将它作为纠错的依据。（　　）
4. 测试用例由输入数据和预期的输出结果两部分组成。（　　）
5. 回归测试是指在单元测试基础上将所有模块按照设计要求组装成一个完整的系统进行的测试。（　　）
6. 白盒测试是结构测试，主要以程序的内部逻辑为基础设计测试用例。（　　）
7. 软件测试的目的是证明软件是正确的。（　　）

第 8 章

■ 软件项目的提交

到本章为止，软件项目开发路线图已经走过了测试过程，软件产品基本完成，项目已经接近结束。现在我们需要将实施完成的结果提交给用户，而且保证这个系统可以继续正确运行。下面我们进入路线图的第六站——提交，如图 8-1 所示。

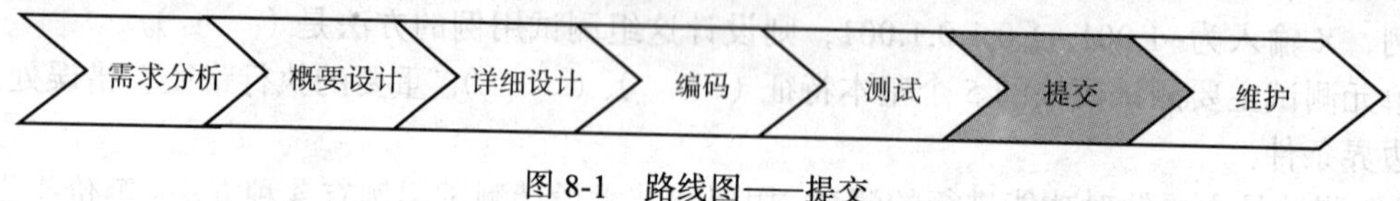

图 8-1　路线图——提交

8.1　软件项目验收与移交

当项目测试完成，项目接近尾声的时候，需要进行项目验收和产品提交。项目验收是产品提交的前提，产品提交是项目收尾的主要工作内容。其中：

- 项目验收完成后，如果验收的成果符合项目目标规定的标准和相关合同条款及法律法规，参加验收的项目团队和项目接收方人员应在事先准备好的文件上签字。这时项目团队与项目的合同关系基本结束，项目团队的任务转入对项目的支持和服务阶段。
- 当项目通过验收后，项目团队将项目成果的所有权交给项目接收方，这个过程就是项目的提交。当项目的实体提交、文件资料提交和项目款项结清后，项目移交方和项目接收方将在项目移交报告上签字，形成项目移交报告。

这个阶段的很多工作是项目管理范围的任务，但是也有开发工作，例如验收测试、产品部署、产品提交、用户培训等。

可能有的人认为产品提交过程是一个类似剪彩的很正式的过程，其实，这个过程不是简单地将系统放到指定的位置，还需要帮助用户明白这个系统，帮助用户掌握如何正确使用这个系统，而且让他们感觉到这个产品很好。如果产品提交过程不成功，用户可能不会正确使用我们所开发的系统，因此不满意系统的性能，甚至于功能，那样我们前面的努力就白费了。

为了成功地将开发的软件提交给用户，首先需要完成项目验收测试，提交验收结果，然后需要对用户进行培训，同时提交必要的文档。

8.2 验收测试

验收测试（也称为接收测试）是项目交付使用前的最后一次检查，也是软件投入运行之前保证可维护性的最后机会。验收测试通常由用户参与设计测试用例及测试实施，并分析测试的输出结果。一般使用实际数据进行测试，以便决定是否接受该产品。接收测试过程如图 8-2 所示。

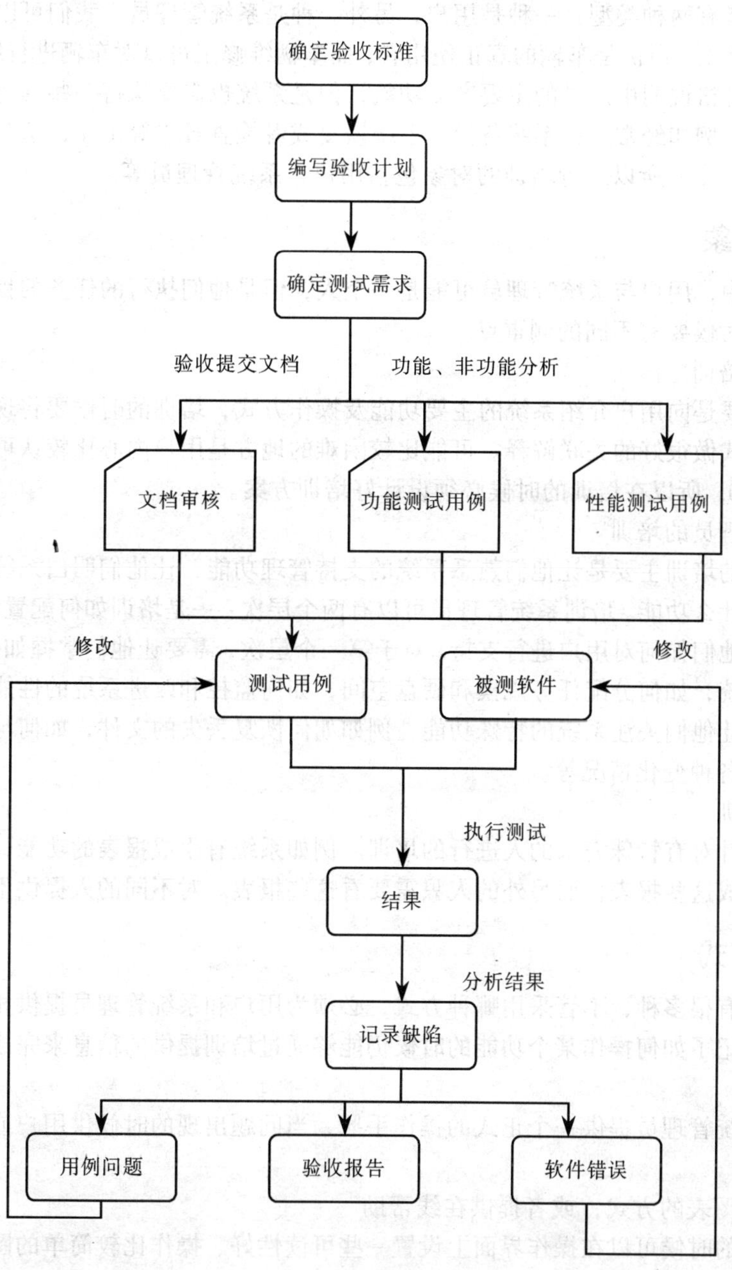

图 8-2 接收测试过程

有时，客户可以委托第三方进行测试，即由独立于软件开发者和用户的第三方进行测试，旨在对被测软件进行质量认证。通常，第三方测试机构也是一个中介服务机构，它通过自身专业化的测试手段为客户提供有价值的服务，第三方测试除了发现软件问题之外，还能对软件进行科学、公正的评价。

8.3 培训

产品的使用者有两种类型：一种是用户，另外一种是系统管理员。我们可以将他们比喻为司机和车辆维修工，司机是车辆的真正使用者，而车辆维修工可以对车辆进行维护和完善。用户使用在需求规格说明中定义的主要产品功能，但是系统也需要执行一些其他任务来辅助主要功能的完成，例如经常进行系统备份、系统恢复或者检查日志等工作，这些就是系统管理员应该完成的工作。所以进行培训的对象包括用户、系统管理员等。

8.3.1 培训对象

在实际项目中，用户与系统管理员可能是一个人，但是他们执行的任务的目的是不一样的，所以培训的时候要有不同的侧重点。

（1）用户的培训

用户培训主要是向用户介绍系统的主要功能及操作方式，培训的时候要将现有的操作方式和新的操作方式做很好的关联解释。可能比较困难的地方是用户内心比较认可先前的操作模式（先入为主），所以在培训的时候必须设计好培训方案。

（2）系统管理员的培训

系统管理员的培训主要是让他们熟悉系统的支持管理功能，让他们明白系统如何工作，而不是系统完成什么功能。培训系统管理员可以有两个层次：一是培训如何配置和运行系统；另外一个是培训他们如何对用户进行支持。对于第一个层次，需要让他们掌握如何配置系统，如何授权访问系统，如何分配任务规模和硬盘空间，如何监控和改进系统的性能等。对于第二个层次，需要让他们关注系统的特殊功能，例如如何恢复丢失的文件，如何与另外的系统通信，如何设置各种变化情况等。

（3）特殊培训

特殊培训是针对有特殊需求的人进行的培训。例如系统有生成报表的功能，一些人可能需要了解如何生成这些报表，而另外的人只需要看这些报表。对不同的人提供不同的培训。

8.3.2 培训方式

培训的方式有很多种，不管采用哪种方式，必须为用户和系统管理员提供相应的信息，以便以后用户忘记了如何操作某个功能的时候仍能够通过培训提供的信息来完成这些功能。

（1）文档

为用户和系统管理员提供一个正式的操作手册，当问题出现的时候供用户或者系统管理员阅读。

（2）用各种图表的方式，或者提供在线帮助

在设计系统的时候可以在操作界面上设置一些可读性好、操作比较简单的图表，这样用户就很容易记得各种功能的操作。另外，提供在线帮助也会使得培训很容易，用户通过浏览在线帮助可以很快明白如何操作一些功能，而不需要看很长的文档。

（3）演示讲座

演示讲座比文档和在线帮助更灵活、更有互动性，用户更喜欢这种边演示边讲解的培训方式，这样用户还可以试着使用这个系统。可以采用各种演示方式、各种多媒体等，让受培训者通过听、读、写等方式很容易地了解系统功能。

（4）专家用户

培训的时候可以先培训一些用户或者系统管理员，然后让他们演示操作这个系统，他们像专家一样，可以指出操作困难的地方，然后指导其他人，这样其他的培训者就感觉掌握这个系统很容易。

8.3.3 培训指南

在进行培训时应该注意：

1）针对不同背景、不同经历、不同爱好的人，采用不同的培训方式。

2）在演示讲座培训过程中，培训内容最好分为多个单元进行。

3）受训者的不同位置决定采用不同的培训方式。

8.4 用户文档

产品提交给用户时，文档是很重要的一部分，提供文档也是培训方法中的一部分，文档的质量和类型不但对培训很重要，对系统的成功也很重要。在编写文档的时候，一定要考虑文档的使用者，用户、系统管理员、用户的同事、开发人员等都可能是文档的使用者。给系统分析人员看的文档与给用户看的文档不能相同，对系统管理员很重要的事项对一般用户可能就不重要。

8.4.1 用户手册

用户手册对系统用户来说是一个参考指南，这个手册应该是完整的、可以理解的。首先这个文档要描写目的、参考文献、术语、缩写等，然后要详细描写系统，系统的功能应该一项一项描述，用户要明白这个系统做什么，而不需要明白如何做。

用户手册主要包括如下内容：

- 系统的目的和目标。
- 系统的功能。
- 系统的特征、优点，包括系统各个部分清晰的图画。

描述系统功能时，要包括以下内容：

- 主要功能的图示，以及与其他功能的关系。
- 用户在屏幕上看到的功能的描述、目的，每个菜单或者功能键选项的结果。
- 每个功能输入的描述。
- 每个功能产生的输出的描述。
- 每个功能可以引用的特殊属性的描述。

8.4.2 系统管理员手册

系统管理员手册是为系统管理员准备的资料，它与用户手册不同的是，用户只想知道每个系统功能的详细说明和如何使用，而系统管理员需要明白系统性能的详细信息和访问系统的详细信息。所以系统管理员手册需要描述硬件、软件的配置，授权用户访问系统的方法，增加或者删除外围设备的过程，备份文件的技术等。

系统管理员手册也应该描写一些用户手册的内容，因为系统管理员需要知道这个系统的功能，这样他才能更好地做好系统管理员的工作。

8.4.3　其他文档

开发过程中的文档也是很重要的一部分，例如需求、设计、详细设计文档等，这些对用户来讲可能不需要，但是有时用户进行系统维护的时候，可能需要一些开发过程的指南文档，例如编程指南等。

8.5　软件项目提交文档

提交过程的文档主要包括验收测试报告、用户手册、系统管理员手册以及产品提交文档等。下面的文档模板仅供参照。

8.5.1　验收测试报告

1.　导言

1.1　目的

说明文档的目的。

1.2　范围

说明文档覆盖的范围。

1.3　缩写说明

定义文档中所涉及的缩略语（若无则填写无）。

1.4　术语定义

定义文档内使用的特定术语（若无则填写无）。

1.5　引用标准

列出文档制定所依据、引用的标准（若无则填写无）。

1.6　参考资料

列出文档制定所参考的资料（若无则填写无）。

1.7　版本更新信息

记录文档版本修改的过程，具体版本更新记录如下表所示：

2.　测试运行环境描述

描述测试环境。

3.　测试执行结果

给出测试用例执行结果以及覆盖率等。

3.1　测试用例执行结果

给出所有测试用例的执行结果，见表 1 所示。

修改编号	修改日期	修改后版本	修改位置	修改内容概述

表 1 测试用例执行结果

测试类型	测试用例	是否与预期结果相符	备　注
文档审查			
功能测试			
性能测试			
可靠性测试			
安全性测试			

如果与预期结果不符合，见测试问题单。

3.2 测试问题单

验收测试过程中出现的问题描述如表 2 所示。

表 2 测试问题单

产品名称			版本号		
测试单位			联系人		
问题分析	问题总数量	严重性问题数量	一般性问题数量	建议项数量	
	各软件质量特性的问题分类及数量				
	1. 文档检查	严重性问题数量	一般性问题数量	建议项数量	
	2. 功能性	严重性问题数量	一般性问题数量	建议项数量	
	3. 性能	严重性问题数量	一般性问题数量	建议项数量	
	4. 可靠性	严重性问题数量	一般性问题数量	建议项数量	
	5. 安全性	严重性问题数量	一般性问题数量	建议项数量	
	6. 其他	严重性问题数量	一般性问题数量	建议项数量	
修改意见					
修改确认	修改结果： 已完成修改数量——严重：　　一般：　　建议： 未完成修改数量——严重：　　一般：　　建议： 达到要求的程度（%）——严重：　　一般：　　建议：				

3.3 缺陷分布

根据缺陷的严重程度和缺陷类型的分布给出图示。

4. 测试覆盖分析

根据测试的情况，分析测试覆盖率、测试执行率、测试执行通过率和测试缺陷解决率。

4.1 测试覆盖率

测试覆盖率是指测试用例对需求的覆盖情况。测试覆盖率=已设计测试用例的需求数/需求总数。

4.2 测试执行率

测试执行率指实际执行过程中确定已经执行的测试用例比率。测试执行率=已执行的测试用例数/设计的总测试用例数。

4.3 测试执行通过率

测试执行通过率指在实际执行的测试用例中执行结果为“通过”的测试用例比率。测试执行通过率=执行结果为“通过”的测试用例数/实际执行的测试用例总数。

4.4 测试缺陷解决率

缺陷解决率指某个阶段已关闭缺陷占缺陷总数的比率。缺陷解决率=已关闭的缺陷/缺陷总数。

5. 测试过程数据统计

5.1 回归测试

如果进行回归测试，描述回归测试以及增加的测试用例。

5.2 测试各阶段的统计汇总

给出各阶段的测试统计汇总，如表3所示。

表3 测试过程统计汇总

测试阶段	版本	设计测试用例	重用用例数	新增用例数	执行用例数	通过用例	发现问题数
首轮动态测试							
一次回归							
二次回归							
三次回归							
……							

5.3 各阶段的缺陷统计

给出经过首轮测试和 n 轮回归测试所发现问题的统计信息，如表4和表5所示。

表4 问题级别统计

问题总数	关　键	重　要	一　般	建议改进	其　他

表5 问题分类

程　序	文　档	设　计

5.4 测试各阶段问题的变化情况

采用图表的方式表示测试各个阶段所发现问题的变化情况。

5.5 测试各阶段用例情况

1）采用图表的方式统计出各阶段的用例执行和通过情况。

2）采用图表的方式统计出各阶段的用例数和重用用例数。

6. 测试结论

6.1 测试任务评估

6.2 测试对象评估

6.3 测试结论

本次系统测试，根据×××国家标准和系统测试方案，针对该系统的业务要求，分别对其功能、性能、安全性和用户文档等质量特性进行了全面、严格的测试。测试结论如下：

1）结构设计基本合理 ……

2）系统功能较完善 ……

3）系统易用性基本良好 ……

4）系统安全性良好……

5）系统潜在的缺陷风险分析……

测试结论："××系统"在功能实现上基本达到了测试方案中的要求；现场测试过程中系统运行基本稳定，通过了系统验收测试。

8.5.2 用户手册

1. 导言

1.1 目的

说明文档的目的。

1.2 范围

说明文档覆盖的范围。

1.3 缩写说明

定义文档中所涉及的缩略语（若无则填写无）。

1.4 术语定义

定义文档内使用的特定术语（若无则填写无）。

1.5 引用标准

列出文档制定所依据、引用的标准（若无则填写无）。

1.6 参考资料

列出文档制定所参考的资料（若无则填写无）。

1.7 版本更新信息

记录文档版本修改的过程，具体版本更新记录如下表所示

修改编号	修改日期	修改后版本	修改位置	修改内容概述

2. 概述

对系统的特点进行适当的介绍，突出系统的优势，同时对公司及产品进行简要介绍。

说明系统交付时应同时交付给用户的附件，并且对手册的章节组织及使用时的注意事项进行明确说明。

3. 运行环境

这一节说明系统运行时所需的硬件及软件支持环境。由于是用户手册，必须使系统使用者能正确利用相关软硬件设备运行本系统，软硬件说明具体应包含CPU的要求、适用操作系统以及对应操作系统的内存要求和硬盘所需容量。其他设备如显示卡、声卡、CD-ROM等的说明可视软件产品的需要而定。

4. 安装与配置

这一节应详细描述系统在不同操作系统环境下的安装过程及对应过程中的注意事项，描述要详细准确。另外，要注明系统安装时的配置方法。

5. 操作说明

这一节应分章节详细描述系统的使用方法，具体应包含系统功能菜单的各项指令说明，必要时加以图示。对于在使用过程中可能经常遇到的问题，可以视情况所需增加疑难解答。

6. 技术支持信息

这一节给出用户购买产品遇到问题需要解决时如何与公司联系，具体包括公司的电话、传真、E-mail地址和Web网址。

8.5.3 系统管理员手册

1. 导言

1.1 目的

说明文档的目的。

1.2 范围

说明文档覆盖的范围。

1.3 缩写说明

定义文档中所涉及的缩略语（若无则填写无）。

1.4 术语定义

定义文档内使用的特定术语（若无则填写无）。

1.5 引用标准

列出文档制定所依据、引用的标准（若无则填写无）。

1.6 参考资料

列出文档制定所参考的资料（若无则填写无）。

1.7 版本更新信息

记录文档版本修改的过程，具体版本更新记录如下表所示

修改编号	修改日期	修改后版本	修改位置	修改内容概述

2. 概述

这部分应对系统进行总括性介绍，突出系统的特点及优势，同时对公司及产品作简要介绍。另外还应对系统版权信息以及本手册中使用的一些约定（如特殊表达符号、命名约定等）进行说明。

还要指明此手册的读者对象是系统管理人员，说明系统交付时应同时交付给用户的附

件，并且要对手册的章节组织及使用时的注意事项做明确说明。

3. 系统简介

本节应对系统进行较全面的介绍，包括系统结构、系统功能、特点、应用领域、版本信息等。

4. 运行环境

这一节详细说明系统运行时所支持的硬件及软件环境，包括设备厂商、设备型号、网络环境、操作系统及其他必需的软硬环境。

5. 系统安装

本节应对系统的安装过程进行详细讲述。

6. 系统配置

这一节应详细描述系统的配置过程及此过程中的注意事项，使系统管理员按照手册的说明即可顺利配置本系统。如有必要，应以附录的形式加以详述。

7. 系统启动和关闭

本节对系统启动和关闭过程进行说明，包括相应的注意事项、可能出现的错误以及补救方法。有关系统启动和关闭引发的故障及其处理方法的内容，可以放在第 11 节（故障诊断、处理和恢复）中说明，但在本节中必须指明相应参考的章节。

8. 管理命令

本节对于涉及系统管理的命令进行详细讲述，包括命令说明、参数列表、参数说明等。

9. 管理工具

本节讲述系统中提供的涉及系统管理的工具及其主要使用方法。如果有关工具有相应的手册详细讲述，在本节中必须指明相应参考的章节。

10. 安全策略

这一节应描述系统所提供的安全策略，如用户账号分配、用户管理等内容。

11. 故障诊断、处理和恢复

说明对系统可能出现的故障应如何进行诊断和相应的处理方式以及使系统恢复正常的方法。

8.5.4 产品提交文档

1. 导言

1.1 目的

说明文档的目的。

1.2 范围

说明文档覆盖的范围。

1.3 缩写说明

定义文档中所涉及的缩略语（若无则填写无）。

1.4 术语定义

定义文档内使用的特定术语（若无则填写无）。

1.5 引用标准

列出文档制定所依据、引用的标准（若无则填写无）。

1.6 参考资料

列出文档制定所参考的资料（若无则填写无）。

1.7 版本更新信息

记录文档版本修改的过程，具体版本更新记录如下表所示

修改编号	修改日期	修改后版本	修改位置	修改内容概述

2. 提交过程

概要说明软件产品各版本提交的日期和内容。

3. 系统环境

本节描述软件产品的应用环境（硬件和软件环境及数据库）、系统结构（网络、计算机和通信设备的结构图）和相互之间的关系。

4. 数据访问

本节描述数据访问所遵循的协议及物理环境。

5. 软件产品

5.1 产品清单

本节描述提交的软件产品清单及存放的目录位置和结构。

5.2 源程序

本节描述源程序的内容。

5.3 二进制文件

本节描述通过源程序生成的二进制文件的结构及内容。

5.4 外购软件

本节描述外购软件的内容，包括软件名称、生产厂家、用途。

6. 安装步骤

描述软件产品的安装环境、条件及安装步骤，并给出如下表所示的安装记录：

安装项	安装日期	安装人	安装确认

7. 签字

用户方和软件开发方在产品提交文档上签名盖章方有效。格式如下：

甲方授权代表（签字）： 乙方授权代表（签字）：

签字日期： 签字日期：

8.6 项目案例

项目案例名称：综合信息管理平台

项目案例文档：《综合信息管理平台产品提交手册》

1. 导言

1.1 目的

该文档的目的是描述综合信息管理平台项目的产品提交说明，其主要内容包括：

- 系统提交过程。
- 提交的软件产品清单。
- 签字。

本文档的预期读者是：

- 用户方管理者。
- 开发方管理者。

1.2 范围

该文档定义了系统提交的所有产品，包括源程序、运行软件以及相关文档，不包括提交产品的详细描述。

1.3 缩写说明

JDK：Java Development Kit（Java 开发工具包）的缩写。

JSP：Java Server Page（Java 服务器页面）的缩写，是一个脚本化的语言。

1.4 术语定义

Tomcat：基于 Linux 操作系统的一个服务器系统。

1.5 引用标准

[1]《企业文档格式标准》，北京长江软件有限公司。

[2]《软件产品提交报告格式标准》，北京长江软件有限公司软件工程过程化组织。

1.6 参考资料

无。

1.7 版本更新信息

产品提交说明的版本更新信息如表 H-1。

表 H-1 版本更新记录

修改编号	修改日期	修改后版本	修改位置	修改内容概述
001	2010-12-20	1.0	全部	初始发布版本

2. 提交过程

综合信息管理平台现经双方认可，提交产品如表 H-2 所示，包括软件产品以及相关的文档，例如用户使用手册、产品提交手册等。

表 H-2 产品提交表

版　本	提交日期	内容说明
综合信息管理平台 V1.0	2010-12-22	平台全部程序
系统配置手册 V1.0	2010-12-22	说明系统如何配置
数据初始化文件 V1.0	2010-12-22	系统初始运行时，数据库的初始数据
概要设计说明书 V1.0	2010-12-22	总体设计、模块设计、数据设计等
用户使用手册 V1.0	2010-12-22	用户使用说明
产品提交手册 V1.0	2010-12-22	产品提交的内容

3. 系统环境

3.1 应用环境

系统的硬件环境如下：

- Web 服务器：CPU 为 P4 1.8GHz，内存为 1GB 以上。
- 数据库服务器：CPU 为 P4 1.8GHz，内存为 1GB 以上。

3.2 软件环境

系统软件环境如下:

- 操作系统: Windows 2000/ Windows 2003/ Windows XP。
- 数据库: Oracle 9i。
- 开发工具包: JDK V1.5。
- JSP 服务器: Tomcat。
- 浏览器: IE 6.0。

4. 软件产品清单

本节描述提交的软件产品清单及存放的目录位置、结构以及内容描述。

4.1 源程序

产品提交的源程序如表 H-3 所示。表中描述了所有提交的源程序、目录以及内容说明，包括所有的 Java 程序、JSP 程序、标签库以及相关的图片。

表 H-3 提交的源程序清单

源程序	目录	内容描述
common.rar	ZManager/src/common	复用的 Java 程序类
portal.rar	ZManager/src/portal	业务信息系统管理员 Portal Java 程序类
report.rar	ZManager/src/report	统计报表 Java 程序类
sysmanager.rar	ZManager/src/ sysmanager	平台管理 Java 程序类
user.rar	ZManager/src/user	用户管理 Java 程序类
log.rar	ZManager/src/service	日志管理 Java 程序类
css.rar	ZManager/css	所有样式文件
images.rar	ZManager/images	平台所有图片文件
js.rar	ZManager/js	所有 js 脚本文件
portal.rar	ZManager/portal	业务信息系统管理员 Portal JSP 文件
report.rar	ZManager/report	统计报表 JSP 文件
sysmanager.rar	ZManager/sysmanager	平台管理 JSP 文件
user.rar	ZManager/user	用户管理 JSP 文件
log.rar	ZManager/log	日志查询 JSP 文件
Commonjsp.rar	ZManager/commonjsp	所有公用 JSP 文件
WEB-INF.rar	ZManager/WEB-INF	平台所需的标签库和配置文件

4.2 二进制文件

产品提交的二进制文件如表 H-4 所示。二进制文件主要是通过源程序生成的二进制文件的结构及内容，主要包括 Java 编译后的 Class 二进制文件。

表 H-4 提交的二进制文件清单

二进制文件	内容描述
common_class.rar	复用的 Class 文件
portal_class.rar	业务信息系统管理员 Portal Class 文件
report_class.rar	统计报表 Class 文件
sysmanager_class.rar	平台管理 Class 文件

（续）

二进制文件	内 容 描 述
user_class.rar	用户管理 Class 文件
log_class.rar	日志管理 Class 文件

4.3 外购软件

产品提交中包括的外购软件如表 H-5 所示。本产品中的外购软件主要是外购的数据库系统，即 Oracle 9i，它是系统非常重要的部分。数据库服务器是独立的服务器。

表 H-5 提交的外购软件

软 件 名 称	生 产 厂 家	用 途
Oracle 9i	Oracle	数据库，存储管理系统的数据

5. 安装步骤

详细描述软件产品的安装环境、条件及安装步骤，见用户使用手册。

6. 签字

双方代表认可本次提交的产品，代表签名如下，说明书生效。

甲方授权代表： 乙方授权代表：

签字日期： 签字日期：

8.7 小结

本章主要讲述了产品提交需要完成的主要任务，即验收测试、提交产品和进行培训。提交产品的同时要提交相应的手册，包括用户手册、系统管理员手册等。在产品提交时，应有一个产品提交说明书，双方在产品提交说明书上签字以说明产品提交结束。

8.8 练习题

一、选择题

下面哪个不是提交过程的文档（ ）。

A．验收测试报告 B．用户手册

C．系统管理员手册 D．需求规格说明书

二、填空题

1．产品提交需要完成的主要任务是（ ）和（ ）。

2．（ ）是项目移交的前提，移交时，项目移交方和项目接收方将在项目移交报告上签字，形成（ ）。

3．（ ）是交付使用前的最后一次检查，也是软件投入运行之前保证可维护性的最后机会。

4．（ ）是由独立于软件开发者和用户的第三方所进行的测试，旨在对被测软件进行质量认证。

5．一个产品的使用者有两种类型：一种是（ ），另一种是（ ）。

6．（ ）是为系统管理员准备的文档资料。

7．（ ）是软件开发人员、维护人员、用户以及计算机之间的桥梁。

三、判断题

1. 当项目通过验收后，项目团队不需要将项目成果的所有权交给项目接收方。(　　)
2. 软件项目提交时要给用户提供必要的文档。(　　)
3. 用户只需要参与测试实施，不需要参与测试用例的设计。(　　)
4. 测试覆盖率是指测试用例对需求的覆盖情况，测试覆盖率=已设计测试用例的需求数/需求总数。(　　)
5. 需要针对使用系统的用户的特殊要求进行不同的培训。(　　)
6. 用户手册不仅要提供系统的使用方法，还需提供系统功能的详细实现方法。(　　)
7. 文档的质量和类型不但对培训很重要，对系统的成功也很重要。(　　)

第9章

软件项目的维护

前几章，我们探讨了如何建造一个软件系统的过程，但是这个系统的生命并没有随着产品的提交而结束。产品提交之后，系统进入运行和维护阶段，即运维。因为系统在使用过程中还存在很多的变化，所以，我们就面临着系统维护的现实。下面就进入路线图的第七站——维护，如图 9-1 所示。

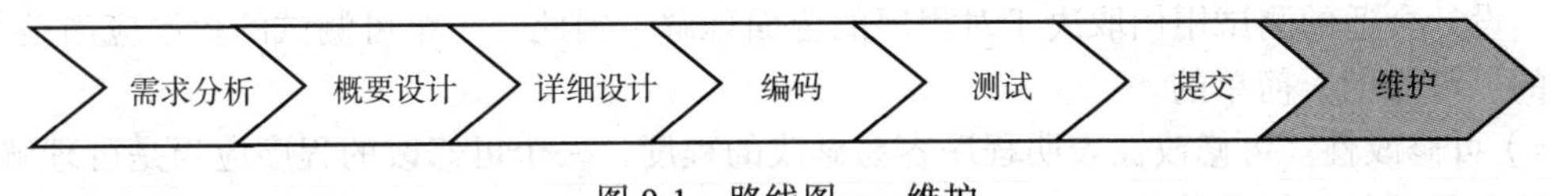

图 9-1　路线图——维护

9.1　软件项目维护概述

当一个系统在实际环境中投入使用了，可以进行正常的操作，我们就说系统开发完成了，以后对系统变更所做的任何工作则称为维护。维护工作从软件产品的试运行就开始了，它是为了保证软件系统在一个相当长的时间内正常运行而做的工作。软件的维护与硬件的维护不同，硬件的维护更多是维修，预防器件的磨损；而软件维护更多是变更部分与原来系统的整合。开发的系统通常是不断进化的，也就是说在系统的生命期内系统的特性是不断变化的。软件系统发生变更不仅仅是因为客户变换了工作方式等，还有系统本身的原因。现实世界包含很多不确定因素，还有很多我们不太理解的概念。而且软件系统的现实需求也是不断变化的。

维护的时候，一方面要确认一下原来开发的产品如何让用户和系统管理员用起来满意，另一方面，由于需求的变更、系统的变更、软硬件以及接口的变更等，还要预测可能引入的错误。维护的范围很广，需要更多的跟踪和控制。

9.2　试运行

试运行的目的是全面验证和确认系统是否能使用。在运行稳定后，转入正常的运行和维护阶段。在这个阶段，根据需要可以增加上线测试，上线测试是在试运行阶段对系统的测试过程，是系统正式运行前的最后测试，用以保证测试系统将来可以正确运行。上线测试重点可以放在测试系统的性能上，当然也有功能方面的测试。可以确定测试级别，然后根据测试级别决定测试执行情况。其中测试用例设计和测试报告的标准可以参照系统测试的标准进行，也可以根据测试级别进行简化。上线测试强调的是测试的结果和使用情况，主要是缺陷的记录和缺陷的修复情况。通常上线试运行是以时间长短为结束标志的。

9.3 软件的可维护性

所谓软件的维护性是指纠正软件系统出现的错误或者缺陷以满足新的要求而进行修改、扩充或压缩的容易程度。软件的可维护性对于延长软件的生存期具有很重要的意义，因此，如何提高软件的可维护性是值得研究的课题。可维护性、可使用性、可靠性是衡量软件质量的几个主要质量特性，其中软件的可维护性是软件各个开发阶段的关键目标。一般来说，度量一个程序可维护性可以考虑如下 7 个特性：

1）可理解性。可理解性表明人们通过阅读源代码和相关文档，了解程序功能及其如何运行的容易程度，一个可以理解的程序应该具备的特征主要包括模块化、风格一致性、使用有意义的数据名和过程名、结构化、完整性等。

2）可靠性。可靠性表明一个程序按照用户的要求和设计目标，在给定的时间和条件下正确执行的质量特性。度量的标准有平均失效间隔时间、平均修复时间、有效性等。

3）可测试性。可测试性表明验证程序正确性的容易程度，程序越简单，说明其正确性越容易。设计合适的测试用例取决于对程序的全面理解，因此，一个可测试的程序应当是可以理解的、可靠的、简单的。

4）可修改性。可修改性表明程序容易修改的程度，一个可修改的程序应当是可理解的、通用的、灵活的、简单的。

5）可移植性。可移植性表明程序转移到一个新的计算环境的可能性的大小，或者它表明程序可以容易地、有效地在各种各样的计算环境中运行的容易程度。一个可移植的程序应该具有结构良好、灵活、不依赖于某一具体计算机或者操作系统的性能。

6）效率。效率表明一个程序能够执行预定功能而又不浪费机器资源的程度，这些机器资源包括内存容量、外存容量、通道容量和执行时间。

7）可使用性。从用户观点出发，将可使用性定义为程序方便、实用及易于使用的程度。一个可使用的程序应是易于使用的，能允许用户出错和改变，并尽可能不使用户陷入混乱状态。

9.4 软件项目维护的类型

软件项目维护的活动类似开发过程，有需求分析、评估系统、程序设计、编写代码、代码评审、测试变更、修改文档等，所以维护的时候也需要分析人员、编码人员和设计人员等角色。维护的时候需要关注系统改进过程中的四个方面：

- 系统功能是可控的。
- 系统修改是可控的。
- 保证没有改变原有功能的正确性。
- 预防系统的性能出现不可接受的情况。

软件维护的类型主要包括纠错性维护、适应性维护、完善性维护和预防性维护。

（1）纠错性维护

在软件交付使用后，总会有一些隐藏的错误被带到运行阶段，这些隐藏下来的错误在某些特定的使用环境下会暴露出来。为了识别和纠正软件错误、改正软件性能上的缺陷、排除实施中的误使用，应对错误进行诊断和改正，这种维护叫做纠错性维护。

出现错误的情况时，这个维护一定要尽快完成。当发生错误的时候，项目人员先确定错误的原因，然后确定纠错方案，并且对需求、设计、代码、测试用例、文档等做必要的变更。对于最初的修补常常只是一个暂时的方案，一般是为了保持这个系统可以正常运行，但不是最好的方案，以后要针对这种情况做更多的修正工作。

（2）适应性维护

随着计算机的飞速发展，外部环境或数据环境可能发生变化，为了使软件适应这种变化，应修改软件，这种维护叫做适应性维护。

有时系统中一部分的变更可能引起其他部分的变更，适应性维护就是为了满足这种变更情况。例如一个大的硬件和软件系统中原来有一个数据库管理系统，这个数据库升级版本后，这样原来的磁盘访问例程需要额外的参数，为了适应这种变化，需要增加参数，这种维护不是修改错误，而仅仅是让系统适用新的变化。

（3）完善性维护

在软件的使用过程中，用户往往会对软件提出新的功能要求。为了满足这些要求，需要修改或再开发软件，以扩充软件功能、增强软件性能、改进加工效率、提高软件的可维护性，这种维护叫做完善性维护。

完善性维护是通过检查需求、设计、代码和测试等，试着完善系统。例如增加一个系统功能的时候，可能需要重新修改设计以适用将来新增功能的要求。完善性维护主要是为了改善系统的某一方面而进行的变更，这种变更不一定是因为出现错误而进行的。

（4）预防性维护

与完善性维护类似的是预防性维护，它是为了预防错误而对系统的某些方面进行的变更。例如在程序中增加类型的检测、错误控制的完善等。预防性维护是为了提高软件的可维护性、可靠性等，为以后进一步改进软件打下良好基础。

在软件维护阶段的整个工作量中，预防性维护的比例很少，而完善性维护的工作量比较大。这是因为在软件的运行过程中，需要不断对软件进行修改完善，更正新发现的错误，适应新的环境和用户新的需求，而且在修改过程中可能会引入新的错误，这就需要大量的完善性维护。

9.5 软件再工程过程

预防性维护也称为软件再工程，典型的软件再工程过程模型如图 9-2 所示，它定义了 6 类活动。在某些情况下，这些活动可以按照图中的次序有序进行，但也不是总是这样。图中的软件再工程范型是一个循环模型，这意味着作为该范型组成部分的每一个活动都可能重复进行，而且对于某个特定的循环来说，可以在完成任意一个活动之后终止。

1. 库存目录分析

每个软件组织都应该保存所有应用的库存目录，以便对于再工程工作的候选对象分配资源。这个目录应该定期整理修订，应用的状况可随时间变化，其结果使得再工程的优先级发生变化。

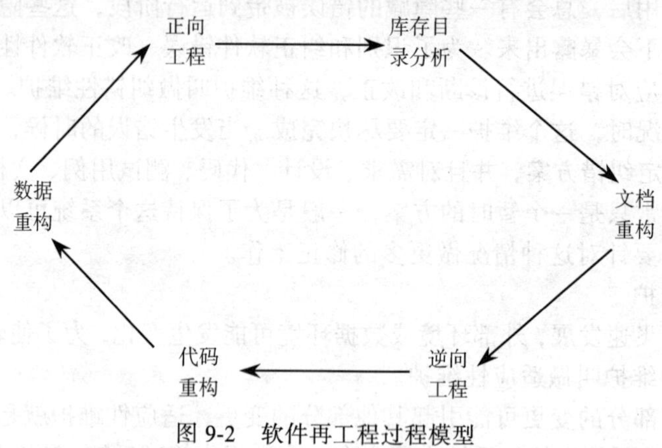

图 9-2 软件再工程过程模型

对于软件的每个应用系统都进行预防性维护是不现实的，也是不必要的，预防性维护的对象通常为：

- 将在今后数年内继续使用的程序。
- 当前正在成功使用的程序。
- 近来可能要做较大修改的程序。

2. 文档重构

缺少文档是很多遗留系统共同存在的问题。建立文档是很消耗时间的事情，可以分三种情况处理：

- 如果系统可以正常稳定运行，则保持现状，可以不为它建立文档。
- 仅对系统当前正在进行改变的部分程序建立完整的文档，然后采用逐步建立文档的方法。
- 某个维护很重要，需要重新建立文档，此时应该本着最小工作量的原则建立文档。

3. 逆向工程

逆向工程是一个对已有系统分析的过程，通过分析识别出系统中的模块、组件以及它们之间的关系，并以另外一种形式或在更高的抽象层次上，创建出系统表示。软件的逆向工程是分析程序以便在比源代码更高的抽象层次上创建出程序的过程，即逆向工程是一个恢复设计结果的过程。

4. 代码重构

代码重构的目标是产生提供具有相同功能但是比原程序质量更高的程序的设计，一般来说，代码重构不修改程序的体系结构，只是关注各个模块的设计细节以及在模块中定义的局部数据结构。如果重构扩展到模块边界之外并涉及软件体系结构，则重构变为了逆向工程。

5. 数据重构

数据重构对数据定义、文件描述、I/O 以及接口描述的程序语句进行评估，目的是抽取数据项和对象，获取关于数据流的信息，以及理解现有实现的数据结构。数据重构是一种全范围的再工程活动，由于数据结构对程序体系结构以及程序中的算法有很大的影响，对数据的修改必然会导致程序体系结构或者代码层的改变。

6．正向工程

正向工程也称为更新或者再造，正向工程过程应用现代软件工程的概念、原理、技术和方法，重新开发现有的某个应用系统，所以，一般情况下，经过正向工程后，软件系统不仅增加了新功能，也提高了整体性能。

9.6 软件项目维护的过程

软件维护的基本过程如图 9-3 所示，首先填写维护需求申请，然后确认维护需求，这需要维护人员与用户多次协商，确定维护类型，根据维护类型进行维护，在维护过程中提交维护记录，最后根据维护记录进行维护评价。

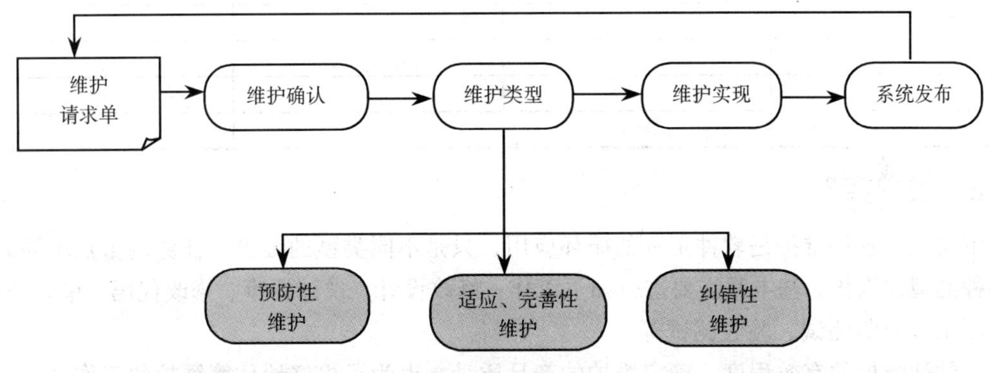

图 9-3 软件维护流程

1）填写维护申请单记录用户的维护需求。

2）对用户的维护需求进行确认，指定产品维护管理者。产品维护管理者负责组织有关人员对用户的维护需求进行确认；对于确认过程中出现的问题，负责与用户进行协商。

3）对维护的需求进行分类，并确定响应策略。一般维护需求和响应策略有如下几种：

- 适应性维护，按优先级排列。
- 完善性维护，或按优先级排列，或拒绝。
- 纠错性维护，根据错误严重程度进行优先级排列。

4）按照维护策略进行软件维护，记录软件维护过程。

5）对维护工作进行评价。

9.6.1 维护申请

软件维护申请应该按照规定的方式提出，基本遵循变更控制系统的流程。由申请维护的用户提出来，如果维护申请是关于错误修正，应该说明错误的基本情况；如果维护申请是关于适应性或者完善性维护，用户需要提交一份修改说明书，列出所有希望的修改。表 9-1 就是一个例子模块。

根据用户的维护申请，软件维护组织应该提交一个软件维护报告，说明维护的内容、维护的类型、优先级别、所需要的工作量和预计修改后的结果。这个修改报告经过审批后，才可以进行维护。

表 9-1　维护申请表

软件维护申请表			
软件名称		维护软件部分	
申请人		申请日期	
维护内容			
维护补充材料			
维护负责人		维护类型	
审批人			
审批日期		维护结束日期	
维护检查人			

9.6.2　维护实现

事实上，软件维护是软件工程的循环应用，只是不同类型的维护，任务的重点不同。无论哪种类型的维护，基本都需要进行如下工作：修改设计、设计评审、修改代码、单元测试、集成测试、回归测试、验收测试等。

为了估计维护的有效程度，确定维护的产品质量，也为了更好地估算维护的工作量，需要在软件维护过程中增加维护记录，详细记录维护过程中的各种数据，例如源程序行数、编程语言、安装日期、程序修改标识、增加和删除的代码行数、维护工时、日期、维修人员、维修类型等。

9.6.3　维护产品发布

维护后的软件产品版本升级，需要重新安装发布。升级后的软件版本应该纳入配置管理，并保存维护、设计记录。类似产品提交过程，维护后的软件产品在用户现场安装，进行验收测试，确认测试，同时提交必要的使用手册等材料，对用户进行必要的培训，让用户签字认可等过程。

9.7　软件维护过程文档

适应性维护和完善性维护的过程与产品开发过程基本相同，可参照产品开发过程进行，而且这类维护过程中的很多文档是对需求、总体设计、详细设计、编码、测试等文档的升级。而纠错性维护过程中至少要提交一个维护记录，记录维护日期、维护任务、维护的规模以及维护人员等信息，表 9-2 所示是一个维护记录的例子。

9.8　项目案例

综合信息管理平台项目在系统提交之后，用户进行了几次维护，表 9-2 是其维护记录表。

表 9-2 维护记录

产品名称：综合信息管理平台

序号	维护请求日期	问题描述	维护情况	提交日期	维护规模	维护人
1	2010-10-09	UI 整体风格过于暗沉	对 UI 进行了重新设计，UI 整体风格以蓝色调为基础	2010-10-12	2 人日	×××
2	2010-10-13	数据库不支持 SQL Server 2005	数据库支持新增 SQL Server 2005	2010-10-15	3 人日	×××
3	2010-10-21	用户操作事件入库能力每秒 200 条，比较慢	用户操作事件入库能力达到 800 条每秒	2010-10-26	5 人日	×××
4	2010-10-26	海量事件查询响应时间慢，目前为 10 秒	海量事件查询响应时间小于 5 秒	2010-11-6	5 人日	×××
5	2010-11-2	老版本的综合信息管理平台升级后不稳定	提高兼容性，使平台稳定	2010-11-12	5 人日	×××
6	2010-11-5	各个列表页使用大图标，表格撑开变形	各列表页均使用小图标	2010-11-7	2 人日	×××
7	2010-11-21	各个页面脚本语言提示信息风格不统一	统一成在页面显示，不使用弹出窗口	2010-11-28	5 人日	×××
8	2010-12-1	平台调试的打印输入语句没有删除，在控制台都可以看见	屏蔽所有打印输出语句	2010-12-1	1 人日	×××

9.9 小结

本章是全书的最后一章，讲述软件项目运维的主要内容，包括试运行、正常运行过程中的维护、维护的类型和维护过程中需要完成的任务。

9.10 练习题

一、选择题

1. 度量软件的可维护性可以包括很多方面，下列（　　）不在措施之列。
   A. 程序的无错误性　　B. 可靠性
   C. 可移植性　　D. 可理解性
2. 软件按照设计的要求，在规定时间和条件下达到不出故障、持续运行要求的质量特性称为（　　）。
   A. 可靠性　　B. 可用性　　C. 正确性　　D. 完整性
3. 软件维护是软件运行期的重要任务，下列维护任务中（　　）是软件维护的主要部分。
   A. 纠错性维护　　B. 适应性维护
   C. 完善性维护　　D. 预防性维护

二、填空题

1. 当一个系统已经在实际环境中投入使用了，可以进行正常的操作，我们就说系统开发完成了，而以后对系统变更所做的任何工作，称为（　　）。
2. 维护工作从软件产品的试运行就开始了，所谓维护是为了保证软件系统在一个相当长的时间内（　　）而做的工作。

3．试运行的目的是（　　）。在系统运行稳定后，转入正常的运行和维护阶段。

4．（　）是在试运行阶段对系统的测试过程，是系统正式运行前的最后测试。

5．软件的可维护性是指纠正软件系统出现的（　　）以（　　）而对系统进行修改、扩充或压缩的容易程度。

6．可靠性表明一个程序按照用户的要求和设计目标，在给定的一段时间内正确执行的概率。度量的标准有（　　）、（　　）、有效性等。

7．一个可移植的程序应该具有结构良好、灵活、（　　）的性能。

8．软件维护的类型主要包括（　　）、（　　）、（　　）和预防性维护等。

9．预防性维护也称为（　　）。

10．软件的逆向工程是一个恢复（　　）的过程。

11．软件维护工作中大部分的工作是由于（　　）而引起的。

12．如果软件是可测试的、可理解的、可修改的、可移植的、可靠的、有效的、可用的，则软件一定是可（　　）的。

三、判断题

1．可维护性、可使用性、可靠性是衡量软件质量的几个主要质量特性，其中软件的可使用性是软件各个开发阶段的关键目标。（　　）

2．可理解性表明人们通过阅读源代码和相关文档，了解程序功能及其如何运行的容易程度。（　　）

3．可测试性表明验证程序正确性的容易程度，程序越简单，说明其正确性越容易。（　　）

4．适应性维护是针对系统在运行过程中暴露出来的缺陷和错误而进行的，主要是修改错误。（　　）

5．完善性维护主要是为了改善系统的某一方面而进行的变更，可能这种变更是因为出现错误而进行的变更。（　　）

6．对于软件的每个应用系统都进行预防性维护是必要的。（　　）

7．一般来说代码重构需要修改程序的体系结构。（　　）

■ 参考文献

[1] Roger S Pressman. Software Engineering:A Practitioner's Approach[M]. 影印版，6 版. 北京：机械工业出版社，2008.

[2] 郑人杰，等. 软件工程[M]. 北京：人民邮电出版社，2009.

[3] Lan Sommerville. 软件工程[M]. 影印版，8 版. 北京：机械工业出版社，2006.

[4] 韩万江，等.软件项目开发案例教程[M]. 北京：机械工业出版社，2007.

[5] Rajib Mall. 软件工程导论[M]. 北京：清华大学出版社，2008.

[6] Shari Lawrence Pfleeger. Software Engineering[M]. Pearson Education，2001.

[7] Lan Sommerville.软件工程[M]. 影印版，8 版. 北京：机械工业出版社，2004.

[8] Roger S Pressman. 软件工程：实践者之路[M]. 5 版. 北京：清华大学出版社，2001.

[9] Wasserman,Anthony. Towards a Discipline of Software Engineering: mothod, tools and the software development process[M]. Los Alamitos,CA:IEEE Computer Society Press,1995.

[10] Shaw M, D Garlan. Software Architecture[M]. Prentice-Hall,1996.

[11] Mandel T P. The Elements of User Interface Design[M]. John Wiley,1997.

[12] Davis A. 201 Principles of Software Development[M]. McGraw-Hill,1995.

[13] Rumbaugh,James,M Blaha,W Premerlani,F Eddy, and W Lorenson.Object-Oriented Modeling and Design[M]. Englewood Cliffs,NJ:Prentice Hall,1991.

[14] 纪康宝. 软件开发项目可行性研究与经济评价手册[M]. 长春：吉林科学技术出版社，2002.

[15] Mark J Christensen，等. The Project Manager's Guide to Software Engineering's Best Practices[M].影印版. 北京：电子工业出版社，2004.

[16] Garmus D, David H.The Software Measuring Process: A Practical Guide to Functional Measurements[M]. Upper Saddle River,NJ:Yourdon Press, 1996.

[17] Humphrey W. A Discipline for Software Engineering:SEI Series in Software Engineering[M]. Reading,MA:Addison-Wesley, 1995.

[18] 杨文龙，等. 软件工程[M]. 2 版. 北京：电子工业出版社，2005.

相关图书

书　　名	书号（ISBN）	作　　者	译 者	出版年	定价
面向对象分析与设计	7-111-23528-6	麻志毅		2008	28.00
软件工程：实践者的研究方法（英文版·第7版）	7-111-31871-2	（美）Roger S.Pressman		2011	75.00
软件工程：实践者的研究方法（原书第7版·本科教学版）	7-111-35350-8	（美）Roger S.Pressman	郑人杰 马素霞 等	2011	55.00
软件工程：实践者研究方法（原书第7版）	7-111-33581-8	（美）Roger S.Pressman	郑人杰 马素霞 等	2011	79.00
软件工程：实践者的研究方法（英文精编版·第6版）	7-111-24138-6	（美）Roger S.Pressman		2008	65.00
软件工程 （原书第9版）	7-111-33498-9	Ian Sommerville	程成 等	2011	75.00
软件工程（英文版·第9版）	7-111-34825-2	Ian Sommerville		2011	99.00
软件工程教程	7-111-30002-1	孙涌		2010	36.00
软件工程课程设计	7-111-30003-8	李龙澍		2010	29.00
软件工程概论	7-111-28381-2	郑人杰		2010	36.00
软件工程课程设计	7-111-26829-1	吕云翔 等		2009	19.00
软件工程-基于项目的面向对象研究方法	7-111-26683-9	贲可荣、何智勇		2009	32.00
软件工程方法与实践	7-111-26758-4	窦万峰		2009	32.00
软件工程实验教程	7-111-26641-9	窦万峰 等		2009	29.00
面向对象软件工程（英文版）	7-111-26526-9	Stephen R. Schach		2009	49.00
面向对象软件工程	7-111-25502-4	Stephen R.Schach	黄林鹏 等	2009	48.00
现代软件工程	7-111-25352-5	张家浩		2008	45.00
C程序设计——软件工程环境（原书第3版）	7-111-23769-3	Behrouz A. Forouzan Richard F. Gilberg	黄林鹏 伍建焜等	2008	89.00
统一软件工程 (英文版)	7-111-23164-6	Georges G. Merx ; Ronald J. Norman		2008	69.00
软件工程：面向对象和传统的方法（原书第7版）	7-111-21722-0	Stephen R. Schach	邓迎春 韩 松 等	2007	48.00
软件工程：面向对象和传统的方法（英文版·第8版）	7-111- 34196-3	Stephen R.Schach		2011	79.00
软件工程案例教程	7-111-20667-5	韩万江		2007	29.00
Java程序设计对象和软件工程方法（原书第2版 附光盘）	7-111-19989-2	David D. Riley	苏钰涵 徐红梅 等	2007	59.00
实用软件工程　（附光盘）	7-111-20008-X	Leszek A.Maciaszek, Bruc Lee Liong	胡长军 等	2006	69.00
软件测试基础教程	7-111-35188-7	(美) Aditya P. Mathur	王峰	2011	75.00
软件测试基础教程（英文版）	7-111-24732-6	Aditya P. Mathur		2008	49.00
软件测试技术—基于案例的测试	7-111-33697-6	赵翀 等		2011	36.00
软件测试	7-111-33729-4	陈明		2011	25.00
软件测试案例教程	7-111-32099-9	吕云翔		2011	25.00
软件测试实用技术与常用模板	7-111-31950-4	李龙 等		2010	45.00
软件测试基础	7-111-29398-9	（美）Paul Ammann; Jeff Offutt	郁莲	2010	36.00
软件测试基础（英文版）	7-111-28246-4	Paul Ammann，Jeff Offutt		2009	42.00
软件测试原理与实践	7-111-25506-2	Srinivasan Desikan; Gopalaswamy Ramesh	韩柯　李娜	2009	45.00
软件测试教程	7-111-24897-2	宫云战		2008	29.00
嵌入式软件测试	7-111-23995-6	康一梅 等		2008	28.00
自动化软件测试（附光盘）	7-111-23182-0	张瑾 杜春晖		2008	39.00
软件测试（原书第2版）	7-111-18526-9	Ron patton	张小松 王钰 曹跃　等	2006	30.00
软件测试（英文版·第2版）	7-111-17770-3	Ron patton		2005	38.00
软件工程实用教程	7-111-31844-6	吕云翔 王洋 王昕鹏		2010	29.00

教师服务登记表

尊敬的老师：

您好！感谢您购买我们出版的＿＿＿＿＿＿＿＿＿＿＿＿＿＿＿＿＿＿＿＿＿＿＿＿＿教材。

机械工业出版社华章公司为了进一步加强与高校教师的联系与沟通，更好地为高校教师服务，特制此表，请您填妥后发回给我们，我们将定期向您寄送华章公司最新的图书出版信息！感谢合作！

个人资料（请用正楷完整填写）

<table>
<tr><td>教师姓名</td><td></td><td>□先生
□女士</td><td>出生年月</td><td></td><td>职务</td><td></td><td colspan="2">职称：□教授 □副教授
□讲师 □助教 □其他</td></tr>
<tr><td>学校</td><td colspan="3"></td><td>学院</td><td colspan="2"></td><td>系别</td><td></td></tr>
<tr><td rowspan="2">联系电话</td><td rowspan="2" colspan="3">办公：
宅电：
移动：</td><td>联系地址及邮编</td><td colspan="4"></td></tr>
<tr><td>E-mail</td><td colspan="4"></td></tr>
<tr><td>学历</td><td></td><td>毕业院校</td><td></td><td colspan="2">国外进修及讲学经历</td><td colspan="3"></td></tr>
<tr><td>研究领域</td><td colspan="8"></td></tr>
<tr><td colspan="2">主讲课程</td><td colspan="3">现用教材名</td><td>作者及出版社</td><td>共同授课教师</td><td colspan="2">教材满意度</td></tr>
<tr><td colspan="2">课程：
□专 □本 □研
人数： 学期：□春□秋</td><td colspan="3"></td><td></td><td></td><td colspan="2">□满意 □一般
□不满意 □希望更换</td></tr>
<tr><td colspan="2">课程：
□专 □本 □研
人数： 学期：□春□秋</td><td colspan="3"></td><td></td><td></td><td colspan="2">□满意 □一般
□不满意 □希望更换</td></tr>
<tr><td colspan="9">样书申请</td></tr>
<tr><td>已出版著作</td><td colspan="3"></td><td>已出版译作</td><td colspan="4"></td></tr>
<tr><td colspan="4">是否愿意从事翻译/著作工作 □是 □否</td><td>方向</td><td colspan="4"></td></tr>
<tr><td>意见和建议</td><td colspan="8"></td></tr>
</table>

填妥后请选择以下任何一种方式将此表返回：（如方便请赐名片）

地 址：北京市西城区百万庄南街1号 华章公司营销中心 邮编：100037

电 话：(010) 68353079 88378995 传真：(010)68995260

E-mail:hzedu@hzbook.com marketing@hzbook.com 图书详情可登录http://www.hzbook.com网站查询